高等职业学校"十四五"规划工业机器人技术专业系列教材

工业机器人离线编程及仿真（ABB）

主　编　曹雪姣　侯娅品　于　玲

副主编　史喆琼　谢金涛　岳　刚

参　编　赵瑞芹　李庆达　崔亚飞　平乐民

主　审　李梅红　沈晓斌

华中科技大学出版社

中国·武汉

内 容 简 介

本书以 ABB 工业机器人为教学对象，通过基础认知篇、能力进阶篇和综合实战篇来介绍相关知识和技能。本书内容基于工作任务的由简到繁划分为工业机器人应用编程认知、工业机器人基本认知、工业机器人编程基础工作站、工业机器人仿真加工工作站、工业机器人装配工作站、工业机器人激光雕刻工作站、工业机器人搬运码垛工作站 7 个项目，让读者在完成具体项目的过程中，不仅能够掌握工业机器人基础的知识和操作技能，还能将理论应用于实践，在各大实际工作场景中，最终解决实际的应用问题。

为充分体现"岗课赛证"融通，项目中融合了"工业机器人应用编程"职业技能等级证书（中级）要求，遵循安全操作规范。本书还配有 7 个项目的任务工单，以引导读者自主学习和检测学习成果。本书适合从事工业机器人应用编程的工作人员，特别是初学工业机器人并且想深入研究的工程技术人员参考，也可作为职业院校工业机器人课程的专业教材。

本书配有授课电子课件和微课视频等资源，有需要的教师可登录智慧职教官方网站浏览。

图书在版编目（CIP）数据

工业机器人离线编程及仿真：ABB/曹雪姣，侯娅品，于玲主编.—武汉：华中科技大学出版社，2023.5
ISBN 978-7-5680-9420-7

Ⅰ.①工…　Ⅱ.①曹…　②侯…　③于…　Ⅲ.①工业机器人-程序设计　②工业机器人-计算机仿真
Ⅳ.①TP242.2

中国国家版本馆 CIP 数据核字（2023）第 071249 号

工业机器人离线编程及仿真（ABB）　　　　　　　　　　　　　曹雪姣　侯娅品　于　玲　主编
Gongye Jiqiren Lixian Biancheng ji Fangzhen(ABB)

策划编辑：万亚军
责任编辑：罗　雪
封面设计：原色设计
责任监印：周治超
出版发行：华中科技大学出版社（中国·武汉）　　电话：（027）81321913
　　　　　武汉市东湖新技术开发区华工科技园　　邮编：430223
录　　排：武汉正风天下文化发展有限公司
印　　刷：武汉科源印刷设计有限公司
开　　本：787mm×1092mm　1/16
印　　张：29.25
字　　数：693 千字
版　　次：2023 年 5 月第 1 版第 1 次印刷
定　　价：69.80 元（含工单）

前　言

在国家有关智能制造政策的推动下,工业机器人产业也得以迅速发展。为培养工业机器人应用编程方向的高素质技能人才,我们依据《国家职业教育改革实施方案》,融合工业机器人应用编程"1+X"职业技能等级考核内容,从"岗课赛证"综合育人的目标出发,以典型工程应用案例为主线安排项目及任务,让学生在工作任务的驱动下完成具体的项目,通过项目式学习提高学生解决实际问题的能力。我们在总结长期教学经验和工程实践经验的基础上,共同编写了这本新形态教材,力争使读者对工业机器人编程技术产生浓厚的兴趣,并能根据此书轻松学到各种技巧。

本书根据当前职业院校的教学需要精心编排,共有七个项目,共包含二十八个任务,遵循"任务驱动、项目导向"的能力发展过程,按照由基础入门工程到复杂的应用工程设置一系列学习单元,嵌入职业素养教育,使学生在完成项目任务的过程中掌握专业理论知识和职业核心技能,从而发展综合职业能力。各任务主要包括知识目标、能力目标、素养目标、任务描述、知识准备、任务实施、任务评价、思考与练习、探索故事9个部分,既可以训练学生的工程能力,又可以方便学生在学习的过程中根据自身的需求进行专业应用拓展,激发学生的创新应用潜力。

本书以党的二十大精神为指引,通过工业机器人技术专业知识和技能的传授,协助培养国家所需的技能人才,坚持"精"和"管用"原则,以精神感召为目的,结合新时代的工匠精神和扎实奋进的科学精神,激发读者奋发图强的学习热情,使读者不断增强中国特色社会主义自信,为读者成长提供正确的价值导航。

作为工业机器人技术专业核心课程配套教材,本书配有教学视频、微课、PPT、习题集、仿真素材、高清实物图片等丰富的学习资源,为读者提供了自主学习的基础条件,能够有效辅助读者自主学习。读者在学习的过程中可登录本书配套数字化课程网站 http://www.icve.com.cn(智慧职教)获取数字化学习资源。本书适合作为中、高等职业院校工业机器人技术专业以及装备制造类、自动化类相关专业的教材,也可作为工业机器人应用编程相关工程技术人员的参考资料。

本书由天津工业职业学院曹雪姣、侯娅品,天津轻工职业技术学院于玲任主编;天津工业职业学院史喆琼、谢金涛,天津交通职业学院岳刚任副主编。参加编写的还有郑州理工职业学院赵瑞芹、中山火炬职业技术学院李庆达、永州职业技术学院崔亚飞和肯拓(天津)工业自动化技术有限公司平乐民。具体编写分工如下:项目一、三由曹雪姣、于玲编写;项目二由史喆琼、李庆达编写;项目四由谢金涛、崔亚飞编写;项目五、六由侯娅品、岳刚编写;项目七由曹雪姣、赵瑞芹、侯娅品编写;任务工单由曹雪姣、侯娅品、平乐民编写。

全书由曹雪姣统稿,由天津工业职业学院李梅红、沈晓斌主审。

由于技术发展日新月异,加之编者水平有限,书中疏漏在所难免。恳请广大读者批评指正。

编　者
2023 年 1 月

目　录

第一篇　基础认知篇

第二篇　能力进阶篇

第三篇 综合实战篇

第一篇

基础认知篇

工业机器人应用编程认知

随着工业机器人使用率的提高,离线编程技术也得到了广泛的关注。离线编程软件可以在非工作现场建立虚拟的加工场景,通过可视化的场景布局来创建更加精确的路径,从而获得更高的加工质量。图 1-1 所示为 RobotStudio 离线编程软件界面,该软件是机器人行业典型的离线编程软件之一,也是本书主要讲解的离线编程软件。通过本项目,我们可以学到工业机器人的编程方法和特点,了解国内外的离线编程软件,并对 RobotStudio 进行安装与授权操作。

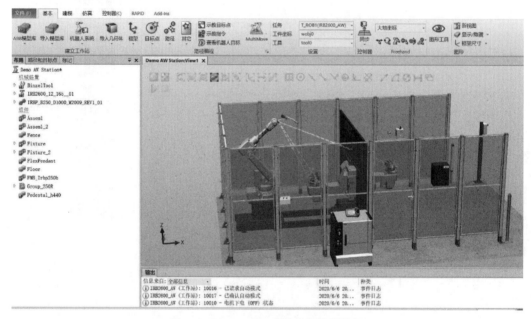

图 1-1　RobotStudio 离线编程软件界面

>>> 任务 1.1　工业机器人编程初识

知识目标

- ◆ 掌握工业机器人的编程方法。
- ◆ 掌握工业机器人编程技术的发展。

能力目标

- ◆ 能够区别离线编程与示教编程的不同之处。
- ◆ 能够描述离线编程技术的关键点。

素养目标

◆ 培养学生协同合作的团队精神。

◆ 培养学生攻坚克难、发愤图强的爱国之情。

◆ 培养学生自我发展、敢于挑战的能力。

 任务描述

随着智能制造的政策推动、人口红利的逐步减弱、人工成本的不断上涨,采用机器人替代人工已经成为制造企业的可行选择。目前,机器人广泛应用于焊接、装配、搬运、喷漆、打磨等领域。任务的复杂程度不断增加,对机器人的编程提出了更高要求。机器人的编程方式、编程效率和质量显得越来越重要。那么工业机器人的编程方式都有哪些?它们各具有什么特点呢?在编程过程中,我们又需要遵循什么样的流程呢?对于这些问题,我们通过本次任务的学习进行剖析。

知识准备

1.1.1 工业机器人编程方法

一般来讲,我们需要借用编程工具创建工业机器人可以识别的程序并让工业机器人执行此程序以完成某项工作任务,这个过程就是工业机器人编程过程。

目前,工业机器人主要的编程方式有三种:示教编程、离线编程和自主编程。而近些年 AR(增强现实)和 VR(虚拟现实)技术的发展,让人们能够通过此项技术将虚拟信息与真实世界巧妙融合,从而发展出一种基于增强现实的工业机器人编程。

1. 示教编程

示教编程是目前大多数工业机器人的编程方法,是一种较为成熟的在线编程技术。

通常由操作人员通过示教器创建程序从而控制工业机器人完成指定轨迹的运动,这种方式称作在线示教编程,即操作人员通过示教器或者手动方式控制工业机器人的关节,让工业机器人按照一定的轨迹运动,其控制器记录动作,并可根据指令自动重复该动作。示教编程如图 1-2 所示。示教器也称示教盒,主要有编程式和遥感式两种,操作简便直观。

目前,工业机器人示教编程主要应用于对精度要求不高的任务,如搬运、码垛和喷涂等,其特点是轨迹简单,操作方便。

2. 离线编程

离线编程主要是指在专门的软件环境下,运用工业机器人编程语言对通过计算机图形学技术建立的工作模型进行轨迹规划编程,对编程结果进行三维图形学动画仿真,以检测编程可靠性,最后将生成的代码传递给机器人控制柜,用以控制机器人的运行,如图 1-3 所示。

目前离线编程广泛应用于打磨、去毛刺、焊接、激光切割、数控加工等机器人新兴应用

图 1-2　示教编程

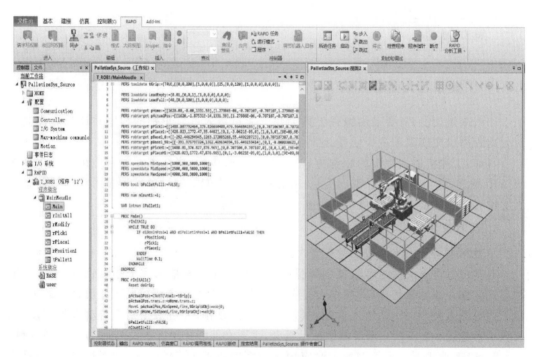

图 1-3　离线编程

领域。

3. 自主编程

自主编程技术是实现机器人智能化的基础，利用各种外部传感器，使机器人通过全方位感知真实加工环境，识别加工工作台信息，来确定工艺参数。自主编程技术不需要繁重的示教，也不需要根据工作台信息对加工过程中的偏差进行纠正，提高了机器人的自主性和适应性，成为未来工业机器人发展的方向。

目前,常用的传感器有视觉传感器、超声波传感器、电弧传感器、接触式传感器等,这些传感器使机器人具备视觉、听觉和触觉等。

1)基于激光结构光的自主编程

基于激光结构光的路径自主规划编程是指将结构光传感器安装在机器人的末端,形成"眼在手上"的工作方式,利用焊缝跟踪技术逐点测量焊缝的中心坐标,建立起焊缝轨迹数据库,在焊接时作为焊枪的路径。图 1-4 所示为基于激光结构光的路径自主规划编程。

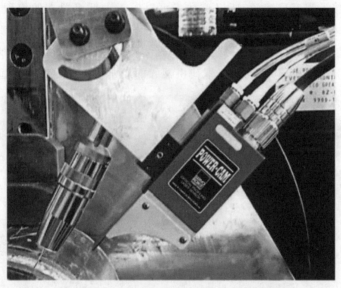

图 1-4　基于激光结构光的路径自主规划编程

2)基于双目视觉的自主编程

基于双目视觉的自主编程是实现机器人路径自主规划的关键技术,其原理是在一定条件下,由主控计算机通过视觉传感器沿焊缝自动跟踪、采集并识别焊缝图像,计算出焊缝的空间轨迹和位姿,并按优化焊接要求自动生成机器人焊枪的位姿参数。

3)多传感器信息融合自主编程

多传感器信息融合自主编程是指采用力控制器、视觉传感器以及位移传感器等传感器技术构成一个高精度自动路径生成系统,该系统可以根据传感器反馈信息来驱动机器人执行预判的轨迹动作。

4. 基于增强现实的编程

增强现实技术源于虚拟现实技术,是一种实时地计算摄像机影像的位置及角度并加上相应图像的技术,这种技术的目标是在屏幕中把虚拟世界套在现实世界上并互动。增强现实技术使得计算机产生的三维物体融合到现实场景中,加强了用户同现实世界的交互。增强现实技术融合了真实的现实环境和虚拟的空间信息,它在现实环境中发挥了动画仿真的优势并提供了现实环境与虚拟空间信息的交互通道。例如一台虚拟的飞机清洗机器人模型被应用于按比例缩小的飞机模型,有助于我们控制虚拟的机器人针对飞机模型沿着一定的轨迹运动,进而生成机器人程序,之后对现实机器人进行标定和编程。

基于增强现实的机器人编程(RPAR)技术能够在虚拟环境中且在没有真实工件模型

的情况下进行机器人离线编程。由于能够将虚拟机器人添加到现实环境中，所以当需要原位接近的时候该技术是一种非常有效的手段，能够避免在标定现实环境和虚拟环境中可能碰到的技术难题。增强现实编程的架构，由虚拟环境、操作空间、任务规划以及路径规划的虚拟机器人仿真和现实机器人验证等环节组成。

基于增强现实的机器人编程技术能够发挥离线编程技术的内在优势，比如缩短机器人的停机时间、安全性好、操作便利等。由于基于增强现实的机器人编程技术采用的策略是路径免碰撞、接近程度可缩放，所以该技术可以用于大型机器人的编程，而且也可用于远程操作。图 1-5 所示是增强现实（AR）技术与机器人融合的远程操作。功能界面基于一个增强现实头盔，将计算机生成的图形投射到真实环境中，并通过游戏手柄与计算机生成的图形进行交互，提供机器人指令，以取代机器人的经典教学挂件来执行远程操作任务。

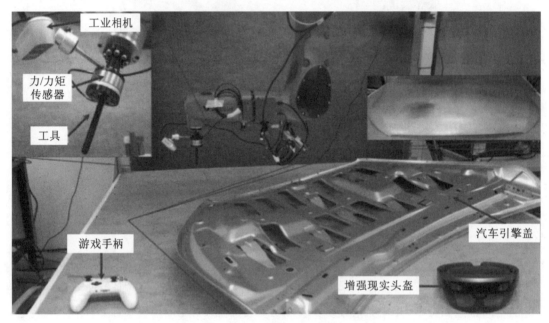

图 1-5　AR 技术与机器人融合的远程操作

1.1.2　主流编程技术的特点

工业机器人的离线编程方法很多，随着科学技术的发展也会融入更优的特殊功能，我们现在在生产加工过程中常用的方法还主要是示教编程和离线编程两种。

1. 示教编程

示教编程的优点：工业机器人编程简单方便，使用灵活，不需要环境模型，可修正机械结构的位置误差，能适用于大部分的小型机器人项目。

示教编程的缺点：

（1）在现场示教编程过程烦琐，效率较低；

（2）精度保证和检查验证程序依靠程序员经验，容易产生故障撞机或伤人；

（3）对于复杂的路径示教，示教编程难以取得令人满意的效果；

（4）占用资源，在编程过程中机器人不能用于生产。

通常在应用上来讲，示教编程一般用于入门级应用，如搬运、点焊等。

2. 离线编程

离线编程的缺点：学习起来较为困难，并非所有机器人都可提供离线编程软件，且部分编程软件价格昂贵。

离线编程的优点：

（1）可缩短机器人停机的时间，当对下一个任务进行编程时，机器人可仍在生产线上工作；

（2）使编程者远离危险的工作环境，改善了编程环境；

（3）离线编程使用范围广，可以对各种机器人进行编程，并能方便地实现优化编程；

（4）便于和 CAD/CAM 系统结合，做到 CAD/CAM/ROBOTICS 一体化；

（5）可使用高级计算机编程语言对复杂任务进行编程；

（6）便于修改机器人程序。

离线编程在打磨、焊接、切割、喷涂项目中有明显的优势。

3. 示教编程与离线编程对比

离线编程随着技术更新发展而来，克服了示教编程的很多缺点，与示教编程相比，具体特点如表 1-1 所示。

表 1-1 工业机器人示教编程与离线编程的比较

示 教 编 程	离 线 编 程
需要实际机器人系统和工作环境	需要机器人系统和工作环境的图形模型
编程时机器人停止工作	编程时不影响机器人工作
在实际系统上试验程序	通过仿真试验程序
编程的质量取决于编程者的经验	可用 CAD 方法进行最佳轨迹规划
难以实现复杂的机器人运行轨迹	可实现复杂运行轨迹

1.1.3 编程技术的发展趋势

1. 离线编程系统关键技术及理论

机器人离线编程系统正朝着集成的方向前进，其中包含了多个领域中的多个学科。为推动这项技术的进一步发展，以下几个方面的技术是关键：

（1）多传感器融合技术的建模与仿真。随着机器人智能化水平的提高，传感器技术在机器人系统中的应用越来越重要。因而需要在离线编程系统中对多传感器进行建模，实现多传感器的通信，执行基于多传感器的操作。

（2）错误检测和修复技术。系统执行过程中发生错误是难免的，应对系统的运行状态进行监测以及时发现错误，并采用相应的修复技术弥补。

（3）各种规划算法的进一步研究，包括路径规划、放置规划和微动规划等。规划一方面要考虑到环境的复杂性、连续性和不确定性，另一方面又要充分注意计算的复杂性。

（4）通用有效的误差标定技术，以应用于各种实际应用场合的机器人的标定。

（5）具体应用的工艺支持。如弧焊，作为离线编程应用比较困难的领域，不止涉及姿态、轨迹的问题，而且需要更多的工艺方面的研究以及相应的专家系统。

2. 编程技术的发展趋势

随着视觉技术、传感技术、智能控制技术、网络和信息技术以及大数据技术等的发展，未来的机器人编程技术将会发生根本的变革，主要表现在以下几个方面：

（1）编程将会变得简单、快速、可视、模拟和仿真立等可见。

（2）基于视觉、传感、信息和大数据技术，感知、辨识、重构环境和工件等的 CAD 模型，自动获取加工路径的几何信息。

（3）基于互联网技术实现编程的网络化、远程化、可视化。

（4）基于增强现实技术实现离线编程和真实场景的互动。

（5）根据离线编程技术和现场获取的几何信息自主规划加工路径、焊接参数并进行仿真确认。

离线编程与 CAD/CAM、视觉技术、传感技术，以及互联网、大数据、增强现实等技术深度融合，自动感知、辨识和重构工件和加工路径等，实现路径的自主规划、自动纠偏和自适应环境，将会使编程技术更上一层楼。

 **任务实施**

1. 分组

在任务实施过程中，小组协同编制工作计划，并协作解决难题，相互之间监督计划执行与完成情况，以养成良好的组织管理、团队意识等职业素养。

2. 小组讨论

每个小组成员查找资料并与其他成员讨论工业机器人离线编程的发展历程，了解离线软件的编程方法和构成。

3. 填写任务清单

每组将工业机器人离线编程方法和构成的变化列举出来，找出发展点并记录在下方任务清单中。

组　号	编程方法的演变		系统构成的更替	
	历史	当前	历史	当前

任务评价

任务 1.1　工业机器人编程初识

序号	考核要素	考核要求	配分	自评(20%)	互评(20%)	师评(60%)	得分小计
一	职业素养 20分	遵守课堂纪律,主动学习	5				
		遵守操作规范,安全操作	5				
		协同合作,具备责任心	5				
		具备系统规划能力	5				
二	知识掌握能力50分	工业机器人编程方法	10				
		示教编程特点	10				
		离线编程特点	10				
		自主编程特点	10				
		机器人离线编程系统的关键技术	10				
三	专业技术能力20分	能够独立绘制离线与示教编程的异同点表格	10				
		能够辩证地探寻工业机器人编程技术的发展	10				
四	拓展能力 10分	能够举一反三,拓展新知	5				
		能够进行知识迁移,前后串联	5				
	合计		100				
学生签字		年　月　日	任课教师签字			年　月　日	

 思考与练习

一、选择题

1. 如果利用工业机器人示教器创建程序,则这种方式称作_____。

A. 离线编程　　　　　　　　　　B. 示教编程

C. 自主编程　　　　　　　　　　D. 增强现实编程

2. 与示教编程相比,离线编程具有_____的优点。

A. 可使用高级计算机编程语言对复杂任务进行编程

B. 便于和 CAD/CAM 系统结合

C. 使编程者远离危险的工作环境

D. 缩短机器人停机时间

二、填空题

1. 目前，工业机器人的编程方式有三种：＿＿＿＿＿＿、＿＿＿＿＿＿和自主编程。

2. 自主编程技术利用＿＿＿＿＿＿，使机器人通过全方位感知真实加工环境，识别加工工作台信息，来确定工艺参数。

三、简答题

1. 目前，工业机器人的编程方式有哪几种？请分别加以阐述。

2. 机器人离线编程系统正朝着集成的方向前进，其中的关键技术有哪些？

探索故事

从本任务的学习中，我们了解到很多机器人编程方法，而每一种方法的出现都要经过各种尝试、延伸、进化，在学习过程中希望大家能够发挥攻坚克难、发愤图强的精神，立志做有理想、有担当、能吃苦、肯奋斗的新时代好青年。

中国铁路之父

中国第一条自主设计并建造的铁路是京张铁路，当时它被公认为是世界的奇迹，同时也是中国铁路辉煌成就的起点，奠定了中国铁路的规制。京张铁路的总工程师是詹天佑。在没有先进的挖掘工具和运输设备的条件下，詹天佑带领工人用勤劳的双手和聪明的才智攻坚克难，把中国的第一条铁路修建在长城之巅，他也因此被称为"中国铁路之父"。

詹天佑8岁进私塾读书，但他最感兴趣的是工程、机械等知识。12岁出国留学，学习工程技术，立志为国效力。学成回国后，被派到福建水师学堂学习驾驶海船，虽与专业不符，但詹天佑仍以一等第一名的成绩毕业，在担任"杨武"号军舰驾驶官期间，熟练操舰，毫不畏惧。到1905年詹天佑才被任命为总工程师兼会办，开始修京张铁路，并提出"花钱少，质量好，完工快"三项要求。在勘测过程中，詹天佑常勉励工作人员："技术的第一个要求是精密，不能有一点模糊和轻率，'大概''差不多'这类说法不能出自于工程人员之口。"遇到困难，他总是想：这是中国人自己修筑的第一条铁路，一定要把它修好。在山势高、岩层厚的居庸关开凿隧道时，山顶的泉水往隧道里渗，詹天佑身先士卒，带头提着水桶去排水。他常常和工人们同吃同住，不离开工地。经过四年奋斗，京张铁路终于在1909年9月全线通车。

▶▶▶ 任务1.2　离线编程软件认知

知识目标

◆ 了解市面上常用离线编程软件的品牌。

◆ 掌握常用离线编程软件的功能。

能力目标

◆ 能够区别不同离线编程软件的特点。

◆ 能够识别不同品牌的离线编程软件。

素养目标

◆ 培养学生主动探索新知的科学精神。

◆ 培养学生的家国情怀,弘扬中华文化的爱国意识。

 任务描述

离线编程软件既有通用性软件也有专用型软件,既有从国外引进的软件也有国内自主研发的软件。国外离线编程软件有 RobotStudio、RoboGuide、MotoSim EG、KUKASim、RobotMaster、ROBCAD、RobotWorks、RobotMove 等;国内离线编程软件有 RobotArt、RoboDK、iNCRobot、SRInstall 等。市面上的工业机器人离线编程软件种类繁多,功能各异,那么使用比较广泛的工业机器人离线编程软件具备什么特点呢? 让我们通过本次任务的学习进行剖析。

知识准备

1.2.1 离线编程系统的构成

机器人离线编程系统的作用是利用计算机图形学的成果,建立起机器人及其工作环境的几何模型,再利用一些规划算法,通过对图形的控制和操作,在离线的情况下进行轨迹规划;通过对编程结果进行三维图形动画仿真,以检验编程的正确性,最后将生成的代码传到机器人控制柜,以控制机器人运动,完成给定任务。机器人离线编程系统已被证明是一个有力的工具,可以增加安全性,减少机器人不工作时间和降低成本。机器人离线编程系统是机器人编程语言的拓广,有助于建立机器人和 CAD/CAM 之间的联系。

机器人离线编程系统不仅要在计算机上建立起机器人系统的物理模型,而且要对其进行编程和动画仿真,以及对编程结果进行后置处理。一般说来,机器人离线编程系统包括以下一些主要模块:CAD 建模、机器人编程、图形仿真、传感器、人机界面以及后置处理等。

1. CAD 建模

CAD 建模需要完成零件建模、设备建模、系统设计和布置、几何模型图形处理几大任务。因为利用现有的 CAD 数据及机器人理论结构参数所构建的机器人模型与实际模型之间存在着误差,所以必须对机器人进行标定,对其误差进行测量、分析,以不断校正所建模型。离线编程系统的一个基本功能是利用图形描述对机器人和工作单元进行仿真。

2. 机器人编程

编程模块一般包括:机器人及设备的作业任务描述(包括路径点的设定)、建立变换方程、求解未知矩阵及编制任务程序等。在进行图形仿真以后,根据动态仿真的结果,对程序做适当的修正,以达到满意效果,最后在线控制机器人运动以完成作业。

面向任务的机器人编程是高度智能化的机器人编程技术的理想目标——使用最适合于用户的类自然语言形式描述机器人作业,通过机器人装备的智能设施实时获取环境的信息,并进行任务规划和运动规划,最后实现机器人作业的自动控制。面向对象的机器人离线编程系统所定义的机器人编程语言把机器人的几何特性和运动特性封装在一块,并为之提供了通用的接口。基于这种接口,可方便地与各种对象,包括传感器对象打交道。由于语言能对几何信息直接进行操作且具有空间推理功能,因此它能方便地实现自动规划和编程;此外,还可以进一步实现对象化任务级编程语言,这是机器人离线编程技术的又一大提高。

3. 图形仿真

离线编程系统的一个重要作用是离线调试程序,而离线调试最直观有效的方法是在不接触实际机器人及其工作环境的情况下,利用图形仿真技术模拟机器人的作业过程,提供一个与机器人进行交互作用的虚拟环境。离线编程的效果正是通过图形仿真这个模块来验证的。

随着计算机技术的发展,在 PC 的 Windows 平台上可以方便地进行三维图形处理,并以此为基础完成 CAD、机器人任务规划和动态模拟图形仿真。一般情况下,用户在离线编程模块中为作业单元编制任务程序,经编译连接后生成仿真文件。

4. 传感器

近年来,随着机器人技术的发展,传感器在机器人作业中起着越来越重要的作用。对传感器的仿真已成为机器人离线编程系统中必不可少的一部分,并且也是离线编程能够实用化的关键。利用传感器的信息能够减小仿真模型与实际模型之间的误差,增加系统操作和程序的可靠性,提高编程效率。对于有传感器驱动的机器人系统,传感器产生的信号会受到多方面因素(如光线条件、物理反射率、物体几何形状以及运动过程的不平衡性等)的干扰,使得基于传感器的运动不可预测。传感器技术的应用使机器人系统的智能性大大提高,机器人作业任务已离不开传感器的引导。因此,离线编程系统应能对传感器进行建模,生成传感器的控制策略,对基于传感器的作业任务进行仿真。

5. 人机界面

人机界面是机器人控制系统和用户进行交互的媒介,通过人机界面能实现信息的内部形式与人类可以接受形式之间的转换。示教器便是人机界面的一种体现,这是一种手持式操作装置,用于执行机器人系统有关任务,如手动移动机器人以及编制、修改、运行机器人程序等。示教再现型工业机器人通过示教输入的方式实现自动运行。工业机器人示教是指操作者在实际工作环境中,通过示教系统对机器人进行编程,操作机器人实现完成各作业所需的位姿和动作,并记录下各示教点的位姿和动作参数。一组连续的示教点构成了作业程序。

6. 后置处理

后置处理的主要任务是把离线编程的源程序编译为机器人控制系统能够识别的目标程序,即当作业程序的仿真结果完全达到作业的要求后,将该作业程序转换成目标机器人的控制程序和数据,并通过通信接口输入目标机器人控制柜,驱动机器人去完成指定的任务。由于机器人控制柜的多样性,要设计通用的通信模块比较困难,因此一般采用后置处理将离线编程的最终结果翻译成目标机器人控制柜可以接受的代码形式,然后实现加工文件的上传及下载。机器人离线编程中,仿真所需数据与机器人控制柜中的数据是有些不同的。所以离线编程系统中生成的数据有两套：一套供仿真用；一套供控制柜使用。这些都是由后置处理模块完成的。

1.2.2　国外离线编程软件

1. ABB RobotStudio 离线编程软件

RobotStudio 是瑞士 ABB 公司配套的软件，是机器人本体制造商中软件做得最好的一款。RobotStudio 支持机器人的整个生命周期，使用图形化编程、编辑和调试机器人系统来创建机器人的运行任务，并模拟优化现有的机器人程序。图 1-6 所示为 RobotStudio 离线编程软件的主界面。

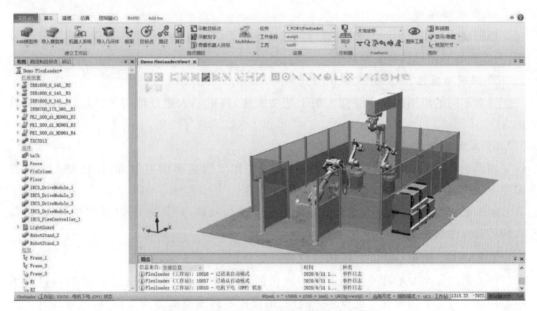

图 1-6　RobotStudio 离线编程软件的主界面

RobotStudio 中可以实现的主要功能如下。

1）CAD 导入

可方便地导入各种主流 CAD 格式的数据，包括 IGES、STEP、VRML、VDAFS、ACIS 及 CATIA 等。机器人程序员可依据这些精确的数据编制精度更高的机器人程序，从而提高产品质量。

2）自动路径生成

这是 RobotStudio 最节省时间的功能之一。通过使用待加工部件的 CAD 模型，可在短短几分钟内自动生成跟踪曲线所需的机器人位置。如果人工执行此项任务，则可能需要数小时或数天。

3）程序编辑器

可生成机器人程序，使用户能够在 Windows 环境中离线开发或维护机器人程序，可显著缩短编程时间、改进程序结构。

4）自动分析伸展能力

此便捷功能可让操作者灵活移动机器人或工件，直至所有位置均可达到。可在短短几分钟内验证和优化工作单元布局。

5）碰撞检测

在 RobotStudio 中，可以对机器人在运动过程中是否可能与周边设备发生碰撞进行验证与确认，以确保机器人离线编程得出的程序的可用性。

6）在线作业

使用 RobotStudio 与真实的机器人进行连接通信，对机器人进行便捷的监控、程序修改、参数设定、文件传送及备份恢复的操作，使调试与维护工作更轻松。

7）模拟仿真

根据设计，在 RobotStudio 中进行工业机器人工作站的动作模拟仿真以及确定周期节拍，为工程的实施提供真实的验证。

8）应用功能包

针对不同的应用推出功能强大的工艺功能包，将机器人更好地与工艺应用进行有效融合。

9）二次开发

提供功能强大的二次开发平台，使机器人应用实现更多的可能，满足机器人的科研需要。

RobotStudio 软件的不足之处在于它是一款专用软件，只支持 ABB 品牌机器人，机器人间的兼容性很差。

2. FANUC RoboGuide 离线编程软件

RoboGuide 是 FANUC 机器人公司提供的离线编程软件，RoboGuide 系列以过程为中心的软件包允许用户在三维世界中创建、编程控制和模拟机器人工作单元，通过其中的 TP 示教，进一步模拟其运动轨迹，而不需要原型工作单元设置的物理需求和费用。通过模拟可以验证方案的可行性，同时获得准确的周期时间。RoboGuide 是一款核心应用软件，包括搬运、弧焊、喷涂等其他模块。图 1-7 所示为 RoboGuide 离线编程软件的界面。

RoboGuide 中可以实现的主要功能如下。

1）CAD 导入功能

通过三维绘图软件 SolidWorks、UG 或者 Pro/E 绘制出所需要的工件或者是工具，转化为 igs 格式，然后再导入 RoboGuide 软件中应用。

2）强大的模块化功能

搬运模块：可以实现对物料的装卸、包装、装配等，完成路径的规划以及输送线跟踪。焊接模块：可以在完成路径规划的同时，定义出各种焊接工艺的参数。喷涂模块：可以图形化的方式编程，根据图形可以自动生成工业计算程序，从而简化了机器人的路径示教。码垛模块：可以创建进料站、托盘站，使用可视化的方式建立调试和测试离线程序。

3）便利的动画工具

RoboGuide 在工作场地很容易连接到真实的机器人，使用动画确保真实机器人中的

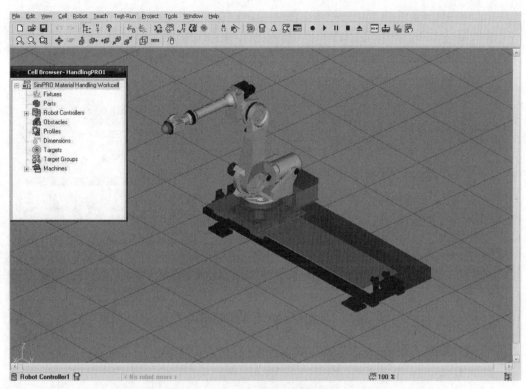

图 1-7　RoboGuide 离线编程软件的界面

程序已更新,也可以估计真实机器人的周期。

4)视觉跟踪和碰撞提醒功能

该功能替代了 Vision Tracking 功能,能够以 3D 视图形式展示机器人高速抓取工件的系统,可以模拟多台带有视觉跟踪功能的机器人从传送带上抓取和放置工件的过程。碰撞提醒功能可以检查机器人在整个运行轨迹中是否会出现与外围设备发生碰撞。

RoboGuide 与 RobotStudio 软件的不足之处相同,即它也是一款专用软件,只支持FANUC 品牌机器人,机器人间的兼容性很差。

3. RobotMaster 离线编程软件

RobotMaster 是加拿大 Jabez 科技公司开发研制的离线编程软件,它是目前市面上顶级的通用型机器人离线编程仿真软件,几乎支持市场上绝大多数机器人品牌(KUKA、ABB、FANUC、Motoman、史陶比尔、珂玛、三菱、DENSO、松下等)。RobotMaster 在Mastercam 中无缝集成了机器人编程、仿真和代码生成等功能,大大提高了机器人的编程速度。RobotMaster 离线编程软件的界面如图 1-8 所示。

RobotMaster 中可以实现的主要功能如下。

1)三维曲线加工功能

RobotMaster 软件具有强大的集成式三维曲线编程功能,使得工艺人员无须学习复杂的 CAD/CAM 和机器人知识,即可创建最优程序。在复杂的边缘和任何 CAD 模型上,轻松实现一键式轮廓识别和编程。简单实用的路径编辑功能,不需要复杂的 CAD/CAM 技

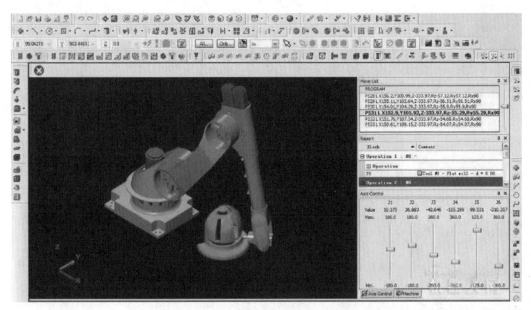

图 1-8　RobotMaster 离线编程软件的界面

巧，可动态调整工具姿态，专为机器人编程设计。

2）跳转点管理

RobotMaster 可轻松实现无碰撞的路径间跳转，最大限度地缩短节拍。通过创建安全的过渡路径来完成机器人路径跳转，使用自动和半自动的交互工具来避免错误和碰撞，通过自动优化机器人的姿态和配置来跳转至下一个任务。

3）提供优化策略

RobotMaster 提供可视化的问题描述和优化策略，以轻松获得最佳机器人程序。它的完全交互特性使其成为寻找最佳解决方案的综合工具，无须逐点干预，即使只有很小的优化空间。不同于试错调试，它能提前验证程序，而且不需要专业化的机器人知识。所有潜在问题都可视化地展示到屏幕上，并按类型进行颜色区分，基于用户设定来生成和排列所有解决方案，在问题区域只需几次点击就能优化路径，解决问题。

4）工作空间分析

RobotMaster 全面集成了更强大、直观的工作空间分析功能，可视化所有路径对应的任务空间，可帮助用户迅速确定工件的最佳位置。操作简单的图形化机器人范围限制功能结合动态重算功能，可以清晰地显示变化对所有操作产生的全部影响。工作空间分析和图形化环境还支持导轨和回转台。

5）工艺定制功能

RobotMaster 可以完全定制精简的、专用的用户界面，使工艺专家可以设置和管理最佳参数。通过定制化界面来简化或定制用户工艺参数（例如焊接工艺参数、切割工艺参数等）。可以在系统级别、路径级别或点级别，对工艺参数进行创建、修改和控制。

6）外部轴管理

RobotMaster 可以对包括外部轴在内的整个机器人单元进行集成式管理，轻松控制所有轴(包括导轨和旋转轴)的运动,即使是对较大和较复杂的工件,也能充分编程与优化;能够仅对外部轴作变位编程,也可以完全协同运动,自动组合同步外部轴动作以获得理想的工具姿态,支持所有外部轴优化。

RobotMaster 软件的缺点:基于 MasterCAM 做的二次开发,价格昂贵,暂不支持多台机器人同时模拟仿真,只能做单个工作站的模拟仿真。

4. RobotWorks 离线编程软件

RobotWorks 是以色列 Compucraft 公司开发的专业机器人离线编程仿真软件,基于 SolidWorks 二次开发,可集成到 SolidWorks 中,具有生成轨迹方式多样、支持多种机器人、支持外部轴的特点,可以生成日本 FANUC、安川电机、川崎重工业、瑞典 ABB、德国 KUKA 及法国 Staubli 机器人的程序。RobotWorks 离线编程软件的界面如图 1-9 所示。

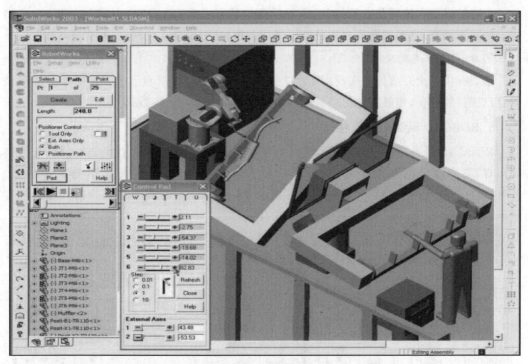

图 1-9 RobotWorks 离线编程软件的界面

RobotWorks 中可以实现的主要功能如下。

1) 全面的数据界面

RobotWorks 是基于 SolidWorks 平台开发的。SolidWorks 能够通过标准接口转换数据,例如 IGES、DXF、DWG、PrarSolid、STEP、VDA 和 SAT。

2) 强大的编程功能

从 CAD 数据输入到输出,机器人处理代码只需四个步骤。

第一步:直接从 SolidWorks 创建或直接导入其他 3D CAD 数据,并选择定义的机器人工具,将要处理的工件组合成一个装配体。对于所有装配夹具和工具,用户都能够使用 SolidWorks 创建自己的调用。

第二步：使用 RobotWorks 选择工具，然后直接选择曲面边缘或样条曲线来处理数据点。

第三步：调用所需的机器人数据库，开始碰撞检查和模拟，自动纠正每个数据点，包括刀具角度控制、引线设置、增加加工点、调整切削顺序、增加每个点的工艺参数。

第四步：RobotWorks 自动生成各种机器人代码，包括笛卡儿坐标数据、关节坐标数据、工具和坐标系统数据、处理技术等，并根据工艺要求保存不同的代码。

3）强大的工业机器人数据库

该系统支持市场上大多数主流工业机器人，提供各种工业机器人各种型号的三维数字模型。

4）完美仿真

独特的机器人处理仿真系统，可自动检测机器人手臂、工具与工件之间的运动，自动进行轴超限检查，自动删除不合格路径并进行调整，还可自动优化路径，减少空运行时间。

5）打开流程库定义

系统提供完全开放的处理技术指令文件库。用户能够根据自己的实际需要定制和设置自己独特的流程，能够将任何添加的指令输出到机器人以处理数据。

5. ROBCAD 离线编程软件

ROBCAD 是西门子公司推出的离线编程仿真软件，重点在生产线仿真。软件支持离线点焊，支持多台机器人仿真，支持非机器人运动机构仿真，支持精确的节拍仿真。ROBCAD 主要应用于产品生命周期中的概念设计和结构设计两个前期阶段。现已不再更新。图 1-10 为 ROBCAD 离线编程软件的界面。

图 1-10　ROBCAD 离线编程软件的界面

ROBCAD 中可以实现的主要功能如下。

1）WorkcellandModeling

对白车身生产线进行设计、管理和信息控制。

2）SpotandOLP

完成点焊工艺设计和离线编程。

3）Human

实现人因工程分析。

4）Application 中的 Paint、Arc、Laser 等模块

实现生产制造中喷涂、弧焊、激光加工、绲边等工艺的仿真验证及离线程序输出。

5）ROBCAD 的 Paint 模块

喷漆的设计、优化和离线编程，其功能包括：喷漆路线的自动生成、多种颜色喷漆厚度的仿真、喷漆过程的优化。

1.2.3　国内离线编程软件

1. RobotArt 离线编程软件

RobotArt 是北京华航唯实公司推出的自主品牌离线编程软件。该软件正式推出后，彻底打破了国外软件垄断的局面，大大降低了国内机器人应用的成本，为国内机器人应用提供了更好的服务。

RobotArt 离线编程系统的基本原理是根据几何数模的拓扑信息生成机器人运动轨迹，集成处理轨迹仿真、路径优化和后置代码，同时集碰撞检测、场景渲染、动画输出于一体，可快速生成效果逼真的模拟动画。目前，RobotArt 在打磨、去毛刺、焊接、激光切割、数控加工等领域有着广泛的应用。图 1-11 所示为 RobotArt 离线编程软件的界面。

RobotArt 中可以实现的主要功能如下。

（1）支持多种格式的三维 CAD 模型，可导入扩展名为 step、igs、stl、x_t、prt（UG）、prt（ProE）、CATPart、sldpart 等的文件。

（2）支持多种品牌工业机器人的离线编程操作，如 ABB、KUKA、FANUC、YASKAWA、Staubli、KEBA 系列、新时达、广数等。

（3）拥有大量航空航天高端应用经验。

（4）自动识别与搜索 CAD 模型的点、线、面信息并生成轨迹。

（5）轨迹与 CAD 模型特征关联，若模型移动或变形，则轨迹自动变化。

（6）一键优化轨迹与几何级别的碰撞检测。

（7）支持多种工艺包，如切割、焊接、喷涂、去毛刺、数控加工。

（8）支持将整个工作站仿真动画发布到网页、手机端。

RobotArt 软件的不足之处在于软件不支持整个生产线仿真，不支持外国小品牌机器人。

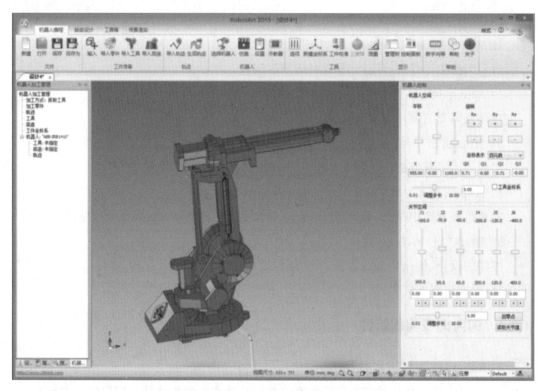

图 1-11 RobotArt 离线编程软件的界面

2. RoboDK 离线编程软件

RoboDK 是江苏汇博公司推出的自主品牌离线编程软件，能够兼容多品牌机器人，其界面如图 1-12 所示。

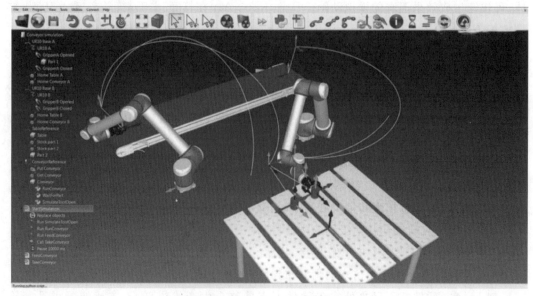

图 1-12 RoboDK 离线编程软件的界面

RoboDK 中可以实现的主要功能如下。

1）支持多种品牌机器人

RoboDK 具有可扩展机器人关节的外部轴模型和不同品牌的机器人工具模型的功能。RoboDK 支持 ABB、KUKA、FANUC、安川、川崎、史陶比尔、UR、柯马、汇博、埃伏特、广州数控等多种品牌机器人的离线仿真。

2）离线仿真功能

仿真人员可以导入精确的工作站三维模型数据，根据工作站的工作流程创建、编辑仿真程序，以及程序轨迹规划。RoboDK 具有 Python 扩展 API（应用程序编程接口）功能，可以通过 Python 实现机器人的离线仿真功能，能够针对更多、更复杂的应用进行机器人离线仿真。

3）碰撞检测功能

RoboDK 能够对机器人及其外部设备进行碰撞检测，判断机器人程序运行轨迹是否合理，从而减少实际工作过程中发生碰撞的可能。

4）生成离线程序功能

RoboDK 通过 PythonAPI 扩展后处理器，可以直接生成对应品牌机器人的离线程序。

5）机器人运动学建模功能

在相应机器人三维模型数据基础上，可以通过 RoboDK 机器人运动学建模功能，实现机器人的运动学建模。

6）机器人参数标定功能

RoboDK 可以通过激光跟踪传感器或立体摄像机，获得机器人的相关数据，得到机器人的性能精度报告，且能够对机器人参数进行标定，支持 ISO9283 标准下的位置精度、重复精度、轨迹精度等测试。

7）丰富的实例库

RoboDK 拥有丰富的实例库，可以为教学和工业领域的应用提供案例和教程。

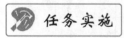 任务实施

1. 分组

在任务实施过程中，小组协同编制工作计划，并协作解决难题，相互之间监督计划执行与完成情况，以养成良好的组织管理、遵守规则等职业素养。

2. 小组讨论

小组成员共同讨论各品牌离线编程软件的异同点，了解离线编程软件的功能特性。

3. 填写任务清单

每组将各品牌离线编程软件的功能特性列举出来，找出异同点并记录在任务清单中。

组号	RobotStudio	RoboGuide	RobotMaster	RobotWorks	RobotArt	RoboDK	ROBCAD

任务评价

任务 1.2　离线编程软件认知

序号	考核要素	考核要求	配分	自评（20%）	互评（20%）	师评（60%）	得分小计
一	职业素养 20 分	遵守课堂纪律，主动学习	5				
		遵守操作规范，安全操作	5				
		协同合作，具备责任心	5				
		主动搜索信息，掌握国家软件技能发展	5				
二	知识掌握 能力 60 分	RobotStudio 离线编程软件主要功能	10				
		RoboGuide 离线编程软件主要功能	8				
		RobotMaster 离线编程软件主要功能	8				
		RobotWorks 离线编程软件主要功能	8				
		ROBCAD 离线编程软件主要功能	8				
		RobotArt 离线编程软件主要功能	8				
		RoboDK 离线编程软件主要功能	10				
三	专业技术 能力 10 分	能够绘制各离线编程软件功能的异同点表格	10				
四	拓展能力 10 分	能够横向拓展，将知识结构化	5				
		能够进行知识分类汇总	5				
合计			100				
学生签字		年　　月　　日		任课教师签字		年　　月　　日	

思考与练习

一、选择题

1. RoboGuide 是_____公司提供的离线编程软件。

A. ABB
B. FANUC
C. KUKA
D. KAWASAKI

2. 以下属于国内自主品牌的机器人离线编程软件的是_____。

A. RobotMaster
B. RoboGuide
C. RobotArt
D. RobotMove

3. 有些机器人离线编程软件能够兼容多种品牌的机器人,那么 RobotStudio 中能够使用的机器人品牌是_____。

A. ABB 系列
B. FUNUC 系列
C. KUKA 系列
D. YASKAWA 系列

4. RobotStudio 离线编程软件可方便地导入各种主流 CAD 格式的数据,其中不包括_____。

A. IGES
B. STEP
C. VRML
D. UG

5. 以下品牌的机器人离线编程软件中,为通用型产品的是_____。

A. RobotMaster
B. RoboGuide
C. RobotStudio
D. KUKASim

二、填空题

1. RoboGuide 是一款离线编程软件,用于设置和维护机器人系统,可以在机器人工作场合使用_____工具。

2. _____是 RobotStudio 最节省时间的功能之一。

3. 在 RoboGuide 软件中,通过 CAD 导入功能可以导入_____格式的三维模型。

4. _____可生成机器人程序,使用户能够在 Windows 环境中离线开发或维护机器人程序,可显著缩短编程时间,改进程序结构。

5. RobotStudio 离线编程软件的_____功能可让操作者灵活移动机器人或工件,直至所有位置均可到达,可在短短几分钟内验证和优化工作单元布局。

三、简答题

1. RoboGuide 是 FANUC 公司的离线编程软件,其强大的模块化功能包括什么? 能完成什么工作内容?

2. 国内主流的离线编程软件有哪些? 国外主流的离线编程软件有哪些?

探索故事

　　通过本任务的学习,我们知道 RobotArt 是北京华航唯实公司推出的自主品牌离线编程软件,而与该公司相关的北京航空航天大学培养了很多优秀的工程师,在此我们要学习老一辈航天人的家国情怀,高举中国特色社会主义伟大旗帜,为全面建设社会主义现代化国家而团结奋斗!

神舟之父

　　在中国航天的历史上,有一个人名是与许多个"第一"一起出现的——中国第一发导弹"东风一号"、第一枚运载火箭"长征一号"、第一颗卫星"东方红一号"、第一艘试验飞船"神舟一号"、第一艘载人飞船"神舟五号"……这个传奇般的存在,就是神舟飞船首任总设计师——戚发轫。

　　戚发轫毕业于北京航空学院,现任北京航空航天大学宇航学院名誉院长。他自高中起就下定决心要学航空、造飞机,保家卫国。戚发轫说:"我这一辈子热爱航天。对宇宙来讲,人太渺小了,但是确实每一个渺小的东西集中起来,能成为一个伟大的事业,我有幸成为这么大一个群体当中的一个,感觉很满足。"

　　从 24 岁被分配到研制导弹、火箭的研究机构,到"东风二号"发射成功 4 年后,戚发轫的工作转向卫星研制,"东方红一号"的成功开创了中国航天史的新纪元。在本该退休的年纪,他接到更为艰巨的任务——担任神舟飞船总设计师。花甲之年的他又一次步入中国航天新的天地。从"神舟一号"试验飞船到"神舟四号"飞船,凡是能被预想出来的"万一",戚发轫都要求设计人员千方百计去发现,去寻找。如今,"祝融"探火,"羲和"逐日,"天和"遨游于星辰之间,航天员出差"天宫",建设航天强国的接力棒传到更年轻的一代手中。戚发轫曾说:"最高尚的爱、最伟大的爱,是爱国家。你爱这个国家,才能把最宝贵的东西献给国家。"

▶▶▶ 任务 1.3　ABB 编程软件的安装与授权

知识目标

◆ 了解 RobotStutio 离线编程软件授权的应用。

◆ 认识 RobotStutio 离线编程软件的操作界面。

能力目标

◆ 学会 RobotStutio 离线编程软件的正确安装方法。

◆ 学会 RobotStutio 离线编程软件授权的操作方法。

素养目标

◆ 培养学生勤学苦练的工匠精神。

◆ 培养学生怀揣梦想、坚定信念、百折不挠的精神。

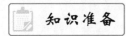任务描述

本任务以市面上销量较高的 ABB 机器人为例,选择离线编程软件 RobotStudio 进行学习。在 RobotStudio 软件使用之初,我们需要知道在哪里能够找到这个软件,如何下载软件,拥有软件之后如何安装,是否需要授权,等等。让我们通过本次任务的学习进行剖析。

知识准备

1.3.1 RobotStutio 软件的安装

1. 下载 RobotStudio 离线编程软件

RobotStudio 是瑞士 ABB 公司配套的软件,ABB 公司官网提供了下载渠道。登录网址:www.robotstudio.com,如图 1-13 所示,单击进入页面"下载 RobotStudio 软件"。

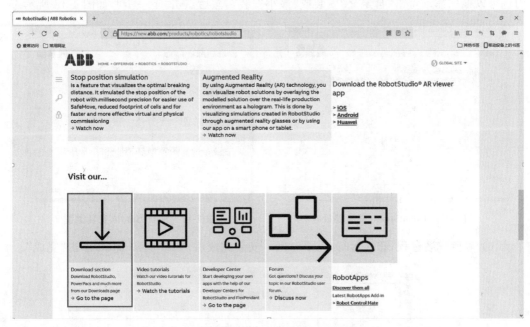

图 1-13 RobotStudio 官网下载

2. 安装 RobotStudio 离线编程软件

(1)下载完成后,对压缩包进行解压,然后打开解压后的文件夹,选择"setup.exe",如图 1-14 所示。

setup.exe   2018/10/31 10:30   应用程序

图 1-14 RobotStudio 安装文件

(2)双击"setup.exe",开始安装。在初始界面下,点击"下一步",如图 1-15 所示。

(3)选择"我接受许可证协议中的条款(A)",点击"下一步",如图 1-16 所示。

图 1-15　RobotStudio 安装警告

图 1-16　RobotStudio 安装条款

（4）默认安装目录为"C:\Program Files（x86）\ABB Industrial IT\Robotics IT\RobotStudio 6.08\"，如果不选择默认安装目录，可以点击"更改"指定目录，再点击"下一步"，如图 1-17 所示。

（5）选择安装类型。一般情况下，我们需要点击"完整安装"，安装全部组件。当然，我们也可以根据需求点击"自定义"安装或"最小安装"，然后点击"下一步"，如图 1-18 所示。

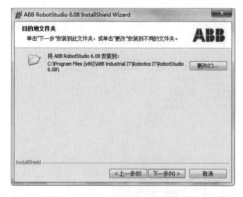

图 1-17　RobotStudio 安装路径

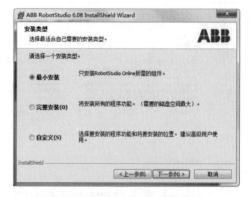

图 1-18　RobotStudio 安装类型

（6）等待安装过程，首次运行，需要时间。安装完成后，如图 1-19 所示，点击"完成"。

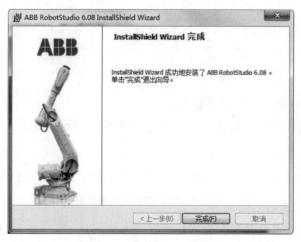

图 1-19　RobotStudio 安装完成

为了确保 RobotStudio 能够正确地安装，请注意以下事项：

（1）计算机的系统配置见表 1-2。

表 1-2　计算机的系统配置

项　　目	参　　数
CPU	i5 或以上
内存	2 GB 或以上
硬盘	空闲 20 GB 以上
显卡	独立显卡
操作系统	Windows7 或以上

（2）计算机操作系统中的防火墙可能会造成 RobotStudio 软件不正常运行，如无法连接虚拟控制器等，因此建议关闭防火墙或对防火墙的参数进行恰当的设定。

1.3.2　RobotStutio 软件的授权

1. RobotStudio 授权介绍

在第一次正确安装 RobotStudio 以后，软件提供 30 天的全功能高级版免费试用时间。30 天以后，如果还未进行授权操作，则只能使用基本版的功能。

基本版：提供基本的 RobotStudio 功能，如配置、编程和运行虚拟控制器；还可以通过以太网对实际控制器进行编程、配置和监控等在线操作。

高级版：提供 RobotStudio 所有的离线编程功能和多机器人仿真功能。高级版中包含基本版中的所有功能。要使用高级版需进行激活。

针对学校，有学校版的 RobotStudio 软件用于教学。

如图 1-20 所示，选择"文件"功能选项卡下的"帮助"，在这里可查看授权的有效日期。

图 1-20　RobotStudio 授权日期查看

2. RobotStudio 授权操作

如果已经从 ABB 获得 RobotStduio 的授权许可证,则可以通过以下的方式激活 RobotStudio 软件。

单机许可证只能激活一台计算机上的 RobotStudio 软件,而网络许可证可在一个局域网内建立一台网络许可证服务器,给局域网内的 RobotStudio 客户端进行授权许可,客户端的数量由网络许可证所允许的数量决定。在授权激活后,如果计算机系统出现问题并重新安装 RobotStudio,将会造成授权失效。在激活之前,请将计算机连接上互联网。RobotStudio 可以通过互联网进行激活。

(1)在"文件"功能选项卡下,选择"选项"。在弹出来的选项对话框中单击"授权",选择"激活向导",如图 1-21 所示。

图 1-21　RobotStudio 授权向导

(2)根据授权许可类型,选择"单机许可证"或"网络许可证",再单击"下一个",按照提示就可完成激活,如图 1-22 所示。

图 1-22　RobotStudio 授权激活

1.3.3 RobotStutio 软件的界面初识

1. RobotStudio 软件的界面

RobotStudio 软件的使用涉及三维模型的建立、导入，工作站的创建、设置，离线编程，仿真，程序的生成和导入等众多的内容。将 RobotStudio 软件根据要实现的不同功能，分为多个功能选项卡，包括"文件、基本、建模、仿真、控制器"等。为了熟练地运用 RobotStudio 软件进行工业机器人的虚拟仿真和离线编程，必须熟悉每个选项卡所能实现的各个功能。

（1）"文件"功能选项卡，包括创建新工作站、连接到控制器、将工作站保存为查看器、文件共享等。"文件"功能选项卡会打开 RobotStudio 后台视图，其中显示当前活动的工作站的信息和元数据，列出最近打开的工作站并提供一系列用户选项。

RobotStudio 软件所创建的三维工作站不同于其他的三维软件，不能将所创建的文件随意地从一台计算机复制到另外一台计算机，因为其涉及了工作站的系统，所以需要对所建立的工作站进行打包后才能将其复制到其他计算机，而在其他计算机上操作该工作站时，需要对打包文件进行解包，该功能在"共享"选项中实现，如图 1-23 所示。

图 1-23 "文件"功能选项卡

（2）"基本"功能选项卡，包含搭建工作站、创建系统、编写路径程序和摆放物体所需的控件，如图 1-24 所示。

图 1-24 "基本"功能选项卡

（3）"建模"功能选项卡，包含创建和分组工作站组件、创建实体、测量以及其他 CAD

操作所需的控件，如图 1-25 所示。

图 1-25　"建模"功能选项卡

（4）"仿真"功能选项卡，包含创建、控制、监控和记录仿真所需的控件，如图 1-26
所示。

图 1-26　"仿真"功能选项卡

（5）"控制器"功能选项卡，包含用于虚拟控制器（VC）的同步、配置和分配任务的控制
措施。它还包含用于管理真实控制器的控制功能，如图 1-27 所示。

图 1-27　"控制器"功能选项卡

（6）"RAPID"功能选项卡，包括 RAPID 编辑器的功能、RAPID 文件的管理以及用于
RAPID 编程的其他控件，如图 1-28 所示。

图 1-28　"RAPID"功能选项卡

（7）"Add-Ins"功能选项卡，包含 PowerPacs 和 VSTA 的相关控件，如图 1-29 所示。

图 1-29　"Add-Ins"功能选项卡

2. RobotStudio 默认界面恢复

在进行虚拟仿真时，不同的界面下所显示的窗口可能不一样，在操作时，需要对窗口
所显示的内容进行操作，有时会意外地关闭窗口，从而无法找到对应的操作对象和查看相
关的信息，此时应调出对应的窗口，以满足虚拟仿真的需要。

如图 1-30 所示，可进行如下操作恢复默认的 RobotStudio 界面：单击快捷菜单栏最后
一个下拉按钮，选择"默认布局"便可以恢复窗口的布局；也可以选择"窗口"，在需要的窗
口前打钩选中。

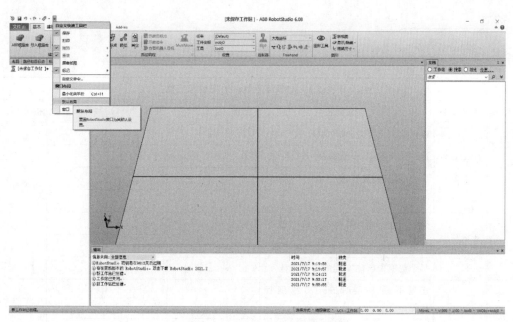

图 1-30　RobotStudio 默认界面恢复

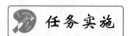

1. 分组

在任务实施过程中,小组协同编制工作计划,然后单独完成 RobotStudio 软件的安装与授权,期间协作解决难题,相互之间监督计划执行与完成情况,既能锻炼学生独立执行任务的能力,又能养成沟通合作的职业素养。

2. 小组讨论

小组成员共同讨论在离线编程软件安装过程中遇到的难题,这些难题是如何解决的,以及大致的步骤和方向,然后谈谈在安装成功之后使用软件的初体验,了解 RobotStudio 软件的基本功能。

3. 填写任务清单

每组将 RobotStudio 离线编程软件的功能列举出来,找出在安装和授权过程中遇到的难题的共性以及解决方法,并记录在如下任务清单中。

组　　号	安装的问题及解决方法		授权的问题及解决方法	
	安装问题		授权问题	
	解决方法 1		解决方法 1	
	解决方法 2		解决方法 2	
	功能特点			
	功能 1	功能 2	功能 3	功能 4	功能 5	功能 6

任务评价

任务 1.3　ABB 编程软件的安装与授权

序号	考核要素	考核要求	配分	自评(20%)	互评(20%)	师评(60%)	得分小计
一	职业素养 20分	遵守课堂纪律,主动学习	5				
		遵守操作规范,安全操作	5				
		认真练习,反复尝试	5				
		坚定信念,百折不挠	5				
二	知识掌握能力20分	安装软件所需计算机的系统配置	5				
		区别 RobotStudio 不同版本的功能	5				
		每个选项卡所能实现的各个功能	10				
三	专业技术能力50分	正确下载 RobotStudio 离线编程软件	8				
		顺利解压缩包,并打开初始安装界面	8				
		正确指定安装路径	8				
		正确选择安装类型	8				
		按照提示完成安装	8				
		正确进行授权操作	10				
四	拓展能力 10分	能够自主探索,主动求知	5				
		能够进行综合归纳,拓展新知	5				
合计			100				
学生签字		年　月　日		任课教师签字		年　月　日	

 思考与练习

一、选择题

1.第一次正确安装 RobotStudio 软件后,试用期是_____。

A. 3 天　　　　　　B. 15 天　　　　　　C. 30 天　　　　　　D. 无限制

2. 为了确保 RobotStudio 成功安装,计算机系统需达到的要求不包括_____。

A. i5 或以上处理器　　　　　　　B. 2 GB 或以上内存

C. Windows7 或以上操作系统　　　　D. 打开防火墙和杀毒软件

3. RobotStudio 软件提供的安装选项不包括_____。

A. 完整安装　　　　　　　　　B. 最小化安装

C. 自定义安装　　　　　　　　　D. 专业化安装

4. RobotStudio 软件提供了_____种安装选项。

A. 1　　　　　　　B. 2　　　　　　　C. 3　　　　　　　D. 4

5. RobotStudio 软件的安装和操作过程中,安装路径目录下的文件夹名字应为_____,文件的保存路径和文件夹、文件名称本身也应该为_____。

A. 英文　　　　　　　　　　　　B. 英文或者英文加上数字

C. 中文　　　　　　　　　　　　D. 特定符号

二、判断题

1. 网络许可激活 RobotStudio 软件后,如果计算机重新安装 RobotStudio 软件,那么授权依然存在。　　　　　　　　　　　　　　　　　　　　　　　　　　　（　　）

2. 安装 RobotStudio6 及以上版本时,RobotWare 是随 RobotStudio 的完整安装选项自动安装的。　　　　　　　　　　　　　　　　　　　　　　　　　　　（　　）

3. 安装 RobotStudio 时,需要在计算机上拥有管理员权限。　　　　　　　（　　）

4. 安装 RobotStudio 时,只安装一个 RobotWare 版本。要仿真特定的 RobotWare 系统,必须在计算机上安装用于此特定 RobotWare 系统的 RobotWare 版本。（　　）

5. 如果在 RobotStudio 安装时选择的是最小化安装,则仅允许计算机以在线模式运行 RobotStudio,即 RobotStudio 不具有离线仿真等功能。　　　　　　　　　（　　）

6. 在第一次正确安装 RobotStudio 以后,软件提供 30 天的全功能高级版免费试用期。30 天以后,如果还未进行授权操作,则只能使用基本版的功能。　　　　　　（　　）

7. 在授权激活后,如果电脑系统出现问题并重新安装 RobotStudio,将会造成授权失效。

（　　）

三、简答题

安装 RobotStudio 软件对计算机的系统配置具体都有哪些要求?

探索故事

从本任务的学习中可知,我们如果想把 RobotStudio 这款离线编程软件学好,就必须具备勤学苦练的工匠精神。新时代的伟大成就是党和人民一道拼出来、干出来、奋斗出来的!

"铸"心筑梦的工匠人

他用勤劳的双手回报祖国,为火箭焊接心脏,负责航天工程中的"长江二号""长江三号",在德国纽伦堡国际发明展上荣获三项世界级大奖。他就是 2018 年被评选为大国工匠年度人物的高凤林。

20 世纪 80 年代以来,高凤林先后参与北斗导航、嫦娥探月、载人航天等国家重点工程以及"长征五号"新一代运载火箭的研制工作,一次次攻克发动机喷管焊接技术世界级难关,出色完成亚洲最大的全箭振动试验塔的焊接攻关,修复苏制图 154 飞机发动机,还被丁肇中教授亲点,成功解决反物质探测器项目难题。

绝活不是凭空得,功夫还得练出来。高凤林吃饭时拿筷子练送丝,喝水时端着盛满水的缸子练稳定性,休息时举着铁块练耐力,冒着高温观察铁水的流动规律。为了保障一次大型科学实验顺利完成,他的双手至今还留有被严重烫伤的疤痕;为了攻克国家重点攻关项目,近半年的时间,他天天趴在冰冷的产品上,关节麻木青紫。他甚至被戏称为"和产品结婚的人"。高凤林以卓尔不群的技艺和劳模特有的人格魅力、优良品质,成为新时代高技能工人的时代坐标。

 项目拓展

ABB 离线编程软件不同版本的安装特点和关系

ABB 旗下的离线编程软件每年都在更新版本,各个版本之间的兼容性各不相同,相互之间又有关系,具体来讲,我们考虑以下情况。

1. 安装不同版本 RobotWare 的原因

由于在创建工作站时所使用的软件版本不同,对应不同版本需加载不同的 RobotWare 程序,因此需要安装不同版本的 RobotWare 系统包。

2. 软件安装特点

传统安装方式,从低版本开始安装(若安装了高版本 RobotStudio,再安装低版本 RobotStudio,则软件会报错),如从 RobotStudio5.15 和 RobotWare5.15 到 RobotStudio5.61 和 RobotWare5.61,再到 RobotStudio6.08 和 RobotWare6.08。

RobotStudio 软件包和 RobotWare 系统包需要单独安装,不要捆绑在一起安装。

3. ABB 机器人的 RobotWare 和 RobotStudio 的关系

RobotStudio:是一个集成机器人在线编程和离线仿真的软件,同时兼具了代码备份、参数配置还有系统制作功能;是一个比较强大的软件。

RobotWare:是机器人系统的软件版本。系统版本每隔一段时间会有小的升级。

RAPID:ABB 机器人编程使用的官方语言。

新版本的 RobotWare RAPID 会有新的指令加入,向下兼容,一般只会增加新的指令,很少减少指令。

如果计算机上安装了不同的 RobotWare 版本,那么 RobotStudio 一般能够识别。用户在生成虚拟机器人系统的时候可选择不同的 RobotWare 版本。

项目二

工业机器人基本认知

　　随着中国制造2025方案的实施,越来越多的企业选择用工业机器人代替人工劳动(见图2-1),以实现生产成本的最低化及生产效率的最高化。为了适应市场的需求,本项目主要介绍工业机器人的基本知识,旨在使学生掌握工业机器人的组成、分类、技术参数等,深入了解ABB机器人的系统结构,并对工业机器人的安全、维护和应用领域有基本的认识。

图 2-1　工业机器人搬运工作站

≫≫≫ 任务 2.1　工业机器人概述

知识目标

◆ 了解工业机器人发展历史、研究现状及发展趋势。

◆ 掌握工业机器人的定义及组成。

◆ 掌握工业机器人的技术参数。

能力目标

◆ 能够区分工业机器人的主要应用领域。

◆ 能够根据工业机器人的技术参数选择合适的工业机器人。

素养目标

◆ 培养学生自主学习、举一反三的能力。

◆ 培养学生顽强拼搏、不懈奋斗的精神。

任务描述

本次任务阐述了工业机器人的定义，介绍了工业机器人的技术参数、组成及分类，旨在使学生掌握工业机器人的结构、特性，掌握工业机器人的系统结构与工作原理，并对其研究现状与发展趋势有更全面的了解。

知识准备

2.1.1　工业机器人的基本概念

1. 工业机器人的定义

关于工业机器人有各种不同的定义。国际标准化组织（ISO）曾定义："工业机器人是一种自动的、位置可控的、具有编程能力的多功能机械手，这种机械手有几个轴，能够借助于可编程程序操作来处理各种材料、零件、工具和专用装置，以执行各种任务。"

1987年国际标准化组织对工业机器人进行了定义，并基本上得到了各国代表的承认，即机器人是一种具有自动控制的操作和移动功能，能完成各种作业的可编程操作机。

比较统一的定义是国际标准化组织采纳的美国机器人工业协会的工业机器人定义："工业机器人是用来搬运材料、零件、工具等的可再编程的多功能机械手，或通过不同程序的调用来完成各种工作任务的特种装置。"

2. 工业机器人的工作原理

现在广泛应用的工业机器人都属于第一代工业机器人，它的基本工作原理是示教再现。示教也称为导引，即由用户引导机器人一步步将实际任务操作一遍，机器人在引导过程中自动记忆示教的每个动作的位置、姿态、运动参数、工艺参数等，并自动生成一个连续执行全部操作的程序。完成示教后，只需给机器人一个启动命令，机器人便将精确地按示教动作一步步完成全部操作。这就是示教与再现。

1）机器人机械臂的运动

机器人的机械臂是由数个刚性杆体和旋转或移动的关节连接而成的，它是一个开环关节链，开环关节链的一端固接在基座上，另一端是自由的，安装着末端执行器（如焊枪）。在机器人工作时，机器人机械臂前端的末端执行器必须与被加工工件处于相适应的位置和姿态，而这些位置和姿态是由若干个臂关节的运动所合成的。

因此，在机器人运动控制中，必须知道机械臂各关节变量空间和末端执行器的位置与姿态之间的关系，这就是机器人运动学模型。机器人机械臂的几何结构确定后，其运动学模型即可确定，这是机器人运动控制的基础。

2）机器人的轨迹规划

机器人机械臂端部从起点的位置和姿态到终点的位置和姿态的运动轨迹（空间曲线）称为路径。

轨迹规划的任务是用一种函数来"内插"或"逼近"给定的路径，并沿时间轴产生一系列控制设定点,用于控制机械臂运动。目前常用的轨迹规划方法有空间关节插值法和笛卡儿空间规划法两种。

3)机器人机械臂的控制

当一台机器人机械臂的动态运动方程已给定,它的控制目的就是按预定性能要求保持机械臂的动态响应。但是由于机器人机械臂的惯性力、耦合反应力和重力负载都随运动空间的变化而变化,因此要对它进行高精度、高速度、高动态品质的控制是相当复杂而困难的。目前工业机器人上采用的控制方法是把机械臂上每一个关节都当作一个单独的伺服机构,即把一个非线性的关节间耦合的变负载系统简化为线性的非耦合单独系统。

3. 工业机器人的特点

工业机器人是综合应用计算机、自动控制、自动检测及精密机械装置等高新技术的产物,是技术密集度及自动化程度很高的典型机电一体化加工设备。使用工业机器人的优越性是显而易见的,不仅精度高,产品质量稳定,且自动化程度极高,可大大减轻工人的劳动强度,大大提高生产效率,特别值得一提的是工业机器人可完成一般人工操作难以完成的精密工作,如激光切割、精密装配等,因而工业机器人在自动化生产中的地位愈来愈重要。但是,我们要清醒地认识到,能否实现工业机器人以上所述的优点,还要看操作者在生产中能不能恰当、正确地使用工业机器人。

工业机器人具体特点如下。

1)可编程

生产自动化的进一步发展是柔性启动化。工业机器人可随其工作环境变化的需要而再编程,因此它在小批量、多品种、具有均衡高效率特点的柔性制造过程中能发挥很好的功用,是柔性制造系统中的一个重要组成部分。

2)拟人化

工业机器人在机械结构上有类似人的行走、腰转动作结构,以及大臂、小臂、手腕、手爪等部分,在控制上有计算机。此外,智能化工业机器人还有许多类似人类感觉器官的"生物传感器",如皮肤型接触传感器、力传感器、负载传感器、视觉传感器、声觉传感器、语言功能传感器等。传感器提高了工业机器人对周围环境的自适应能力。

3)通用性

除了专门设计的专用工业机器人外,一般工业机器人在执行不同的作业任务时具有较好的通用性。比如,更换工业机器人手部末端执行器(手爪、工具等)便可执行不同的作业任务。

4)涉及学科广泛

工业机器人技术归纳起来是机械学和微电子学结合的机电一体化技术。第三代智能机器人不仅具有获取外部环境信息的各种传感器,而且还具有记忆能力、语言理解能力、图像识别能力、推理判断能力等。

2.1.2 工业机器人的技术参数

1. 自由度

自由度(degree of freedom)是指描述物体运动所需要的独立坐标数,通常作为机器人的技术指标,反映机器人动作的灵活性,可用轴的直线移动、摆动或旋转动作的数目来表示。手指的开、合,以及手指关节的自由度一般不包括在内。图 2-2 为不同坐标形式的工业机器人自由度。

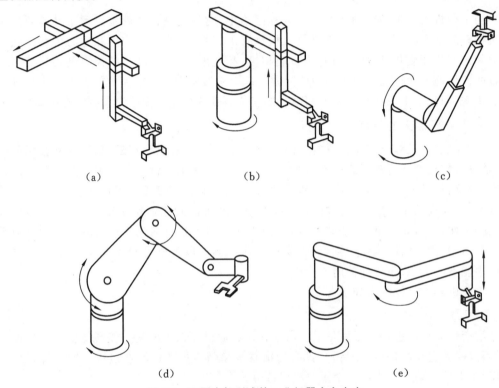

（a）　　　　　　　（b）　　　　　　　（c）

（d）　　　　　　　（e）

图 2-2　不同坐标形式的工业机器人自由度
(a) 直角坐标型;(b) 圆柱坐标型;(c) 球坐标型;(d) 关节坐标型;(e) 平面关节型

目前,焊接和涂装作业机器人多为 6 或 7 个自由度,而搬运、码垛和装配机器人多为 4 到 6 个自由度。

机器人的自由度越大,就越能接近人手的动作机能,通用性就越好;但是自由度越大,结构就越复杂,对机器人的整体要求就越高。

2. 工作空间

工作空间也称工作范围、工作行程。工业机器人执行任务时,其手臂末端或手腕中心(不包括末端执行器)所能达到的所有点的集合,一般不包括末端执行器本身所能到达的区域,称为工作空间,如图 2-3 所示。

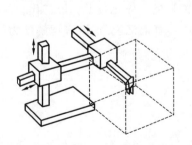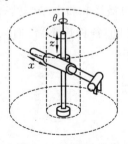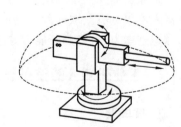

图 2-3　工作空间示意图

3. 工作速度

机器人在工作载荷条件下匀速运动的过程中,机械臂末端或手腕中心在单位时间内所移动的距离或转动的角度,称为工作速度。机器人的工作速度越大,工作效率就越高;但是较大的工作速度需要更大的加/减速度,过大的加/减速度会导致机器人惯性增大,影响动作的平稳性和精度。

最大工作速度通常指机器人手腕中心的最大速度。这在生产中是影响生产效率的重要指标。

4. 额定负载

机器人在规定的性能范围内,手腕中心(包括手部)能承受的最大负载称为额定负载,用质量、力矩或惯性矩来表示。一般机器人低速运行时,承载能力大,为安全考虑,规定在高速运行时机器人所能抓取的工件质量为承载能力指标。

5. 控制方式

机器人控制轴的方式称为控制方式,可分为伺服与非伺服两种。伺服控制方式又可分为是实现连续轨迹还是点到点的运动。

6. 工作精度

机器人的工作精度主要指定位精度和重复定位精度。定位精度指机器人末端执行器实际到达的位置与目标位置之间的差异,如图 2-4 所示。重复定位精度指机器人重复定位末端执行器于同一目标位置的能力。

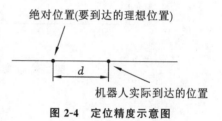

图 2-4　定位精度示意图

点位控制机器人的定位精度不够,会造成实际到达位置与目标位置之间有较大的偏差。连续轨迹控制机器人的定位精度不够,则会造成实际工作路径相对于示教路径或离线编程路径之间的偏差,如图 2-5 所示。

7. 驱动方式

工业机器人驱动方式主要指的是关节执行器的动力源形式,一般有液压驱动、气压驱动、电气驱动。不同的驱动方式有各自的优势和特点,应根据机器人自身实际工作的需求进行选择,现在比较常用的是电气驱动的方式。

2.1.3　工业机器人的组成及分类

1. 工业机器人的组成

工业机器人技术是综合了当代机构运动学与动力学、精密机械设计技术而发展起来的产物,工业机器人是典型的机电一体化产品。从工业机器人体系结构来看,工业机器人由三大部分六个子系统组成。三大部分是机械本体部分、传感部分和控制部分。六个子系统是机械结构系统、驱动系统、传感系统、人机交互系统、控制系统以及机器人-环境交互系统。图 2-6 所示为工业机器人系统的组成及其相互关系。

1)工业机器人的三大部分

(1)机械本体部分。

工业机器人的机械本体部分是工业机器人的重要组成部分,其功能为实现各种动作。

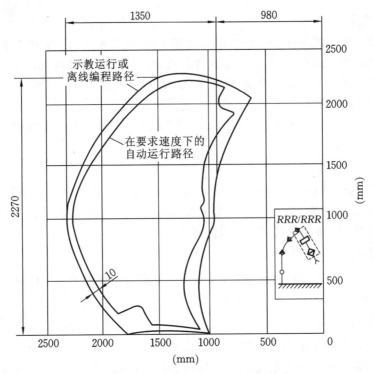

图 2-5　实际工作路径与示教路径的偏差

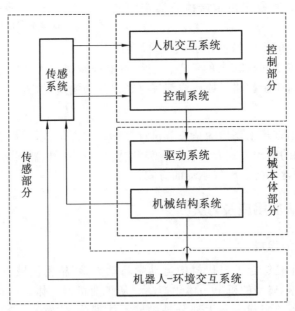

图 2-6　工业机器人系统的组成及其相互关系

其他组成部分必须与机械本体部分相匹配，各部分相辅相成，组成一个完整的机器人系统。

（2）传感部分。

传感部分用于感知工业机器人内部和外部的信息。传感器是机器人完成感知的必要设备。传感器的"感觉"作用,将机器人自身的相关特性或相关物体的特性转换为机器人执行某项功能时所需要的信息。现阶段的机器人都装有许多不同的传感器,用于为机器人提供输入。机器人传感器的选择完全取决于机器人的工作需要和应用特点。

（3）控制部分。

控制部分用于控制机器人完成各种动作。工业机器人的控制内容主要包括机器人的动作顺序、应实现的路径与位置、动作时间间隔以及作用于对象上的作用力等。工业机器人控制系统一般是以机器人的单轴或多轴运动协调为目的的控制系统。

2）工业机器人的六个子系统

（1）机械结构系统。

机械结构系统是机器人的主体部分,由基座、手臂、末端执行器三大件组成。每一大件都有若干自由度,组合构成一个多自由度的机械系统。基座构成机器人的基础支撑,有的基座底部安装有机器人行走机构;有的基座可以绕轴线回转,构成机器人的腰。手臂一般由大臂、小臂和手腕组成,可完成各种动作。末端执行器连接在手臂的最后一个关节上,可以是拟人的手掌和手指,也可以是各种作业工具,如焊枪、喷漆枪等。

机器人的机械结构系统可以看作是由一些连杆通过关节组装起来的。关节用于完成基座、手臂各部分、末端执行器之间的相对运动。关节通常有两种,即转动关节和移动关节。转动关节主要是电动驱动的,主要由步进电机或伺服电机驱动。移动关节主要由气缸、液压缸或者线性电驱动器驱动。

（2）驱动系统。

要使机器人运行起来,需要给各个关节即每个运动自由度安装传动装置,这就是驱动系统。驱动系统可以是液压传动、气压传动、电动传动系统,或者把它们结合起来的综合系统。常见的驱动器有伺服电机、步进电机、气缸、液压缸等,可以直接驱动关节,也可以通过同步带、链条、轮系、谐波齿轮等传动机构进行间接驱动。

（3）传感系统。

传感系统由内部传感器模块和外部传感器模块组成。内部传感器模块负责收集机器人内部信息,如同人体肌腱内中枢神经系统中的神经传感单元。外部传感器负责获取外部环境信息。传感系统包括视觉系统、触觉传感器等。

（4）人机交互系统。

人机交互系统是使操作人员参与机器人控制,与机器人进行联系的装置。例如:计算机的标准终端、指令控制台、示教盒、信息显示屏、报警器等。归结起来分为两大类:指令给定装置和信息显示装置。

（5）控制系统。

机器人控制系统是机器人的大脑,是决定机器人功能和性能的主要组成。控制系统的任务是根据机器人的作业指令程序以及从传感器反馈回来的信号支配机器人执行机构去完成规定的运动和功能。机器人控制系统根据有无反馈可分为开环控制系统和闭环控制系统等;根据控制原理可分为顺序控制系统、自适应控制系统和智能控制系统;根据控制运动的形式,可分为点位控制和轨迹控制系统。

（6）机器人-环境交互系统。

机器人-环境交互系统是实现工业机器人与外部环境中的设备相互联系和协调的系统。工业机器人可与外部设备集成为一个功能单元,如加工制造单元、焊接单元、装配单元等。当然，也可以由多台机器人、多台机床或设备、多个零件存储装置等集成为一个执行复杂任务的功能单元。

2. 工业机器人的分类

工业机器人的分类方法很多，这里主要介绍其中比较重要的几种。

1）按照应用类型分类

机器人按应用类型可分为工业机器人、极限作业机器人和娱乐机器人。

（1）工业机器人。

工业机器人有搬运、焊接、装配、喷漆、检查等机器人，主要用于现代化的工厂和柔性加工系统中。

（2）极限作业机器人。

极限作业机器人主要是指在人们难以进入的核电站、海底、宇宙空间等领域进行作业的机器人，也包括建筑机器人、农业机器人等。

（3）娱乐机器人。

娱乐机器人包括弹奏乐器的机器人、舞蹈机器人、玩具机器人等，也有根据环境改变而执行动作的机器人。

2）按照控制方式分类

工业机器人按控制方式可分为操作机器人、程序机器人、示教再现机器人、智能机器人和综合机器人。

（1）操作机器人。

操作机器人的典型代表是在核电站处理放射性物质时远距离进行操作的机器人。在这种场合，相当于人手操纵的部分称为主动机械手，而从动机械手基本上与主动机械手类似，只是从动机械手要比主动机器手大一些，作业时的力量也更大。

（2）程序机器人。

计算机上已编好的作业程序文件，通过 RS232 串口或者以太网等通信方式传送到机器人控制柜。程序机器人按预先给定的程序、条件、位置进行作业，目前大部分机器人都采用这种控制方式工作。

（3）示教再现机器人。

示教再现机器人将所教的操作过程自动记录在储存器中，当需要再现操作时，可重复所教过的过程。示教输入型机器人的示教方法有两种：一种是由操作者用手动控制器，将指令信号传给驱动系统，使执行机构按要求的动作顺序和运动轨迹操演一遍；另一种是由操作者直接控制执行机构，按要求的动作顺序和运动轨迹操演一遍。在示教的同时，工作程序的信息即自动存入程序存储器中，在机器人自动工作时，控制系统从程序存储器中检出相应信息，将指令信号传给驱动机，使执行机构再现示教的各种动作。

（4）智能机器人。

智能机器人不仅可以实现预先设定的动作，还可以按照工作环境的变化改变动作。

（5）综合机器人。

综合机器人是由操作机器人、示教再现机器人、智能机器人组合而成的机器人，如火星机器人。

3）按驱动方式分类

（1）气压式工业机器人。

这类工业机器人以压缩空气来驱动操作机,其优点是空气来源方便、动作迅速、结构简单、造价低、无污染,缺点是空气具有可压缩性,导致工作速度的稳定性较差,又因气源压力一般只有 6 kPa 左右,所以这类工业机器人抓举力较小,一般只有几十牛顿,最大百余牛顿。

（2）液压式工业机器人。

液压压力比气压压力高得多,一般为 70 kPa 左右,故液压式工业机器人具有较大的抓举力,可达上千牛顿。这类工业机器人结构紧凑,传动平稳,动作灵敏,但对密封要求较高,且不宜在高温或低温环境下工作。

（3）电动式工业机器人。

这是目前用得最多的一类工业机器人,不仅因为电动机品种众多,为工业机器人设计提供了多种选择,也因为它们可以运用多种灵活的控制方法。如早期多采用步进电机驱动,后来多采用直流伺服驱动单元,而目前常用交流伺服驱动单元。这些驱动单元或者直接驱动工业机器人,或者通过诸如谐波减速器的装置减速后来驱动工业机器人,结构十分紧凑、简单。

（4）新型驱动方式机器人。

伴随着机器人技术的发展,出现了利用新的工作原理制造的新型驱动器,如静电驱动器、压电驱动器、形状记忆合金驱动器、人工肌肉等,也因此出现了新型驱动方式机器人。

2.1.4　工业机器人的发展及方向

1. 工业机器人的发展史

工业机器人产品问世于 20 世纪 60 年代,代表性产品有图 2-7（a）所示的美国 Unimation 公司的 Unimate 机器人和图 2-7(b)所示的美国 AMF 公司的 Versatran 机器人。这两台机器人被认为是世界上最早的工业机器人,从此机器人开始成为人类生活中的现实。之后,日本工业机器人得到迅速的发展。目前,世界上机器人无论是从技术水平上,还是从已装备的数量上,优势都集中在以日美为代表的工业化国家。

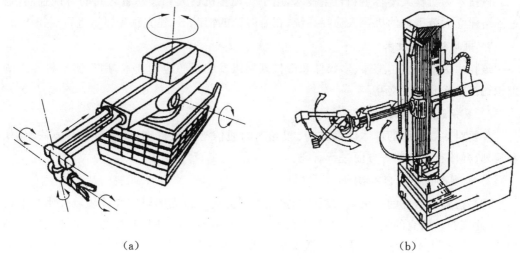

(a)　　　　　　　　　　　　　　　(b)

图 2-7　早期代表性工业机器人

(a) Unimate 机器人；(b) Versatran 机器人

根据机器人的发展进程，通常把它分为三代，具体如下。

第一代工业机器人（示教再现机器人）：由人操纵机械手做一遍应当完成的动作或通过控制器发出指令让机械手臂动作，在动作过程中机器人会自动将这一过程存入记忆装置。当机器人工作时，能再现人教给它的动作，并能自动重复地执行。

第二代工业机器人（有感觉机器人），对外界环境有一定感知能力。工作时，根据感觉器官（传感器）获得的信息，灵活调整自己的工作状态，保证在适应环境的情况下完成工作。

第三代工业机器人（智能机器人），不仅具有感觉能力，而且还具有独立判断和行动的能力，并具有记忆、推理和决策的能力，因而能够完成更加复杂的动作。智能机器人的"智能"特征就在于它具有与外部世界——对象、环境和人相适应、相协调的工作机能。从控制方式看，智能机器人以一种"认知-适应"的方式自律地进行操作。

2. 机器人的未来方向

未来机器人技术的主要研究内容集中在以下几个方面。

1）工业机器人操作机结构的优化设计技术

探索新的高强度轻质材料，进一步提高负载-自重比，同时机构向着模块化、可重构方向发展。

2）机器人控制技术

重点研究开放式、模块化控制系统，人机界面更加友好，语言、图形编程界面正在研制之中。机器人控制器的标准化和网络化以及基于个人计算机的网络式控制器已成为研究热点。

3）多传感系统

为进一步提高机器人的智能性和适应性，多种传感器的使用是关键。其研究热点在于有效可行的多传感器融合算法，特别是在非线性及非平稳、非正态分布的情形下的多传感器融合算法。

4）机器人遥控及监控技术

该技术为机器人半自主和自主技术，用于实现多机器人和操作者之间的协调控制，通过网络建立大范围内的机器人遥控系统，在有时延的情况下，建立预先显示进行遥控等。

5）虚拟机器人技术

该技术为基于多传感器、多媒体和虚拟现实以及临场感应的技术，用于实现机器人的虚拟遥控操作和人机交互。

6）多智能体控制技术

主要对多智能体的群体体系结构、相互间的通信与磋商机理、感知与学习方法、建模和规划、群体行为控制等方面进行研究。

7）微型和微小机器人技术

这是机器人研究的一个新的领域和重点发展方向。过去的研究在该领域几乎是空白的，因此该领域研究的进展将会引起机器人技术的一场革命，并且对社会进步和人类活动的各个方面产生不可估量的影响。微型机器人技术的研究主要集中在系统结构、运动方式、控制方法、传感技术、通信技术以及行走技术等方面。

8）软机器人技术

该技术主要用于医疗、护理、休闲和娱乐场合。传统机器人设计未考虑与人紧密共处，因此其结构材料多为金属或硬性材料，软机器人技术要求其结构、控制方式和所用传感系统在机器人意外地与环境或人碰撞时是安全的，机器人对人是友好的。

9）仿人和仿生技术

这是机器人技术发展的最高境界，目前仅在某些方面进行一些基础研究。

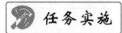
任务实施

1. 分组

在任务实施过程中，小组协同编制工作计划，并协作解决难题，相互之间监督计划执行与完成情况，以养成良好的组织管理、团队意识等职业素养。

2. 小组讨论

每个小组成员查找资料并讨论工业机器人古往今来的发展历程，熟悉工业机器人的定义组成、工作原理及技术参数。

3. 任务实施

每个小组根据老师给出的任务要求，对应工业机器人的技术参数，选取合适的能够完成任务的工业机器人。

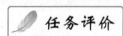
任务评价

任务 2.1　工业机器人概述

序号	考核要素	考核要求	配分	自评(20%)	互评(20%)	师评(60%)	得分小计
一	职业素养 20分	遵守课堂纪律，主动学习	5				
		遵守操作规范，安全操作	5				
		自主学习，抓住核心	5				
		团队合作，细心沟通	5				
二	知识掌握 能力50分	机器人的定义	10				
		工业机器人的定义	10				
		工业机器人的组成	10				
		工业机器人的工作原理	10				
		工业机器人的发展方向	10				
三	专业技术 能力20分	能够说出工业机器人各个参数的含义	10				
		能够根据参数选取合适的工业机器人	10				

续表

序号	考核要素	考核要求	配分	自评（20%）	互评（20%）	师评（60%）	得分小计
四	拓展能力 10分	能够举一反三、归纳分析	5				
		能够感悟发展、主动探索	5				
		合计	100				
学生签字		年　月　日	任课教师签字			年　月　日	

思考与练习

一、选择题

1. 工业机器人是由三大部分和六个子系统组成，其中三大部分是指_____。

A. 机械本体部分　　　　　　　　　B. 驱动部分

C. 传感部分　　　　　　　　　　　D. 控制部分

2. 机器人的移动部分有固定式和移动式之分，该部分必须有足够的刚度、强度和稳定性，该部分是指_____。

A. 手部　　　　　　　　　　　　　B. 腕部

C. 臂部　　　　　　　　　　　　　D. 机座

3. 工业机器人的额定负载是指在规定范围内_____所能承受的最大负载允许值。

A. 手腕机械接口处　　　　　　　　B. 手臂

C. 末端执行器　　　　　　　　　　D. 机座

4. 用来表征机器人重复定位其手部于同一目标位置的能力的参数是_____。

A. 定位精度　　　　　　　　　　　B. 速度

C. 工作范围　　　　　　　　　　　D. 重复定位精度

5. 机器人的精度主要取决于机械误差、控制算法误差与分辨率系统误差。一般说来，_____。

A. 绝对定位精度高于重复定位精度　　B. 重复定位精度高于绝对定位精度

C. 机械精度高于控制精度　　　　　　D. 控制精度高于分辨率精度

二、填空题

1. 在捷克斯洛伐克语中 robot 一词最初表示_____。

2. 世界工业机器人四大家族是指_____。

3. 世界上第一台工业机器人的名字是_____。

三、简答题

1. 简述工业机器人各参数的定义：自由度、重复定位精度、工作范围、工作速度、承载能力。

2. 简述 ISO 对工业机器人的定义。

3. 简述工业机器人的应用领域。

探索故事

从本任务的学习中我们了解到关于工业机器人的知识,那么在中国工业机器人发展史中又有什么故事呢?

中国机器人第一股

"中国机器人之父""中国机器人第一股""中国品牌强国盛典榜样 100 品牌"等响当当的头衔,都与新松机器人息息相关。

1980 年,中国第一台工业机器人样机在沈阳自动化所诞生。两年后,我国第一台具有点位控制和速度轨迹控制功能的"SZJ-1"型示教再现工业机器人研制成功。这标志着中国进入了工业机器人发展的新纪元。有着"中国机器人之父"之称的中国工程院院士蒋新松,做出了一个具有先见性的重要判断——中国机器人由研究走向应用的时机已经来临。他要求学生曲道奎回国专门推进国内机器人的产业化。

2000 年,曲道奎和他的团队在中科院的支持下,以对中国机器人事业贡献卓越,同时也是其恩师的蒋新松之名为公司命名,注册成立了新松机器人。从研究所走出来的新松机器人具备无可比拟的科技人才背景,可以说自诞生的那一天就已经在内部实现了产学研相结合。

2009 年,新松机器人正式在深交所挂牌上市,以"机器人"为股票简称,成为"中国机器人第一股"。现今,新松机器人已经成为国产机器人的翘楚。

唯有矢志不渝、笃行不怠,方能不负时代、不负人民。

》》》 任务 2.2　ABB 机器人简介

知识目标

- ◆ 掌握 ABB 机器人的分类及特点。
- ◆ 熟悉 ABB 机器人的控制系统及控制柜组成。
- ◆ 熟悉虚拟示教器的基本结构。
- ◆ 掌握虚拟示教器的界面功能。

能力目标

- ◆ 能够配置虚拟示教器的操作环境。
- ◆ 能够使用正确的方法操作虚拟示教器。

素养目标

- ◆ 培养学生公平合理的竞争意识。
- ◆ 培养学生运用系统科学、系统思维、系统方法研究问题的能力。

任务描述

　　一般通用的工业机器人由三个相互关联的部分组成,分别是机器人本体部分、控制部分、示教部分,如图 2-8 所示。这三部分各由哪些部分组成? 各有什么功能? 它们之间是如何关联起来的? 让我们通过本次任务的学习剖析 ABB 机器人系统结构。

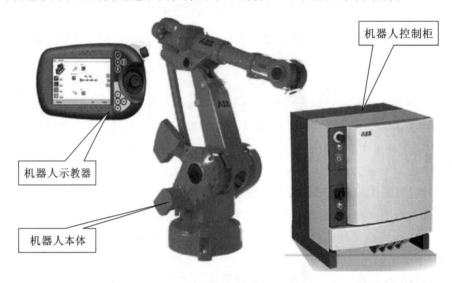

机器人控制柜

机器人示教器

机器人本体

图 2-8　机器人系统结构示意图

知识准备

2.2.1　ABB 机器人的本体

　　ABB (Asea Brown Boveri)集团公司由原总部位于瑞典的 Asea (阿西亚)和总部位于瑞士的 Brown.Boveri & Co.,Ltd(BBC) 两个具有百年历史的著名电气公司于 1988 年合并而成。现今,ABB 是全球领先的工业机器人供应商,同时提供机器人软件、外设、模块化制造单元及相关服务。产品广泛应用于焊接、物料搬运、装配、喷涂、切割、精加工、打磨抛光、拾料、包装、货盘堆垛、机械管理等领域。

　　ABB 工业机器人的本体包括通用六轴、Delta、SCARA、YuMi、四轴码垛等多个类型,负载范围为 3～800 kg。其典型的本体结构产品具体介绍如下。

1. 串联机器人

　　串联机器人是较早应用于工业领域的机器人。串联机器人是一种开式运动链机器人,它是由一系列连杆通过转动关节或移动关节串联形成的,利用驱动器来驱动各个关节的运动从而带动连杆的相对运动,使机器人末端达到合适的位姿。ABB 以多关节机器人较多。

　　1) IRB 120

　　IRB 120 是典型的多关节机器人,也是迄今为止 ABB 制造的最小机器人。IRB 120 仅重 25 kg,结构设计紧凑,几乎可安装在任何地方;机身表面光洁,便于清洗;空气管线与用户信号线缆从底脚至手腕全部嵌入机身内部,易于机器人集成;控制精度与路径精度俱优,是物料搬运与装配应用的理想选择,如图 2-9(a)所示。

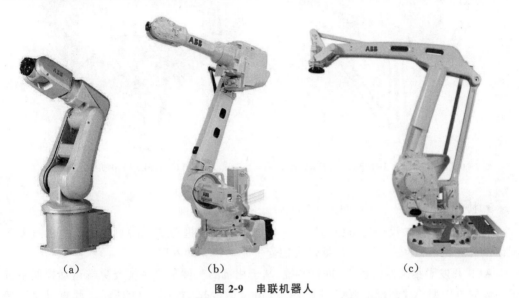

(a)　　　　　　　　　　(b)　　　　　　　　　　(c)

图 2-9　串联机器人

(a) IRB 120 机器人;(b) IRB 2600 机器人;(c) IRB 460 机器人

2) IRB 2600

IRB 2600 的诞生标志着 ABB 中型机器人家族的壮大,它具有同类产品中最高的精度及加速度,可确保高产量及低废品率。IRB 2600 家族包含 3 款子型号,荷重从 12 kg 到 20 kg 均有,如图 2-9(b)所示,具有精度高、周期短、范围大、设计紧凑、防护佳等优点。该家族产品旨在提高上下料、物料搬运、弧焊以及其他加工应用的生产力。

3) IRB 460

IRB 460 是 ABB 最快的四轴多功能工业机器人,能显著缩短各项作业的节拍时间,大幅提升生产效率,如图 2-9(c)所示。这款紧凑型四轴机器人的到达距离为 2.4 m,有效荷重为 110 kg;荷重 60 kg 条件下的操作节拍最高可达 2190 次循环/时,比类似条件下的竞争产品快 15%;运行精度高;编程更快更简单;生产效率高。

2. 并联机器人

并联机器人为动平台和定平台通过至少两个独立的运动链相连接,机构具有两个或两个以上自由度,且以并联方式驱动的一种闭环机构。并联机器人在需要高刚度、高精度或者大载荷而不需要很大工作空间的领域内得到了广泛应用。

如图 2-10 所示为 ABB 并联机器人 IRB 360 FlexPicker。IRB 360 系列现包括负载为 1 kg、3 kg、6 kg 和 8 kg 以及横向活动范围为 800 mm、1130 mm 和 1600 mm 等型号,具有灵活性高、节拍时间短、占地面积小、精度高和负载大等优势,在抓取和包装技术应用方面占有重要的地位。每款 FlexPicker 的法兰工具经过重新设计,能够安装更大夹具,从而高速、高效地处理同步传动带上的流水线包装产品。

图 2-10　并联机器人 IRB 360 FlexPicker　　　图 2-11　IRB 14000 机器人

3. 协作机器人

协作机器人指被设计成可以在协作区域内与人直接进行交互的机器人。这种机器人不仅性价比高，而且安全方便，能够极大地促进制造企业的发展。

ABB 开发了集柔性机械手、进料系统、基于相机的工件定位系统及尖端运动控制系统于一体的协作型小件装配双臂机器人 IRB 14000（YuMi），如图 2-11 所示。其重复定位精度可达到 0.02 mm 以内，最大运行速度则高达 1500 mm/s。

YuMi 的两条轻质合金手臂均具有 7 轴自由度，将双臂设计、柔性机械手、通用进料系统、基于相机的工作定位系统及尖端运动控制技术整合于一体，能模拟人类肢体动作。它具有轻质、刚性的合金架，并覆有浮式塑料外壳，再外裹软性材料，这种结构能吸收绝大部分来自意外碰撞的冲击力。当机器人感知到一个突然冲击，能在几毫秒内暂停运动。此外，机器人还能迅速感测到环境变化，必要时按过载处理，同样在数毫秒内停止工作，以防发生伤害事故。

2.2.2　ABB 机器人的控制柜

工业机器人的控制系统主要对工业机器人工作过程中的动作顺序、应到达的位置及姿态、路径轨迹及规划、动作时间间隔以及末端执行器施加在被作用物上的力和力矩等进行控制。

目前广泛应用的工业机器人中，控制机多为微型计算机，外部由控制柜封装。这类机器人一般采用示教-再现的方式工作，机器人的作业路径、运动参数由操作者手把手示教或通过程序设定，工业机器人重复再现示教的内容，并配有简单的内部传感器，用来感知运行速度、位置和姿态等，还可以配备简易的视觉、力传感器以感知外部环境。

1. 工业机器人控制系统基本组成

工业机器人控制系统是工业机器人的重要组成部分，用于对操作机的控制，以完成特定的工作任务，其基本功能包括记忆功能、示教功能、与外围设备联系的功能、坐标设置功能、人机接口、传感器接口、位置伺服功能、故障诊断及安全保护功能等。

一般情况下，机器人控制系统的基本组成如下。

（1）控制计算机：控制系统的调度指挥机构。一般为微型机，微处理器有 32 位、64 位等，如奔腾系列 CPU 以及其他类型 CPU。

（2）示教盒：示教机器人的工作轨迹和参数设定，以及所有人机交互操作，拥有自己独立的 CPU 以及存储单元，与主计算机之间以串行通信方式实现信息交互。

（3）操作面板：由各种操作按键、状态指示灯构成，只完成基本功能操作。

（4）内置硬盘和可移去存储器：存储机器人工作程序的外围存储器。

（5）数字和模拟量输入输出：各种状态和控制命令的输入或输出。

（6）打印机接口：记录需要输出的各种信息。

（7）传感器接口：用于信息的自动检测，实现机器人柔顺控制。传感器一般为力觉、触觉和视觉传感器。

（8）伺服控制器：完成机器人各关节位置、速度和加速度控制。

（9）辅助设备控制：用于和机器人配合的辅助设备的控制，如手爪变位器等的控制。

（10）通信接口：实现机器人和其他设备的信息交换，一般有串行接口、并行接口等。

（11）网络接口：与其他机器人以及上位管理计算机连接的 EtherNet 接口。

2. ABB 机器人控制柜组成

ABB 工业机器人控制器拥有卓越的运动控制功能，可快速集成附加硬件，其控制柜类型有很多，比如 IRC5P 喷涂柜、IRC5 双柜、IRC5 标准单柜以及 IRC5C 紧凑型控制柜，如图 2-12(a)～(d)所示。

（a） （b） （c） （d）

图 2-12　ABB 机器人控制柜

(a) IRC5P 喷涂柜；(b) IRC5 双柜；(c) IRC5 标准单柜；(d) IRC5C 紧凑型控制柜

1）IRC5 标准单柜

IRC5 是 ABB 第五代机器人控制器，融合 TrueMove、QuickMove 等运动控制技术，能够提升精度、速度、节拍、可编程性、外轴设备同步等机器人性能；兼备具有触摸屏和操纵杆编程功能的 FlexPendant 示教器、灵活的 RAPID 编程语言及强大的通信能力。IRC5 标准单柜的内部结构如图 2-13 所示，左侧黑色部分是外部控制区域，从上到下依次是主电源开关、急停按钮、（电机）启动按钮/指示灯、模式选择旋钮、示教器接口等。打开控制器柜门，可以看到其内部主要元件及分布，包括：电源模块、电源分配板、接触器模块、主计算机、超级电容、主伺服驱动单元、安全面板、轴计算机板、I/O 模块板等。

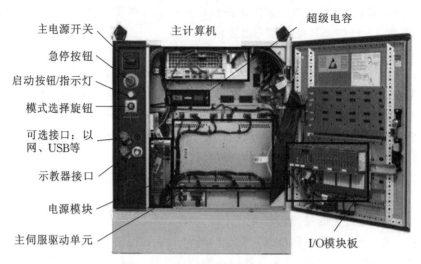

主电源开关
主计算机
超级电容
急停按钮
启动按钮/指示灯
模式选择旋钮
可选接口：以
网、USB等
示教器接口
电源模块
主伺服驱动单元
I/O模块板

图 2-13 　IRC5 标准单柜的内部结构

2）IRC5C 紧凑型控制柜

　　IRC5C 将 IRC5 控制器的强大功能浓缩于紧凑的机柜，其内预设所有信号的外部接口，内置可扩展 16 路输入/16 路输出 I/O 系统，节省空间，单相电源便于调试。IRC5C 紧凑型控制柜与标准控制柜硬件功能基本一样，包括电源分配模块、主计算机、轴计算机、安全板、I/O 信号板、接触器单元、电容包、背部风扇、泄流电阻以及 SD 卡等，正面结构如图 2-14 所示，常用接口说明如表 2-1 所示。

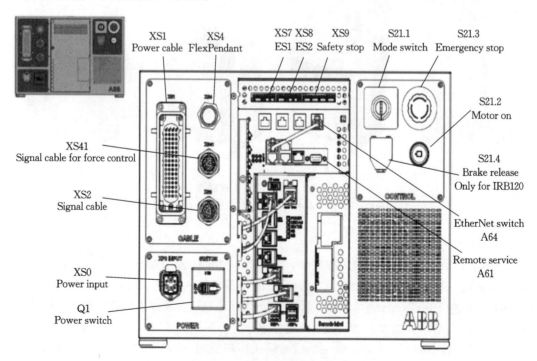

图 2-14 　IRC5C 紧凑型控制柜

表 2-1　常用程序数据

接口	接口说明	接口	接口说明
Power switch	主电源控制开关	ES2	急停输入接口 2
Power input	220 V 电源接入口	Safety stop	安全停止接口
Signal cable	SMB 电缆连接口	Mode switch	机器人运动模式切换
Signal cable for force control	力控制选项信号电缆入口	Emergency stop	急停按钮
Power cable	机器人主电缆	Motor on	机器人马达上电/复位按钮
FlexPendant	示教器电缆连接口	Brake release	机器人本体送刹车按钮
num	数值数据	EtherNet switch	EtherNet 连接口
ES1	急停输入接口 1	Remote service	远程服务连接口

2.2.3　ABB 机器人的示教器

1. FlexPendant 简介

FlexPendant(有时也称为 TPU 或示教器)是一种手持式操作员装置,用于执行与操作机器人系统有关的许多任务。通过示教器可以实现对工业机器人的手动操作、参数配置、编程及监控等操作。FlexPendant 可在恶劣的工业环境下持续运作。其触摸屏易于清洁,且防水、防油、防溅锡。

FlexPendant 由硬件和软件组成,其本身就是一套完整的计算机装置。FlexPendant 是 IRC5 的一个组成部分,通过集成电缆和连接器与控制器连接。在示教器上,绝大多数的操作都是在触摸屏上完成的。同时,示教器也保留了必要的按钮和操作装置。FlexPendant 的主要组成部分如图 2-15 所示。

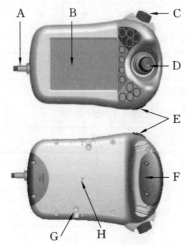

图 2-15　FlexPendant 的结构

A—连接电缆;B—触摸屏;C—紧急停止按钮;D—手动操作杆;
E—USB 接口;F—使能器按钮;G—触摸笔;H—重置按钮

　　紧急停止按钮:当发生紧急情况时,按下该按钮可起到安全保护作用。

　　手动操作杆:通过操作杆的移动操纵工业机器人运动,可微动控制机器人。

　　USB 接口:将 USB 存储器连接到 USB 接口以读取或保存文件。

　　使能器按钮:使能器按钮是为保证操作人员的人身安全而设置的。只有在按下使能器按钮,并保持在"电机开启"的状态,才能对机器人进行手动操作与程序调试。但发生危险时,人会本能地将使能器按钮松开或按紧,机器人则会马上停止运行,从而保证人员安全。

　　触摸笔:在 FlexPendant 的后面。拉小手柄可以松开笔。使用 FlexPendant 时用触摸笔触摸屏幕。(注意:不要使用螺丝刀或者其他尖锐的物品触碰屏幕。)

　　重置按钮:重置 FlexPendant,而不是控制器上的系统。(注意:USB 接口和重置按钮对使用 RobotWare 5.12 或更高版本的系统有效。这些按钮对较旧版本的系统无效。)

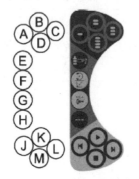

图 2-16　FlexPendant 示教器硬件按钮

2. FlexPendant 硬件按钮

　　FlexPendant 上有 12 个专用的硬件按钮,如图 2-16中 A～M 所示,具体按钮说明见表 2-2。

表 2-2　FlexPendant 示教器硬件按钮说明

标　　号	说　　明
A～D	预设按钮,由用户设置专用特定功能。对这些按钮进行编辑后可简化过程或测试。它们的功能也可设置为启动 FlexPendant 上的菜单
E	选择机械单元
F	切换运动模式,重定向或线性
G	切换运动模式,轴 1～3 或轴 4～6
H	切换增量
J	Step BACKWARD(步退)按钮; 按下此按钮,可使程序后退至上一条指令
K	START(启动)按钮,开始执行程序
L	Step FORWARD(步进)按钮; 按下此按钮,可使程序前进至下一条指令
M	STOP(停止)按钮,停止程序执行

3. FlexPendant 屏幕界面

1) 主界面

FlexPendant 触摸屏通电之后的主界面如图 2-17 所示,示教器主界面具体说明如

表 2-3 所示。

图 2-17 FlexPendant 示教器主界面

A—ABB 菜单；B—操作员窗口；C—状态栏；D—关闭按钮；E—任务栏；F—快速设置菜单

表 2-3 FlexPendant 示教器主界面说明

标　号	说　明
A	ABB 菜单,点击此处会弹出 ABB 的操作界面,显示机器人各个功能
B	操作员窗口,显示来自机器人程序的消息。程序需要操作员做出某种响应以便继续时往往会出现此情况
C	状态栏,显示与系统状态有关的重要信息,如操作模式、电机开启/关闭、程序状态等
D	关闭按钮。单击此按钮将关闭当前打开的视图或应用程序
E	任务栏。通过 ABB 菜单可以打开多个视图,但一次只能操作一个。任务栏显示所有打开的视图,并可用于视图切换
F	快速设置菜单,包含对微动控制和程序执行进行的设置

2）操作界面

ABB 工业机器人示教器的操作界面包含了机器人参数设置、机器人编程及系统相关设置等功能,比较常用的选项包括输入输出、手动操纵、程序编辑器、程序数据、校准和控制面板等。操作界面如图 2-18 所示,操作界面具体说明如表 2-4 所示。

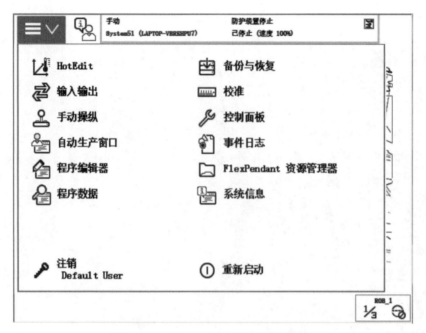

图 2-18　FlexPendant 示教器操作界面

表 2-4　FlexPendant 示教器操作界面说明

选项名称	说明
HotEdit	程序模块下轨迹点位置的补偿设置窗口
输入输出	设置及查看 I/O 视图窗口
手动操纵	动作模式设置、坐标系选择、操纵杆锁定及载荷属性的更改窗口,也可显示实际位置
自动生产窗口	在自动模式下,可直接调试程序并运行
程序编辑器	建立程序模块及例行程序的窗口
程序数据	选择编程时所需程序数据的窗口
备份与恢复	可备份和恢复系统
校准	进行转数计数器和电动机校准的窗口
控制面板	进行示教器的相关设定
事件日志	查看系统出现的各种提示信息
FlexPendant 资源管理器	查看当前系统的系统文件
系统信息	查看控制器及当前系统的相关信息

3) 控制面板

ABB 工业机器人示教器的控制面板具备对机器人和示教器进行设定的相关功能。控制面板如图 2-19 所示,控制面板具体说明如表 2-5 所示。

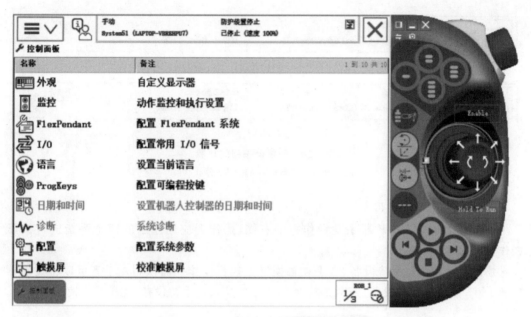

图 2-19 FlexPendant 示教器控制面板

表 2-5 FlexPendant 示教器控制面板说明

选 项 名 称	说 明
外观	可自定义显示器的亮度和设置左、右手操作方式
监控	动作监控和执行设置
FlexPendant	示教器操作特性的设置
I/O	配置常用 I/O 信号,在输入输出选项中显示
语言	控制器当前语言的设置
ProgKeys	为指定输入输出信号配置快捷键
日期和时间	控制器日期和时间的设置
诊断	创建诊断文件
配置	系统参数设置
触摸屏	触摸屏重新校准

4. 使能器按钮的功能和使用

1)使能器按钮的功能

使能器按钮是为保证操作人员的人身安全而设置的。只有在按下使能器按钮,并保持在"电机开启"的状态,才可对机器人进行手动操作与程序调试。当发生危险时,人会本能地将使能器按钮松开或按紧,机器人则会马上停下来,从而保证人员安全。使能器按钮分为两挡:在手动状态下第一挡按下去,机器人处于电机开启状态,如图 2-20(a)所示;第二挡按下去以后,机器人就会处于防护装置停止状态,如图 2-20(b)所示。

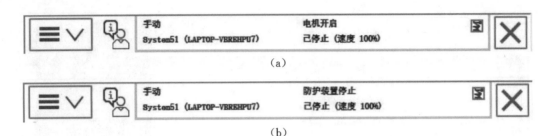

（a）

（b）

图 2-20　使能器按钮的功能

（a）电机开启状态；（b）防护装置停止状态

2）使能器按钮的使用

使能器按钮位于示教器手动操作杆的右侧，操作者应用左手的四个手指进行按压操作。

惯用右手者用左手持设备，右手在触摸屏上执行操作。而惯用左手者可以将显示器旋转 180°，使用右手持设备，如图 2-21 所示。一般建议左手持设备，按压操作使能器按钮。

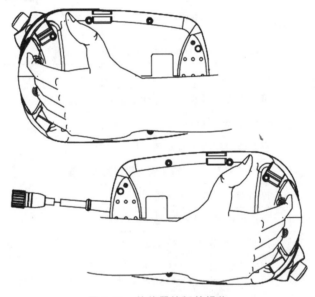

图 2-21　使能器按钮的操作

1. 分组

在任务实施过程中，小组协同编制工作计划，并协作解决难题，相互之间监督计划执行与完成情况，以养成良好的组织管理、团队意识等职业素养。

2. 小组讨论

小组成员查找资料并讨论 ABB 机器人按照本体结构的分类、ABB 机器人的控制系统组成及工作原理,组内互相提问控制柜的组成及其作用。

3. 任务实施

练习握持示教器,学会使用示教器给机器人上使能,练习使能器按钮的两挡功能。

 任务评价

任务 2.2　工业机器人简介

序号	考核要素	考核要求	配分	自评(20%)	互评(20%)	师评(60%)	得分小计
一	职业素养 20分	遵守课堂纪律,主动学习	5				
		遵守操作规范,安全操作	5				
		协同合作,具备责任心	5				
		具备公平合理的竞争意识	5				
二	知识掌握 能力50分	工业机器人的分类及特点	10				
		工业机器人的控制系统	10				
		工业机器人的控制原理	10				
		工业机器人控制柜的组成	10				
		工业机器人示教器的界面	10				
三	专业技术 能力20分	能够正确给工业机器人上使能	10				
		能够正确使用使能键两挡开关	10				
四	拓展能力 10分	能够全面把握、系统分析	5				
		能够开放性地看待问题,理性思考问题	5				
合计			100				
学生签字		年　月　日	任课教师签字			年　月　日	

 思考与练习

一、填空题

1. 串联机器人是一种开式运动链机器人,它是由一系列连杆通过_____关节或_____关节串联形成的。

2. ABB工业机器人的本体包括通用六轴、_____、_____、_____、_____等多种类型。

3. 示教器的结构包括_____、_____、_____、_____、_____、_____、_____、_____。

二、简答题

1. 简述串联机器人的特点。

2. 简述并联机器人的特点。

3. 简述工业机器人控制系统的组成及各部分的功能。

4. 简述 ABB 机器人使能器按钮的功能。

 探索故事

从本任务的学习中我们了解到工业机器人的系统结构，我们知道做工程需要有系统的科学思维，运用科学思维学先进知识，开拓创新，继往开来。

系统工程的开创者

1978 年 9 月 27 日，钱学森的理论文章《组织管理的技术：系统工程》问世，由此而创立系统工程中国学派。系统工程作为一门科学，形成了有巨大韧性的学术藤蔓，蜚声世界。

钱学森推动了中国导弹从无到有、从弱到强的飞跃，把导弹核武器发展至少向前推进了 20 年，也推动了中国航天从导弹武器时代进入宇航时代的关键飞跃。他将工程区分为"工程科学"和"工程技术"两个层次，强调这两个层次都是面向实践的。其系统科学思想经历了三个发展阶段。

第一阶段是从《工程控制论》到《组织管理的技术：系统工程》，面向解决大型、复杂的工程技术和社会经济问题，它们都以系统的形式出现。

第二阶段是发表《一个科学新领域——开放的复杂巨系统及其方法论》，提出了"从定性到定量综合集成方法"以及它的实践形式"从定性到定量综合集成研讨厅体系"，并将运用这套方法的集体称为总体设计部。

第三阶段是发表《以人为主发展大成智慧工程》，从工程系统走向社会工程系统。解决复杂巨系统等问题时，要把专家们的知识社会信息系统，以及人工智能系统，有效地结合起来，发挥更完整、有效的作用。

钱学森成为系统科学中国学派的旗手。系统科学中国学派从"两弹一星"和具有中国特色的现代化等中国实践中产生，吸取中国传统文化中的系统思想，自觉接受马克思主义哲学的指导。

》》》 任务 2.3　工业机器人安全与应用

知识目标

◆ 掌握工业机器人安全操作注意事项。

◆ 掌握工业机器人的一般维护保养的基本内容。

◆ 了解工业机器人的应用领域。

能力目标

◆ 能够正确地进行工业机器人运行环境的安全测试。

◆ 能够正确地进行一般情况的工业机器人维护保养操作。

素养目标

◆ 培养学生坚守梦想、不懈努力的家国情怀。

◆ 培养学生开放、理性的世界意识。

任务描述

工业机器人作为一个大型电气设备能应用到各加工生产领域中，那在操作过程中，我们需要注意哪些事项呢？而且在工厂的长期运行过程中，会不会发生机件磨损、自然腐蚀或者其他损坏呢？又怎么样做好日常的维护保养工作呢？如图 2-22 所示，一位工人正在进行工业机器人日常维护。让我们通过本次任务的学习剖析 ABB 机器人安全生产注意事项并了解工业机器人的具体应用领域。

图 2-22　工业机器人日常维护

知识准备

2.3.1　工业机器人的安全事项

不管是哪种工业机器人，它都有自己的操作规程。正确的操作规程既是保证操作人员安全，也是保证设备安全、产品质量等的重要措施。使用者在初次操作机器人时，必须认真阅读设备提供商提供的使用说明书，按照操作规程正确操作。

以 ABB 工业机器人为例，在生产加工的过程中，需要注意的安全事项具体如下。

1. 关闭总电源

在进行机器人的安装、维修及保养时，切记要将总电源关闭。带电作业可能会产生致命性后果。如果不慎遭受高压电击，可能会被烧伤、心跳停止或受到其他严重伤害。

2. 与机器人保持足够的安全距离

在调试与运行高压机器人时，它可能会执行一些不规范的运动，并且所有的运动都会产生很大的力量，严重的可能会伤害操作者的人身安全。所以应该时刻与工业机器人保持足够的安全距离。

3. 静电放电防护

静电放电（ESD）是指电势不同的两个物体间产生静电传导，静电可以通过直接接触传导，也可以通过感应电场传导。搬运部件或部件容器时，未接地的操作人员可能会传导大量的静电荷。这一放电过程可能损害敏感的电子设备，所以在有此标识的情况下，要做好静电放电防护。

4. 紧急停止

工业机器人运行过程中，工作区域内有工作人员，若机器人伤害了工作人员或损害了机器设备，要紧急停止。紧急停止优先于任何其他机器人控制操作。它会断开机器人电动机的驱动电源，停止所有运转部件，并切断由机器人系统控制且存在潜在危险的功能部件的电源。

5. 灭火

发生火灾时，请确保全体人员安全撤离后再灭火，应首先处理受伤人员。当电气设备起火时，应该使用二氧化碳灭火器，切勿使用水或泡沫灭火器。

6. 工作中的安全

机器人速度慢，但是机器人很重并且作用力很大，其在运动中的停顿或停止都会产生危险。即使可以预测运动轨迹，但外部信号有可能改变操作，机器人会在没有任何警告的情况下产生预想不到的运动。因此，当进入保护空间时，务必遵循所有的安全条例。

（1）如果在保护空间内有工作人员，请手动操作机器人系统。

（2）当进入保护空间时，请准备好示教器，以便随时控制机器人。

（3）注意旋转或运动的工具，确保在接近机器人之前工具已经停止运动。

（4）机器人电动机长期运转后温度很高，应注意工件和机器人系统的高温表面。

（5）如果夹具打开，工件会脱落并可能导致人员受伤或设备损坏，应注意夹具并确保其夹好工件。

（6）注意液压、气压系统及带电部件。即使断电，这些电路上的残余电量也很危险。

7. 示教器的安全

示教器 FlexPendant 是一种高品质的手持式终端装置，它配备了高灵敏度的电子设备。为避免操作不当引起的故障或损害，应在操作时遵循以下说明。

（1）小心操作，不要摔打、抛掷或重击示教器，这样会导致破损或故障。在不使用该设备时，将它挂到专门存放它的支架上，以防它意外掉到地上。

（2）示教器的使用和存放应注意避免被人踩踏电缆。

（3）切勿使用锋利的物体（如螺钉旋具或笔尖）操作示教器触摸屏，否则会使触摸屏受损。应用手指或触摸笔操作触摸屏。

（4）定期清洁触摸屏。灰尘和小颗粒可能会挡住屏幕，造成故障。

（5）切勿使用溶剂、洗涤剂或擦洗海绵清洁示教器。使用软布蘸少量水或中性清洁剂清洁。

（6）没有连接 USB 设备时务必盖上 USB 端口的保护盖。如果端口暴露到灰尘中，那么它会中断连接或发生故障。

8. 手动模式下的安全

在手动减速模式下，机器人只能减速（250 mm/s 或更慢）操作。只要在安全保护空间内工作，就应始终以手动速度进行操作。

在手动全速模式下，机器人以程序预设速度移动。手动全速模式应仅用于所有人员都位于保护空间之外时，而且操作人员必须经过特殊训练，熟知潜在的危险。

9. 自动模式下的安全

自动模式用于在车间生产中运行机器人程序。在自动模式下，常规模式停止机制、自动模式停止机制和上级停止机制都将处于活动状态。

2.3.2 工业机器人的维护保养

工业机器人在长期运行过程中，由于机件磨损、自然腐蚀和其他原因，技术性能将有所下降，如长期缺乏必要的维护，不仅会缩短工业机器人本身的寿命，还会成为影响生产安全和产品质量的一大隐患。因此要严格按照工业机器人设备的运转规律，正确使用，精心、科学维护，努力保证工业机器人的完好率，提高生产效率。

1. 机器人控制柜的维护与保养

1）检查控制器散热

应检查的影响散热的因素具体如下：

（1）控制器覆盖了塑料或其他材料。

（2）控制器后面和侧面没有留出足够间隔（＞120 mm）。

（3）控制器的位置靠近热源。

（4）控制器顶部放有杂物。

（5）控制器过脏。

（6）一台或多台冷却风扇不工作。

（7）风扇进口或出口堵塞。

（8）空气滤布过脏。

2）示教器清洁

应从实际需要出发按适当的频率清洁示教器；尽管面板漆膜能耐受大部分溶剂的腐蚀，但仍应避免接触丙酮等强溶剂；若有条件，示教器不用时应拆下并放置在干净的场所。

3）清洁控制器内部

应根据环境条件按适当时间间隔（如一年）清洁控制器内部；须特别注意冷却风扇和进风口/出风口的清洁。清洁时使用除尘刷，并用吸尘器吸去刷下的灰尘。请勿用吸尘器直接清洁各部件,否则会导致静电放电,进而损坏部件。

注意:清洁控制器内部前,一定要切断电源!

4) 清洗/更换滤布

(1) 找到控制柜的滤布。

(2) 提起并去除滤布架。

(3) 取下滤布架上的旧滤布。

(4) 将新滤布插入滤布架。

(5) 将装有新滤布的滤布架滑入就位。

注意:除更换滤布外,也可选择清洗滤布。在加有清洁剂的 30~40 ℃的水中清洗滤布 3~4 次。不得拧干滤布,可以将滤布放置在平坦表面上晾干,也可以用洁净的压缩空气将其吹干。

5) 更换电池

每月必须在硬件报警中查看是否有 SMB 电池电量不足报警,SMB 电池电量消耗完后会造成零位丢失。SMB 电池为一次性电池。电池需要更换时,消息日志中会出现一条信息。该信息出现后电池电量可维持约 1800 h。SMB 电池仅在控制柜"断电"的情况下工作,其使用寿命约为 7000 h。

如需更换 SMB 电池,必须先手动操作,分别将机器人 1~6 轴回零位,否则会导致机器人零位丢失。

6) 检查冷却器

冷却回路采用免维护密闭系统设计,需按要求定期检查和清洁外部空气回路的各个部件;环境湿度较大时,需检查排水口是否定期排水。

(1) 拆下冷却器外壳的百叶窗,断开显示器接头。

(2) 从百叶窗上取下滤布,用吸尘器清洁滤布,或视需要更换。

(3) 拧下 4 个螺钉,卸下外部回路风扇。

(4) 拔下风扇接头。

(5) 拧下 4 个螺钉,取下盖板。

(6) 将显示器电缆向后推,穿过电缆接头。

(7) 拆下冷却器外壳的盖板。

(8) 拆下盖板与外壳间的接地电缆。

(9) 用吸尘器或压缩空气清理百叶窗、盖板、风扇、热交换器盘管和压缩机室。可使用去油剂等不易燃洗涤剂去除顽固油污。

2. 机器人本体的维护与保养

1) 一般维护

(1) 清洗机械手。

应定期清洗机械手底座和手臂。使用溶剂时需谨慎操作,避免使用丙酮等强溶剂。可使用高压清洗设备,但应避免直接向机械手喷射。如果机械手有油脂膜等保护,应按要求去除。为防止产生静电,必须使用浸湿或潮湿的抹布擦拭非导电表面,如喷涂设备、软管等,请勿使用干布。

（2）清洁中空手腕。

中空手腕应视需要清洗,以避免灰尘和颗粒物堆积。用不起毛的布料进行清洁。中空手腕清洗后,可在手腕表面添加少量凡士林或类似物质,可使以后清洗时更加方便。

（3）定期检查。

视需要经常检查下列要点:

① 检查是否漏油,如发现严重漏油,应向维修人员求助。

② 检查齿轮游隙是否过大,如发现游隙过大,应向维修人员求助。

③ 检查控制柜吹扫单元、工艺柜和机械手间的电缆是否受损。

④ 检查基础固定螺钉。将机械手固定于基础上的紧固螺钉和固定夹必须保持清洁,不可接触水、酸碱溶液等腐蚀性液体,以避免紧固件被腐蚀。如果镀锌层或涂料等防腐蚀保护层受损,需清洁相关零件并涂以防腐蚀涂料。

2）轴制动测试

在操作过程中,每个轴电机制动器都会正常磨损。为确定制动器是否正常工作,必须按照以下所述步骤检查每个轴电机制动器。

（1）运行机械手轴至相应位置,在该位置机械手臂总质量及所有负载量达到最大值（最大静态负载）。

（2）电机断电。

（3）检查所有轴是否维持在原位。如电机断电时机械手仍没有改变位置,则制动力矩足够。还可手动移动机械手,检查是否还需要采取进一步的保护措施。当移动机器人紧急停止时,制动器会帮助其停止,因此可能会产生磨损。所以,在机器使用寿命期间需要反复测试,以检验机器是否维持着原来的能力。

3）系统润滑加油

（1）轴副齿轮和齿轮润滑加油。

确保机器人及相关系统关闭并处于锁定状态,向每个油嘴中挤入少许（1 g）润滑脂,逐个润滑轴副齿轮滑脂嘴和各齿轮滑脂嘴,不要注入太多,以免损坏密封。

（2）中空手腕润滑加油。

中空手腕有 10 个润滑点,每个注脂嘴只需几滴润滑剂（1 g）,不要注入过量润滑剂,避免损坏腕部密封和内部套筒。将轴 4、5、6 分别转动 90°、180°、270°后再润滑。

4）检查各齿轮箱内油位

各轴加油孔的位置不同,需要有针对性地检查,有的需要旋转后处于垂直状态再开盖进行检查。不同机器人本体的各轴加油孔、放油孔略有差异,以下以 ABB IRB 6640 型机器人为例说明,具体检查位置如图 2-23(a)～(f)所示,官方推荐的换油间隔时间如表 2-6所示。

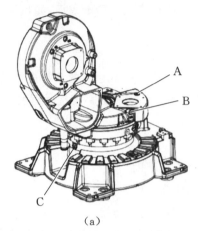

（a）

A—油孔加注；B—油孔检查；C—油孔排放

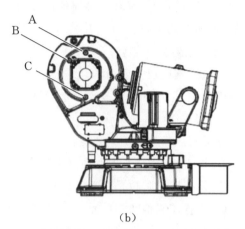

（b）

A—油孔检查；B—油孔加注；C—油孔排放

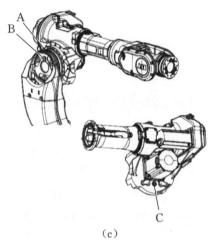

（c）

A—三轴齿轮箱；B—油孔加注；C—油孔排放

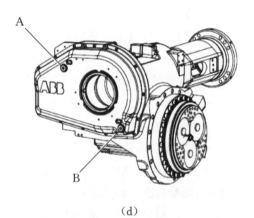

（d）

A—油孔加注；B—油孔排放

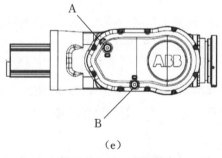

（e）

A—油孔加注；B—油孔排放

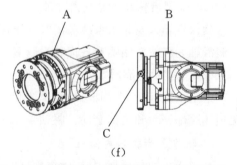

（f）

A—六轴齿轮箱；B—油孔加注；C—油孔排放

图 2-23 IRB 6640 型机器人各轴油孔位置

（a）一轴油孔位置；（b）二轴油孔位置；（c）三轴油孔位置；

（d）四轴油孔位置；（e）五轴油孔位置；（f）六轴油孔位置

表 2-6 换油间隔时间和推荐品牌

设 备	建 议 动 作
第一轴齿轮箱油 Kyodo Yushi TMO 150	6000 h,首次更换;24000 h,二次更换;以后每 24000 h 更换一次
第二轴齿轮箱油 Kyodo Yushi TMO 150	6000 h,首次更换;24000 h,二次更换;以后每 24000 h 更换一次
第三轴齿轮箱油 Kyodo Yushi TMO 150	6000 h,首次更换;24000 h,二次更换;以后每 24000 h 更换一次
第四轴齿轮箱油 Mobilgear 600 XP320	每 24000 h 更换一次
第五轴齿轮箱油 Mobilgear 600 XP320	每 24000 h 更换一次
第六轴齿轮箱油 Kyodo Yushi TMO 150	6000 h,首次更换;24000 h,二次更换;以后每 24000 h 更换一次

3. 维护周期

定期保养工业机器人可以延长工业机器人的使用寿命,保养时间间隔主要取决于环境条件,视机器人运行时数和温度而定;适当确定机器人的运行顺畅与否。工业机器人维护周期如下:

(1) 一般维护,1 次/天。

(2) 清洗/更换滤布,1 次/500 时。

(3) 测量系统电池的更换,2 次/7000 时。

(4) 计算机风扇单元的更换、伺服风扇单元的更换,1 次/50000 时。

(5) 检查冷却器,1 次/月。

(6) 轴制动测试,1 次/天。

(7) 润滑 3 轴副齿轮和齿轮,1 次/1000 时。

(8) 润滑中空手腕,1 次/500 时。

(9) 各齿轮箱内的润滑油,第一次使用满 1 年更换,以后每 5 年更换一次。

2.3.3 工业机器人的应用领域

工业机器人作为现代制造业主要的自动化装备,已广泛应用于汽车、摩托车、工程机械、电子信息、家电、化工等行业,进行焊接、装配、搬运、加工、喷涂、码垛等复杂作业。

全世界投入使用的工业机器人数量近年来快速增加,目前,装配是日本工业机器人的最大应用领域,装配机器人占工业机器人总数的 42%;焊接是第二大应用领域,焊接机器人占工业机器人总数的 19%;注塑是第三大应用领域,注塑机器人约占工业机器人总数的 12%;机加工次之,为 8%。

随着"工业 4.0"和"中国制造 2025"的相继提出和不断深化,全球制造业正在向着自动化、集成化、智能化及绿色化方向发展。中国作为全球第一制造大国,以工业机器人为标志的智能制造在各行业的应用也越来越广泛。

1. 金属成形领域

金属成形机床是机床工具的重要组成部分,成形加工通常与高劳动强度、噪声污染、金属粉尘等联系在一起，有时处于高温、高湿甚至有污染的环境中，工作简单枯燥，企业招人困难。如图 2-24 所示，工业机器人与成形机床集成，不仅可以解决企业用人问题，更可提高加工效率、精度和安全性，具有很大的发展空间。

工业机器人在金属成形领域的应用主要有数控折弯机集成应用、压力机冲压集成应用、热模锻集成应用、焊接应用等几个方面。

2. 汽车制造业

在中国，50% 的工业机器人应用于汽车制造业，其中 50% 以上为焊接机器人（见图 2-25）；在发达国家，汽车工业机器人占工业机器人总保有量的 53% 以上。据统计，世界各大汽车制造厂，年产每万辆汽车所拥有的工业机器人数量为 10 台以上。

图 2-24　工业机器人用于金属加工

图 2-25　工业机器人用于汽车焊接

随着机器人技术的不断发展和日臻完善，工业机器人必将对汽车制造业的发展起到极大的促进作用。而中国正由制造大国向制造强国迈进，需要提升加工水平，提高产品质量，增强企业竞争力，这一切都预示工业机器人的发展前景巨大。

3. 电子电气行业

工业机器人在电子类的 IC、贴片元器件等领域的应用均较普遍，如图 2-26 所示。目前世界工业界装机最多的工业机器人是 SCARA 型四轴机器人，第二位是串联关节型垂直六轴机器人。

在体量庞大的手机生产领域，带有视觉的工业机器人也进一步扩大了应用范围，例如分拣装箱、撕膜系统、激光塑料焊接、高速码垛和组装点胶等适用于手机制作流程的自动化系统，如图 2-27 所示。

图 2-26　工业机器人用于电子器件装配

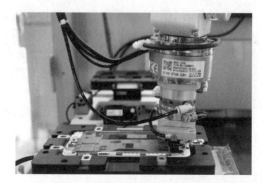

图 2-27　工业机器人用于精密组装点胶

专区内工业机器人均由国内生产商根据电子生产行业需求所特制,小型化、简单化的特性实现了电子组装高精度、高效的生产,满足了电子组装加工设备日益精细化的需求,而自动化加工更是大大提升了生产效益。

4. 橡胶及塑料工业

图 2-28　工业机器人用于注塑品搬运

从汽车和电子工业到消费品和食品工业都有塑料的身影。塑料原材料通过注塑机和工具被加工成精细耐用的成品或半成品,这个过程往往少不了工业机器人(见图 2-28)。

工业机器人不仅适用于在净室环境标准下作业,也可在注塑机旁完成高强度作业,提高各种工艺的经济效益。工业机器人具备快速、高效、灵活、结实耐用及承重力强等优势,应用在塑料企业中可确保其在市场中的竞争优势。

5. 铸造及冶金行业

铸造行业的作业使工人和机器遭受沉重负担,因为他们需要在高污染、高温等极端的工作环境下进行多班作业。因此,绿色铸造被越来越多的企业所重视和推行。

铸造业工作从浇注、搬运延伸到清理、码垛等,都能应用工业机器人来改善工作环境,提高工作效率、产品精度和质量,降低成本,减少浪费,并可获得灵活且高速持久的生产流程,满足绿色铸造的特殊要求。

图 2-29　工业机器人用于金属冶炼

无论是轻金属、彩色金属、贵金属、特殊金属,还是钢,金属工业离不开铸造厂和钢金属加工。而且如果没有自动化和多班作业,就无法确保生产的经济效益和竞争力并减轻员工繁重的工作。

工业机器人在冶金行业的主要应用范围包括钻孔、铣削或切割以及折弯和冲压等加工过程。此外它还可以缩短焊接、安装、装卸料过程的工作周期并提高生产率。图 2-29 展示了工业机器人用于金属冶炼的情形。

6. 食品行业

食品产品发展方向趋向精致化和多元化,单品种大批量的产品越来越少,而多品种小批量的产品日益成为主流。国内食品生产厂的大部分包装工作,特别是较复杂的包装物品的排列、装配等工作基本上是人工操作,难以保证包装的统一性和稳定性,可能造成对被包装产品的污染。而工业机器人的应用能够有效避免这些问题,通过把传感器技术、人工智能和机器人制造等多项高新技术集成起来,机器人系统能自动顺应产品加工中的各种变化,真正实现智能化控制。

在食品行业中应用的工业机器人主要集中于几种类型:包装机器人、拣选机器人、码垛机器人、加工机器人。目前已经开发出的食品工业机器人还有包装罐头机器人、自动午餐机器人和切割牛肉机器人等。图 2-30 展示了工业机器人用于食品搬运码垛的情形。

7. 化工行业

化工行业是工业机器人的主要应用领域之一，如图 2-31 所示。面对现代化工产品精密化、高纯度、高质量和微型化的要求，生产环境必须洁净，洁净技术直接影响着产品的合格率。因此，在化工领域，随着未来更多的化工生产场合对于环境清洁度的要求越来越高，洁净机器人将会得到进一步的利用，因此其具有广阔的市场空间。

图 2-30　工业机器人用于食品搬运码垛

图 2-31　工业机器人用于化工行业

8. 玻璃行业

无论是空心玻璃、平面玻璃、管状玻璃，还是玻璃纤维——现代化、含矿物的高科技材料，都是电子和通信、化学、医药和化妆品工业中非常重要的组成部分。而且如今玻璃对于建筑工业和其他工业分支来说也是不可或缺的。特别是对于洁净度要求非常高的玻璃，工业机器人是最好的选择，如图 2-32 所示。

9. 家用电器行业

白色家电的大型设备领域对经济性和生产率的要求也越来越高。降低工艺成本、提高生产效率成为重中之重，自动化解决方案可以优化家用电器的生产。无论是批量生产洗衣机滚筒或是给浴缸上釉（见图 2-33），使用工业机器人都可以更经济有效地完成生产、加工、搬运、测量和检验工作。它可以连续可靠地完成生产任务，不需要经常将沉重的部件中转，由此可以确保生产流水线的物料流通顺畅，而且始终保持高质量。

图 2-32　工业机器人用于玻璃搬运

图 2-33　工业机器人用于浴缸上釉

10. 烟草行业

工业机器人在我国烟草行业的应用始于 20 世纪 90 年代中期,玉溪卷烟厂采用工业机器人对其卷烟成品进行码垛作业(见图 2-34),用 AGV(自动导引车)搬运成品托盘,节省了大量人力,减少了烟箱破损,提高了自动化水平。

图 2-34　工业机器人用于烟草搬运码垛

先进的生产设备必须配备与之相应的管理方法和后勤保障系统,才能真正产生高效益,如卷烟原、辅料的配送,就需要先进的自动化物流系统来完成,传统的人工管理、人工搬运极易出错,又不准时,已不能适应生产发展的需要。精准的工业机器人被应用于这个领域是必然的。

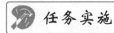 **任务实施**

1. 分组

在任务实施过程中,小组协同编制工作计划,并协作解决难题,相互之间监督计划执行与完成情况,以养成良好的组织管理、团队意识等职业素养。

2. 小组讨论

每个小组成员查找资料,找到不安全操作和维护保养不当造成不良影响的企业事例。

3. 任务实施

总结工业机器人安全操作注意事项和日常维护保养任务;组内互相提问,总结工业机器人的应用领域。

任务评价

任务 2.3　工业机器人安全与应用

序号	考核要素	考核要求	配分	自评(20%)	互评(20%)	师评(60%)	得分小计
一	职业素养 20分	遵守课堂纪律,主动学习	5				
		遵守操作规范,安全操作	5				
		协同合作,具备责任心	5				
		坚守原则,不懈努力	5				
二	知识掌握能力50分	工业机器人的操作注意事项	10				
		工业机器人的本体维护	10				
		工业机器人的控制柜维护	10				
		工业机器人日常维护时间	10				
		工业机器人的应用领域	10				
三	专业技术能力20分	能够安全操作工业机器人	10				
		能够正确做好日常保养	10				
四	拓展能力 10分	学会总结归纳、系统分析	5				
		能够开放性地看待问题,理性思考问题	5				
合计			100				
学生签字			年　月　日	任课教师签字			年　月　日

思考与练习

一、选择题

1. 自动模式用于在车间生产线中运行机器人程序,那么在此模式下_____停止机制、_____停止机制和_____停止机制处于活动状态。

　　A. 常规模式　　　　　　　　　　　B. 自动模式

　　C. 上级　　　　　　　　　　　　　D.下级

2. 在进行机器人的_____之前,切记要将总电源关闭。

　　A. 安装　　　　　　　　　　　　　B. 维修

　　C. 保养　　　　　　　　　　　　　D. 测试

3. 发生火灾时,请确保全体人员安全撤离后再灭火,应首先处理受伤人员。当电气设备起火时,应该使用_____灭火。

　　A. 二氧化碳灭火器　　　　　　　　B. 泡沫灭火器

　　C. 水　　　　　　　　　　　　　　D. 干粉灭火器

4. 以下说法正确的是_____。

A. 当进入保护空间时,不用携带示教器

B. 正在旋转或运动的工具可以接近机器人

C. 注意液压、气压系统及带电部件断电,这些电路上的残余电量也很危险

D. 机器人上的夹具一般会固定锁紧,不用太在意

5. 为避免操作示教器 FlexPendant 不当引起的故障或损害,在操作时应遵循的规则是

_____。

A. 在不使用示教器时,可以任意放置

B. 可以使用任何物体操作触摸屏,不会使触摸屏受损

C. 不用频繁清洁触摸屏

D. 示教器的使用和存放应避免被人踩踏电缆

二、判断题

1. 应根据环境条件按适当时间间隔(如一年)清洁控制器内部;须特别注意冷却风扇和进风口/出风口的清洁。 （ ）

2. SMB 电池不是一次性电池。电池需要更换时,消息日志中会出现一条信息。

（ ）

3. SMB 电池仅在控制柜"断电"的情况下工作,其使用寿命约为 7000 h。 （ ）

4. 如需更换 SMB 电池,必须先手动操作,分别将机器人 1～6 轴回零位,否则会导致机器人零位丢失。 （ ）

5. 各齿轮箱内的润滑油,第一次使用满 1 年更换,以后每 5 年更换一次。 （ ）

三、简答题

工业机器人的本体维护保养具体都有哪些要求?

探索故事

从本任务的学习中我们了解到关于工业机器人的安全使用和其在各个领域的应用情况。我们在知识学习过程中要始终坚守梦想,努力前行,怀揣中国梦,为社会主义事业而奋斗。

中国天眼之父

"中国天眼",简称 FAST,建造用时 22 年,有着 500 米口径的球面射电望远镜。FAST 凝聚了四代科学家的智慧和心血,目前它已经成为地球上最强大的单天线射电望远镜。它不仅体现了国家的综合实力和强大的科技创新能力,而且在一定程度上提高了中国的国际地位。"中国天眼"取得了这么大的成就,离不开背后的总工程师"中国天眼"之父——南仁东。

1993 年,南仁东参加了一个国际无线电科学联盟大会,对无线电科学领域的科研成果惊叹不已,萌生出一个建造"中国天眼"的想法。

1994 年,南仁东完成对"天眼"的基本构思,向中科院提交建立 500 米口径"超级天眼"

的申请书。

从 1994 年开始，他踏上了去贵州选址的旅程。他拿着几百张卫星遥感图像，一个地方一个地方地找。2005 年，他对 3000 多个洼地进行测算与考察之后，终于找到理想的台基。

2011 年，FAST 工程正式开工。他跑到全国各地去筹集资金。在项目正式启动之后，南仁东作为首席工程师，每天都在一线奋战。"天眼"建造用了多长时间，他就在工地上居住了多长时间，他把自己的全部精力都投入"天眼"的建设中，丝毫没有懈怠。

2016 年，"天眼"工程全面竣工。

 **项目拓展**

ABB 工业机器人的坐标系

机器人坐标系是为了确定机器人的位置和姿态而在机器人或空间上建立的位置指定系统。

ABB 工业机器人常用的坐标系包括四种：大地坐标系（world coordinate system）、基坐标系（base coordinate system）、工具坐标系（tool coordinate system）、工件坐标系（work object coordinate system）。这四种坐标系均为三维笛卡儿坐标系，满足右手定则（见图 2-35）。

1. 大地坐标系

大地坐标系是以大地作为参考的直角坐标系，是系统的绝对坐标系，在没有建立用户坐标系之前，机器人上所有点的坐标都是以该坐标系的原点为参照来确定的。

2. 基坐标系

基坐标系位于机器人基座中心，如图 2-36 所示。它是最利于机器人从一个位置移动到另一个位置的坐标系。

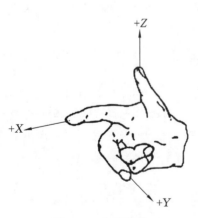

图 2-35　右手定则

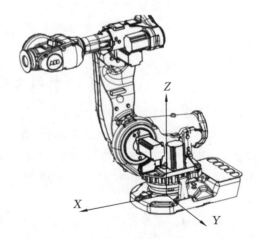

图 2-36　基坐标系

在默认情况下,大地坐标系与基坐标系是一致的。但是以下两种情况大地坐标系与基坐标系不重合:

(1)机器人倒装,如图 2-37,倒装机器人的基坐标系与大地坐标系的 Z 轴方向是相反的,因为机器人可以倒过来,但是大地却不可以倒过来。

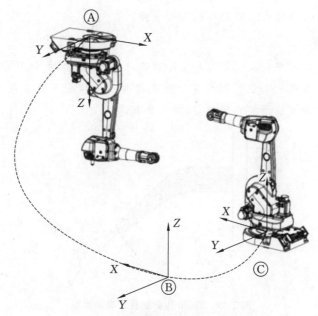

图 2-37 基坐标系与大地坐标系的关系

A—机器人 1 的基坐标系;B—大地坐标系;C—机器人 2 的基坐标系

(2)带外部轴的机器人,如图 2-38,大地坐标系位置是固定的,而基坐标系却可以随着机器人整体的移动而移动。

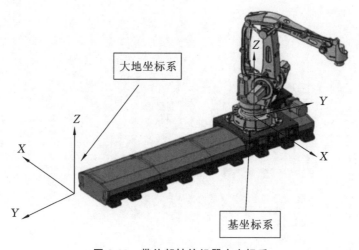

图 2-38 带外部轴的机器人坐标系

3. 工件坐标系

工件坐标对应工件，它定义工件相对于大地坐标（或其他坐标）的位置。机器人可以拥有若干工件坐标系，或者表示不同工件，或者表示同一工件在不同位置的若干副本。如果未指定其他工作对象，目标点将与默认的 Wobj0 关联，Wobj0 始终与机器人的基座保持一致。目标点定义并存储为工件坐标系内的坐标。

4. 工具坐标系

工具坐标系由工具中心点（TCP）与坐标轴方位构成，运动时 TCP 会严格按程序指定路径和速度运动。所有的工业机器人在手腕处都有一个预定义的工具坐标系，默认工具坐标系 Tool0 的中心点位于第六轴中心，如图 2-39 所示。

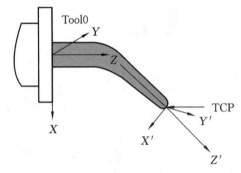

图 2-39　Tool0 和新建的工具坐标系

第
二
篇

能力进阶篇

工业机器人编程基础工作站

与 C 语言编程、数控编程和 PLC 编程等类似，工业机器人的程序编写也需要遵循一些特定的编程结构和方法。ABB 机器人有自己的编程语言和结构，能够被计算机识别、存储和加工处理，应用编写的程序处理各种各样的数据，以数据为信息载体。通过本项目的学习，大家可以学到如何创建 ABB 工业机器人的程序数据，以及如何运用 ABB 工业机器人编程语言 RAPID。图 3-1 所示为 ABB 工业机器人的系统编程环境。

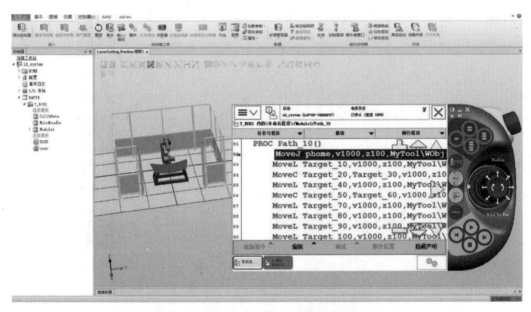

图 3-1　ABB 工业机器人的系统编程环境

》》》 任务 3.1　构建基础工作站

知识目标

◆ 掌握建立工业机器人工作站的方法。

◆ 了解 ABB 工业机器人的通信种类。

能力目标

◆ 能够搭建工业机器人基本操作环境。

◆ 能够正确配置 DSQC652 板卡。

◆ 能够正确配置输入输出信号。

素养目标

◆ 培养学生发现问题、思考问题、研究问题、解决问题的能力。

◆ 培养学生批判质疑的科学精神。

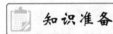
任务描述

初识 RobotStudio 软件,我们应该首先知道如何建立编程所需的基础工作站,配置加工操作过程中所需的输入输出信号,进而实现工业机器人加工运行的目的。让我们通过本次任务的学习剖析上述内容。

知识准备

3.1.1 建立工业机器人工作站

1. RobotStudio 软件新建类型

打开 RobotStudio 软件后,可以新建工业机器人工作站和文件。新建工作站类型包括空工作站解决方案、工作站和机器人控制器解决方案、空工作站,新建文件类型包括 RAPID 模块文件、控制器配置文件,如图 3-2 所示。

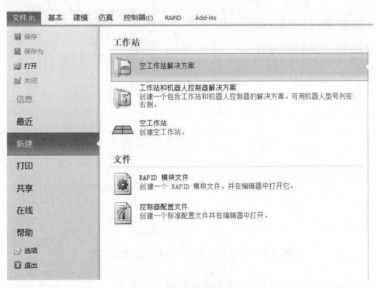

图 3-2 软件新建类型

空工作站解决方案:创建一个包含空工作站的解决方案。初始建立时解决方案名称和保存路径就需要设置完成。

工作站和机器人控制器解决方案:创建一个包含工作站和机器人控制器的解决方案。初始建立时要选择和确定解决方案的名称和保存位置、控制器名称和位置、工业机器人型号、软件版本等信息。如果是从备份中创建,可以选择备份的文件夹或者备份的压缩文件。

空工作站:创建一个空白的工作站。进入工作站界面后,再根据实际情况选择工业机器人型号和相应的附属装置,以及建立工业机器人所需系统,保存时确认路径和解决方案名称。

RAPID 模块文件:创建一个 RAPID 模块文件,并打开编辑器直接编辑程序。可以创建的模块包括 Blank Module,Main Module,System Module。

控制器配置文件:创建一个标准配置文件并在编辑器中打开,包括 Empty Motion configuration file,Empty I/O configuration file,Empty MMC configuration file,Empty SYS configuration file,Example I/O configuration file。

2. 建立工作站和机器人控制器解决方案

(1) 双击 RobotStudio 图标,打开软件,单击"新建",选择"工作站和机器人控制器解决方案"。在最右边选择和填写信息,解决方案名称为默认值,位置为默认值,控制器为默认值,机器人型号选择 IRB120 3 kg 0.58 m,勾选"自定义选项",如图 3-3 所示。

图 3-3 工作站和机器人控制器解决方案

(2) 在弹出来的自定义选项对话框中,将 Default Language 选项的"English"改为"Chinese",在 Industrial Networks 选项中勾选"709-1 DeviceNet Master/Slave",点击"确定",如图 3-4 所示。

(3) 在弹出来的"选择'120_0.58_3(ROB_1)'的库"对话框中,选择"IRB120_3_58_G_01",点击"确定",如图 3-5 所示。至此一个包含工作站和机器人控制器的解决方案创建完成。

(4) 在"基本"功能选项卡中找到"导入模型库",在下拉菜单中选择"设备",在"Training Objects"中选择"myTool",将机器人末端执行器(工具)导入工作站,如图 3-6 所示。

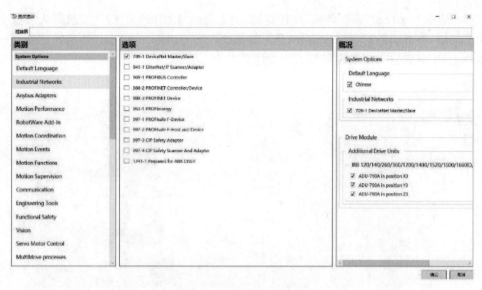

图 3-4　自定义选项对话框

图 3-5　选择机器人类型

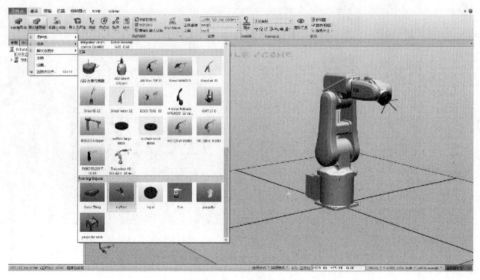

图 3-6　导入机器人工具

（5）选中"myTool"装置名称，按住左键，向上拖到"IRB120_3_58_01"机器人装置名称后松开左键，在弹出的对话框中选择"是"，如图 3-7 所示。将"myTool"的位置更新到机器人本体上，工具将自动安装到机器人末端法兰盘中心。

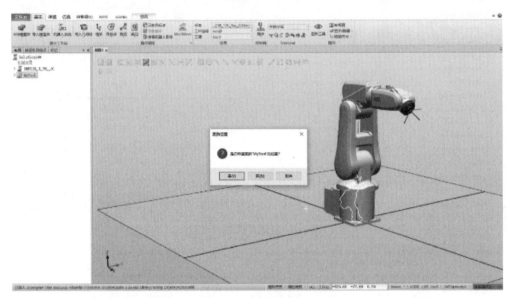

图 3-7　更新工具位置

（6）在"基本"功能选项卡中找到"导入几何体"，在下拉菜单中选择"浏览几何体"，在弹出的对话框中选择"机器人工作桌台"，将机器人工作桌台导入工作站。选中"IRB120_3_58_01"机器人装置名称，单击右键，在下拉菜单中选择"显示机器人工作区域"，如图 3-8（a）所示，

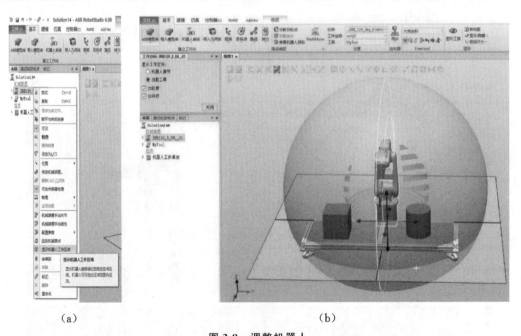

（a）　　　　　　　　　　　　　　　（b）

图 3-8　调整机器人

（a）显示机器人工作区域；（b）调整机器人工作桌台位置

在弹出的对话框中勾选"当前工具"和"3D体积"。通过"Freehand"的移动命令将机器人工作桌台移到机器人可加工位置范围内,如图 3-8(b)所示。至此机器人基础工作站建立完毕。

3.1.2 配置 DSQC652 板卡

1. ABB 工业机器人 I/O 通信种类

ABB 工业机器人提供了丰富的 I/O 通信接口,常见的与外部的通信方式分为三大类:ABB 的标准通信、与 PLC 的现场总线通信、与 PC 的数据通信,具体如表 3-1 所示。

表 3-1　ABB 工业机器人通信种类

通信种类	ABB 标准通信	总线通信	数据通信
通信方式	标准 I/O 板 ABB PLC	DeviceNet PROFIBUS EtherNet/IP PROFINET CCLink	串口通信 Socket 通信 其他

ABB 工业机器人可以选配标准 ABB 的 PLC,省去了与外部 PLC 进行通信设置的麻烦,并且在工业机器人的示教器上就能实现与 PLC 的相关操作。

2. 常用 ABB 标准 I/O 板

ABB 标准 I/O 板提供的常用信号处理有数字量输入、数字量输出、组输入、组输出、模拟量输入、模拟量输出。常用的 ABB 标准 I/O 板如表 3-2 所示。

表 3-2　常用的 ABB 标准 I/O 板

型　号	说　明
DSQC651	分布式 I/O 模块 di8/do8/ao2
DSQC652	分布式 I/O 模块 di16/do16
DSQC653	分布式 I/O 模块 di8/do8 带继电器
DSQC355A	分布式 I/O 模块 ai4/ao4
DSQC377A	输送链跟踪单元

以 IRB120 标配的 I/O 板为例,介绍 DSQC652 标准 I/O 板的结构。DSQC652 板主要提供 16 个数字输入信号和 16 个数字输出信号的处理,其模块接口说明如图 3-9 所示。

ABB 标准 I/O 板是挂在 DeviceNet 网络上的,地址可用范围为 10～63,其网络地址由端子 X5 上 6～12 的跳线决定,如图 3-10 所示,将第 8 脚和第 10 脚的跳线剪去,而 2+8＝10,故可以获得 10 的地址。其中 X5 端子接口连接说明如表 3-3 所示。

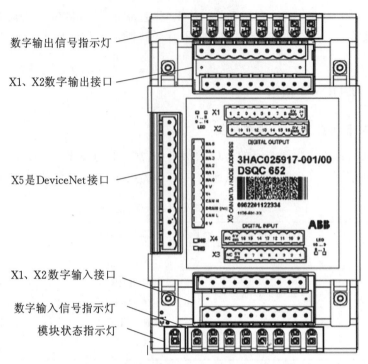

图 3-9　DSQC652 标准 I/O 板

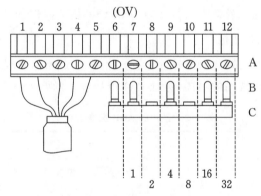

图 3-10　DeviceNet 接线图

表 3-3　X5 端子接口连接说明

X5 端子编号	使 用 定 义	X5 端子编号	使 用 定 义
1	0 V BLACK(黑色)	7	模块 ID bit 0 (LSB)
2	CAN 信号线 low BLUE(蓝色)	8	模块 ID bit 1 (LSB)
3	屏蔽线	9	模块 ID bit 2 (LSB)
4	CAN 信号线 high WHITE(白色)	10	模块 ID bit 3 (LSB)
5	24 V RED(红色)	11	模块 ID bit 4 (LSB)
6	GND 地址选择公共端	12	模块 ID bit 5 (LSB)

3. DSQC652 标准 I/O 板的配置

ABB 标准 I/O 板安装完成后，需要对各信号进行配置才能在软件中使用。ABB 标准 I/O 板 DSQC652 是常用的模块，下面以创建 DSQC652 板的总线连接、数字输入和输出信号为例讲解。

1）定义 DSQC652 板的总线连接

ABB 标准 I/O 板都是挂在 DeviceNet 现场总线下的设备，通过 X5 端口与 DeviceNet 现场总线进行通信。定义 DSQC652 板的总线连接的相关参数，如表 3-4 所示。

表 3-4　DSQC652 板的总线连接参数

参 数 名 称	设 定 值	说　　明
Name	board10	设定 I/O 板在系统中的名字
Network	DeviceNet	I/O 板连接的总线
Address	10	设定 I/O 板在总线中的地址

在虚拟控制器系统中定义 DSQC652 板，其总线连接操作步骤如表 3-5 所示。

表 3-5　DSQC652 板总线连接操作步骤

序　号	图 片 示 例	操作步骤说明
1		单击左上角主菜单按钮，选择"控制面板"
2		选择"配置"

续表

序号	图片示例	操作步骤说明
3	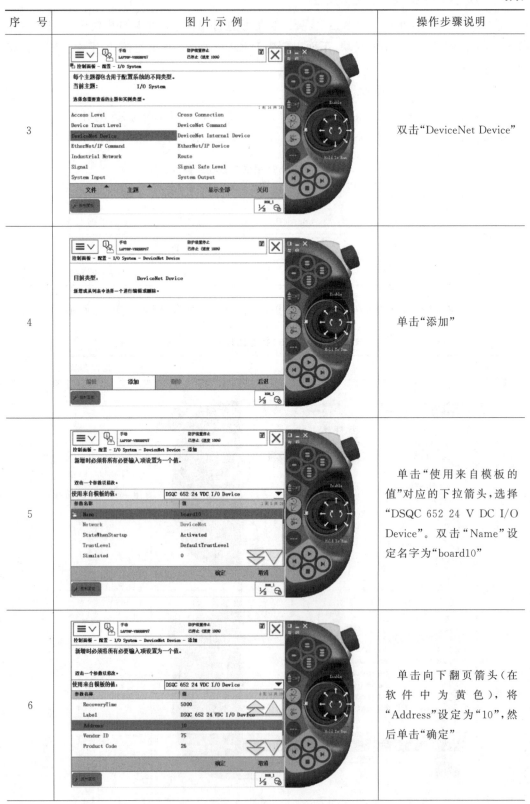	双击"DeviceNet Device"
4		单击"添加"
5		单击"使用来自模板的值"对应的下拉箭头，选择"DSQC 652 24 V DC I/O Device"。双击"Name"设定名字为"board10"
6		单击向下翻页箭头（在软件中为黄色），将"Address"设定为"10"，然后单击"确定"

续表

序　号	图 片 示 例	操作步骤说明
7	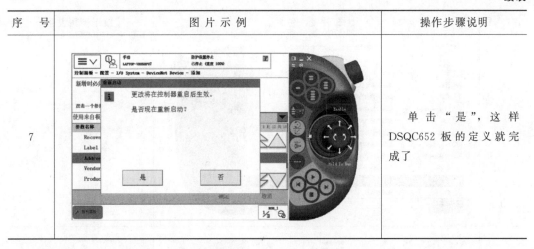	单击"是"，这样 DSQC652 板的定义就完成了

2）定义数字输入信号 di1

定义数字输入信号 di1 的相关参数说明如表 3-6 所示。

表 3-6　数字输入信号 **di1** 的连接参数

参 数 名 称	设 定 值	说　明
Name	di1	设定数字输入信号的名字
Type of Signal	Digital Input	设定信号的类型
Assigned to Device	board10	设定信号所在的 I/O 模块
Device Mapping	0	设定信号所占用的地址

在虚拟控制器系统中定义数字输入信号 di1 的操作步骤如表 3-7 所示。

表 3-7　定义数字输入信号 **di1** 的操作步骤

序　号	图 片 示 例	操作步骤说明
1		单击左上角主菜单按钮，选择"控制面板"

序 号	图 片 示 例	操作步骤说明
2	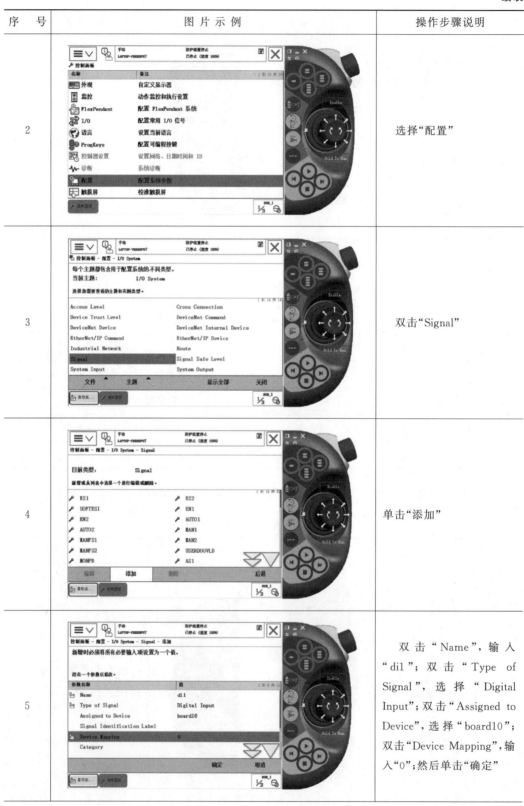	选择"配置"
3		双击"Signal"
4		单击"添加"
5		双击"Name"，输入"di1"；双击"Type of Signal"，选择"Digital Input"；双击"Assigned to Device"，选择"board10"；双击"Device Mapping"，输入"0"；然后单击"确定"

续表

序　号	图 片 示 例	操作步骤说明
6	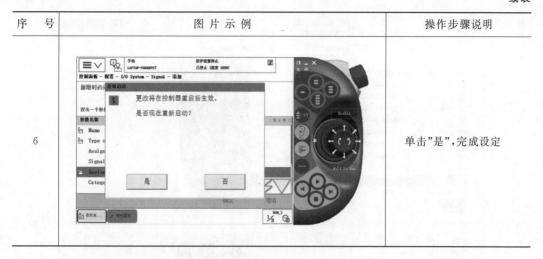	单击"是"，完成设定

3）定义数字输出信号 do1

定义数字输出信号 do1 的相关参数说明如表 3-8 所示。

表 3-8　数字输出信号 do1 的连接参数

参 数 名 称	设 定 值	说　　明
Name	do1	设定数字输出信号的名字
Type of Signal	Digital Output	设定信号的类型
Assigned toDevice	board10	设定信号所在的 I/O 模块
Device Mapping	32	设定信号所占用的地址

在虚拟控制器系统中定义数字输出信号 do1 的操作步骤如表 3-9 所示。

表 3-9　定义数字输出信号 do1 的操作步骤

序　号	图 片 示 例	操作步骤说明
1		单击左上角主菜单按钮，选择"控制面板"

续表

序　号	图 片 示 例	操作步骤说明
2	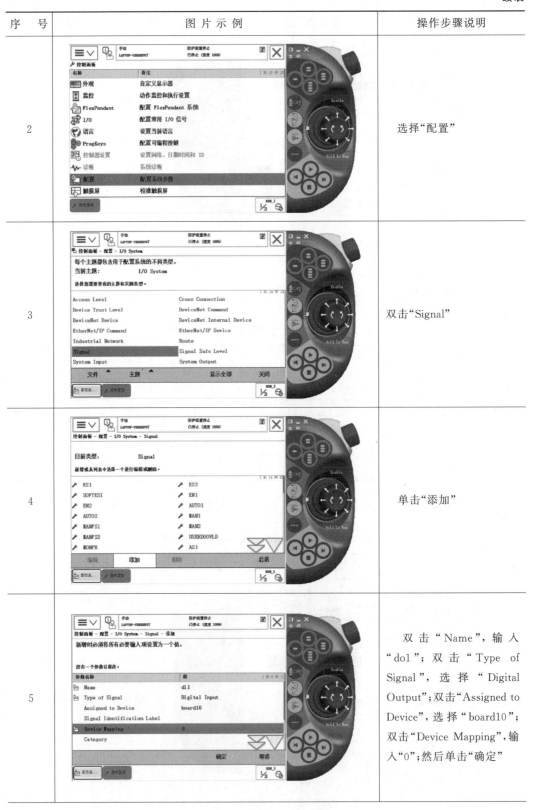	选择"配置"
3		双击"Signal"
4		单击"添加"
5		双击"Name"，输入"do1"；双击"Type of Signal"，选择"Digital Output"；双击"Assigned to Device"，选择"board10"；双击"Device Mapping"，输入"0"；然后单击"确定"

续表

序　号	图 片 示 例	操作步骤说明
6	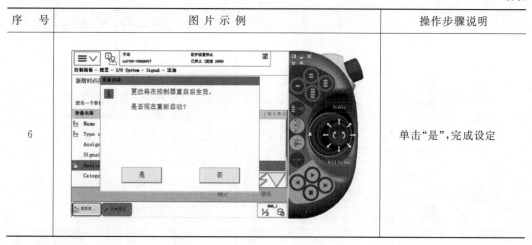	单击"是",完成设定

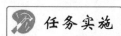 **任务实施**

本任务需要完成最基本的工业机器人工作站的创建。根据如下要求完成基础工作站的相关任务：

(1) 建立工作站和机器人控制器解决方案,包括机器人本体、工具、工件和相关设备。

(2) 配置 DSQC652 板。

① 定义 DSQC652 板的总线连接；

② 定义输入输出信号。

通过任务的阶段性实施,学生应掌握工作站的基本组成和板卡设置等内容。

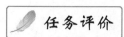 **任务评价**

任务 3.1　构建基础工作站

序号	考核要素	考核要求	配分	自评(20%)	互评(20%)	师评(60%)	得分小计
一	职业素养 20 分	遵守课堂纪律,主动学习	5				
		遵守操作规范,安全操作	5				
		能够发现问题,解决问题	5				
		能够提出异议,主动思考	5				
二	知识掌握 能力 15 分	新建工作站类型及定义	5				
		ABB 与外部通信方式分类	5				
		DSQC652 信号板的组成	5				

序号	考核要素	考核要求	配分	自评(20%)	互评(20%)	师评(60%)	得分小计
三	专业技术能力 55 分	正确建立工作站和机器人控制器解决方案	10				
		正确显示机器人工作区域	5				
		正确布局移动工作站设备	5				
		正确设定 DSQC652 板的总线连接	15				
		正确设置输入信号	10				
		正确设置输出信号	10				
四	拓展能力 10 分	拓展配置模拟输入信号的添加	5				
		拓展配置模拟输出信号的添加	5				
合计			100				
学生签字		年　月　日	任课教师签字		年　月　日		

思考与练习

一、选择题

1. RobotStudio 软件新建工作站类型包括_____。

A. 空工作站解决方案　　　　　　　B. 空工作站

C. 工作站和机器人控制器解决方案　　D. 空机器人控制系统

2. 创建一个包含工作站和机器人控制器的解决方案,初始建立时要具备_____和软件版本等信息。

A. 制定和选择解决方案名称　　　　　B. 保存位置

C. 工业机器人型号　　　　　　　　D. 控制器名称和位置

3. 在一个 RAPID 模块文件中,打开编辑器可以创建的模块包括_____。

A. Blank Module　　　　　　　　　B. User Module

C. System Module　　　　　　　　D. Main Module

4. ABB 工业机器人提供了丰富 I/O 通信接口,常见的与外部通信的方式有_____。

A. 与 PC 的数据通信　　　　　　　　B. 与 PLC 的现场总线通信

C. ABB 的标准通信　　　　　　　　D. USB 端口通信

5. ABB 标准 I/O 板的网络地址由 X5 端子上 6~12 的跳线决定,如图所示地址可用范围为_____。

A. 0~63　　　　　　　　　　　　　B. 1~64

C. 10~64　　　　　　　　　　　　D. 10~63

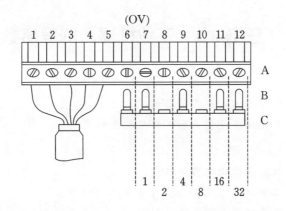

二、判断题

1. ABB 工业机器人可以选配标准 ABB 的 PLC，省去了与外部 PLC 进行通信设置的麻烦，并且在工业机器人的示教器上就能实现与 PLC 的相关操作。（　　）

2. ABB 的标准 I/O 板提供的常用信号处理只有数字量输入、数字量输出。（　　）

3. DSQC652 板主要提供 8 个数字输入信号和 8 个数字输出信号的处理。（　　）

4. ABB 标准 I/O 板都是挂在 DeviceNet 现场总线下的设备，通过 X5 端口与 DeviceNet 现场总线通信。（　　）

三、简答题

ABB 标准 I/O 板提供的常用信号处理有哪些？请列表说明。

🔍 探索故事

从本任务的学习中我们掌握了构建基础工作站的方法和途径，在这个过程中，工作站样式并不唯一，大家要具备勇于批判质疑的科学精神。

中国杂交水稻之父

一生只做一件事，一稻济天下。他就是中国杂交水稻之父——袁隆平。

袁隆平出生于 1930 年，在那个特殊的年代里，很多国家都没能实现粮食的充足供应，因为粮食生产技术落后，以至于很多地方的农民都是"靠天吃饭"。

1964 年起，袁隆平开始研究杂交水稻。在那个时候，业界认为水稻的繁殖方式是无性杂交，并且很多知名的外国科学家为此结论站台，袁隆平头上顶着的压力可想而知。不过袁隆平在心底始终认为，水稻是可以杂交的，只是人们没有发现其中的关键。皇天不负有心人，袁隆平在研究过程中，无意间发现了天然的雄性不育株。1965 年，袁隆平又在 14000 株稻穗中找到了 6 株雄性不育株。正是这些不育株的发现打破了此前米丘林-李森科的"无性杂交"理论，并且推论了杂交水稻优势理论可行性。

袁隆平的伟大之处在于：他敢于挑战权威，挑战不可能。换作一般人，或许早就放弃杂交水稻的研究了。袁隆平不仅养活了整个中国，同时也让世界上很多贫穷国家的人民免遭饥荒之苦。

任务 3.2　工业机器人的程序数据

知识目标

◆ 掌握程序数据的分类方式及存储类型。

◆ 了解工业机器人的工具坐标系和工件坐标系的定义。

能力目标

◆ 能够建立工业机器人常用的程序数据。

◆ 能够正确设置工业机器人的工具坐标系和工件坐标系。

◆ 能够正确设定工业机器人的有效载荷。

素养目标

◆ 培养学生科学搜索信息、使用信息和信息加工处理的能力。

◆ 培养学生科学组织、分工管理的工作意识。

任务描述

　　数据是信息的载体，工业机器人加工程序中声明的数据被称为程序数据，如图 3-11 为包含程序数据的工业机器人程序。这些数据能够被识别、存储和加工处理，是程序加工的原材料。那么这些数据都应用于哪些场合，能够达到什么目的？我们又该如何去使用它们呢？让我们通过本次任务的学习进行剖析。

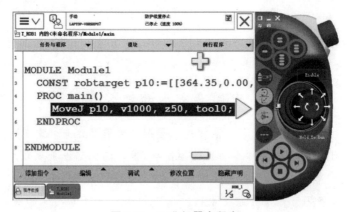

图 3-11　工业机器人程序

知识准备

3.2.1　认识程序数据

1. 程序数据简介

程序数据是在程序模块或系统模块中设定的值和定义的一些环境数据。创建的程序数据由同一个模块或其他模块中的指令进行引用,如图 3-11 所示的选中程序段包含很多程序数据信息,其中 p10 代表工业机器人运动目标位置数据,v1000 代表工业机器人运动速度数据,z50 代表工业机器人运动转变数据,tool0 代表工业机器人工具数据。

    ABB 工业机器人的程序数据共有 100 多个。我们可以根据实际情况进行程序数据的创建,这为 ABB 工业机器人的程序设计提供了强大的数据支撑。在系统中根据数据用途定义了不同的程序数据,可以针对一些特殊功能或根据需要新建程序数据类型。常用程序数据如表 3-10 所示。详情请查看随机光盘中的电子版说明书。

表 3-10 常用程序数据

程 序 数 据	说　　明	程 序 数 据	说　　明
bool	布尔量	robjoint	机器人轴角度数据
string	字符串	speeddata	机器人与外轴的速度数据
byte	整数数据 0～255	jointtarget	关节位置数据
intnum	中断标志符	zonedata	TCP 转弯半径数据
trapdata	中断数据	loaddata	负荷数据
clock	计时数据	wobjdata	工件数据
num	数值数据	tooldata	工具数据
pos	位置数据(只有 X、Y 和 Z)	robtarget	机器人与外轴的位置数据
pose	坐标转换	extjoint	外轴位置数据
orient	姿态数据	dionum	数字输入/输出信号
mecunit	机械装置数据	stringdig	只含数字的字符串
signaldi	数字输入信号	signaldo	数字输出信号
signalgi	数字量输入信号组	signalgo	数字量输出信号组

    程序数据类型可以利用示教器的"程序数据"窗口进行查看以及根据需要创建,如图 3-12 所示为程序数据类型界面。

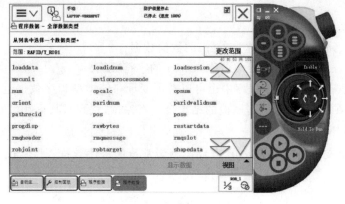

图 3-12 程序数据类型界面

2. 程序数据的存储类型

1）变量 VAR

变量型数据在程序执行的过程中和停止时会保持当前的值。一旦程序指针被移到主程序后，变量型数据的当前数值会丢失，也就是说如果程序指针复位，则数值会恢复为声明变量时所赋予的初始值。

举例说明：

VAR num length:=0; 名称为 length 的变量型数值数据，初始值为 0；

VAR string name:="Tony"; 名称为 name 的变量型字符数据，初始值为 Tony；

VAR bool flag:=FALSE; 名称为 flag 的变量型布尔量数据，初始值为 FALSE。

其中，在声明数据时，可以定义变量数据的初始值。以 VAR num length:=0 为例，VAR 表示存储类型为变量，num 表示声明程序数据类型是数值数据，length 为定义的数据名称，0 为数据的初始值。

在工业机器人执行的 RAPID 程序中也可以对变量存储类型程序数据进行赋值操作，如图 3-13 所示。

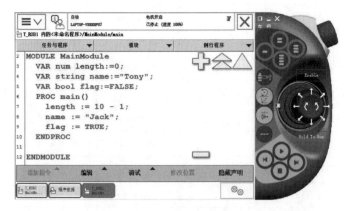

图 3-13　变量存储类型程序数据

2）可变量 PERS

PERS 表示存储类型为可变量。无论程序的指针如何变化，可变量型数据都会保持最后被赋予的值。

举例说明：

PERS num start:=2;名称为 start 的数值数据；

PERS string text:="Hi";名称为 text 的字符数据。

在机器人执行的 RAPID 程序中也可以对可变量存储类型程序数据进行赋值操作，如图 3-14 所示。在程序执行以后，赋值的结果会一直保持，直到对其重新赋值。

3）常量 CONST

常量是在定义时已赋予了数值，存储类型为常量的程序数据，其不允许在程序运行中进行赋值操作。需要修改时必须手动进行。

举例说明：

CONST num Pi:=3.14; 名称为 Pi 的数值数据；

图 3-14　可变量存储类型程序数据

CONST string greatings:="Hello";名称为 greatings 的字符数据。

常量存储类型程序数据在程序编辑窗口中的显示如图 3-15 所示。

图 3-15　常量存储类型程序数据

3.2.2　设定关键程序数据

在进行工业机器人编程之前,需要构建必要的基础编程环境,其中工具数据、工件坐标数据和有效载荷数据是三个必需的程序数据,在程序编写之前需要对这三个数据分别进行设定。

1. 工具数据 tooldata 的设定

工具数据 tooldata 用于描述安装在工业机器人第六轴上的工具的 TCP(tool center point,工具中心点)、质量、重心等参数。不同的工业机器人一般应配置不同的工具,比如弧焊机器人使用弧焊枪作为工具,而搬运机器人使用吸盘式夹具作为工具,如图 3-16(a)(b)所示。默认工具(tool0)的 TCP 位于工业机器人安装法兰的中心。图 3-16(c)中 A 点就是原始的 TCP。

1)工具数据的组成

工具数据用于记录和描述工业机器人所用工具的特征。

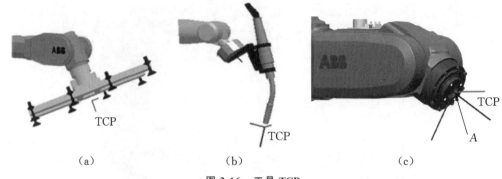

图 3-16　工具 TCP

（a）搬运吸盘式夹具 TCP；（b）弧焊枪 TCP；（c）工业机器人默认工具的 TCP

　　工具数据包括 robhold、tframe 和 tload 三大部分，如表 3-11 所示，它描述了工具中心点的位置、方位，以及工具负载的物理特征。

表 3-11　工具数据的组成

工具数据组件	组件描述	
robhold	robot hold：定义工业机器人是否夹持工具，bool 型数据	
	TRUE	FALSE
	工业机器人法兰安装工具	工业机器人法兰不安装工具，工具为固定位置
tframe	tool frame：工具坐标系，pose 型数据 ① TCP 的位置（X、Y 和 Z），单位为 mm，相对于腕坐标系（tool0） ② 工具坐标系的方向，相对于腕坐标系	
tload	tool load：工具的负载，loaddata 型数据	
	工业机器人夹持的工具负载	固定工具（夹工件的夹具）负载
	① 工具质量（重量），单位为 kg ② 工具负载的重心（X、Y 和 Z），单位为 mm，相对于腕坐标系 ③ 工具力矩主惯性轴的方位，相对于腕坐标系 ④ 围绕力矩惯性轴的惯性矩。如果将所有惯性部件的惯性矩定义为 0 kg·m²，则将工具作为一个点质量来处理	① 所移动夹具的质量，单位为 kg ② 所移动夹具的重心（X、Y 和 Z），单位为 mm，相对于腕坐标系 ③ 所移动夹具力矩主惯性轴的方位，相对于腕坐标系 ④ 围绕力矩惯性轴的惯性矩。如果将所有惯性部件的惯性矩定义为 0 kg·m²，则将夹具作为一个点质量来处理

　　在程序中，工具数据 tooldata 的具体示例如下：

```
PERS tooldata gripper:=[TRUE,[[85,0,147],[0.924,0,0.383,0]],[5,[0,0,65],[1,0,0,0],0,0,0]];
```

　　在示例中，各数据值的含义如表 3-12 所示。

表 3-12 工具数据示例解释

工具数据组件	工具数据具体值	数据值释义
robhold	TRUE	工业机器人法兰安装工具
tframe	[85,0,147]	TCP 所在点沿着工具坐标系 X 方向偏移 85 mm,沿工具坐标系 Z 方向偏移 147 mm
	[0.924,0,0.383,0]	换算成欧拉角后,工具的 X 方向和 Z 方向相对于腕坐标系 Y 方向旋转 45°
tload	5	工具重量为 5 kg
	[0,0,65]	工具重心所在点沿腕坐标系 Z 方向偏移 65 mm
	[1,0,0,0]	相对于腕坐标系工具力矩主惯性轴的方位不变
	0,0,0	将工具负载视为一个点质量,即不带转矩惯量

2）工具数据的设定原理

（1）在机器人工作范围内找一个非常精确的固定点作为参考点。

（2）在工具上确定一个参考点（最好是工具中心点）。

（3）手动操纵机器人去移动工具上的参考点，以至少四种不同的机器人姿态尽可能与固定点刚好碰上并记录。

（4）机器人通过以上所记录的位置数据来计算求得 TCP 的数据。

注意：TCP 取点数量的不同会影响最终计算求得的 TCP 数据。四点法,不改变 tool0 的坐标方向；五点法,改变 tool0 的 Z 方向；六点法,改变 tool0 的 X 和 Z 方向（在焊接应用中最为常用）。在获取前三个点的姿态位置时,其姿态位置相差越大,最终获取的 TCP 精度越高。

3）工具数据的设定步骤

为了获得更准确的 TCP,我们以六点法为例进行操作步骤讲解,第四点通过用工具的参考点垂直于固定点产生,第五点通过工具参考点从固定点向将要设定为 TCP 的 X 方向移动产生,第六点通过工具参考点从固定点向将要设定为 TCP 的 Z 方向移动产生。具体操作步骤如表 3-13 所示。

表 3-13 工具数据设定的操作步骤

序号	图片示例	操作步骤说明
1		单击左上角主菜单按钮,选择"手动操纵"

续表

序号	图片示例	操作步骤说明
2	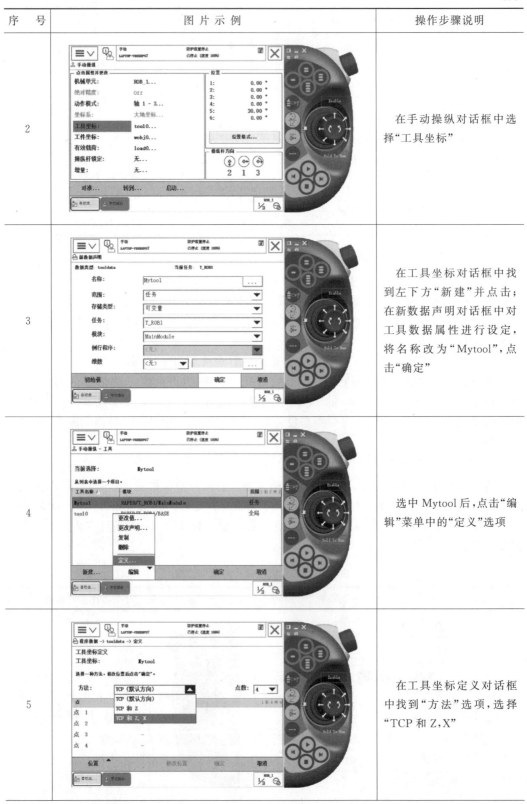	在手动操纵对话框中选择"工具坐标"
3		在工具坐标对话框中找到左下方"新建"并点击；在新数据声明对话框中对工具数据属性进行设定，将名称改为"Mytool"，点击"确定"
4		选中 Mytool 后，点击"编辑"菜单中的"定义"选项
5		在工具坐标定义对话框中找到"方法"选项，选择"TCP 和 Z，X"

续表

序 号	图 片 示 例	操作步骤说明
6	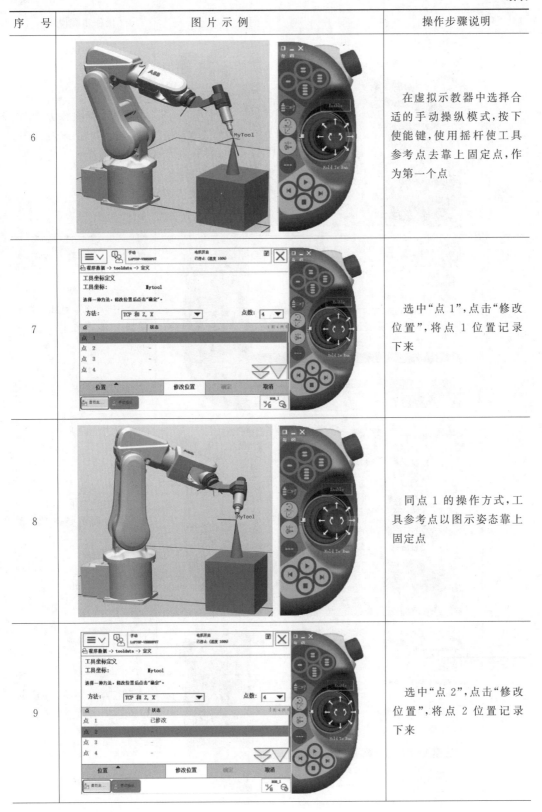	在虚拟示教器中选择合适的手动操纵模式，按下使能键，使用摇杆使工具参考点去靠上固定点，作为第一个点
7		选中"点1"，点击"修改位置"，将点1位置记录下来
8		同点1的操作方式，工具参考点以图示姿态靠上固定点
9		选中"点2"，点击"修改位置"，将点2位置记录下来

续表

序　号	图片示例	操作步骤说明
10	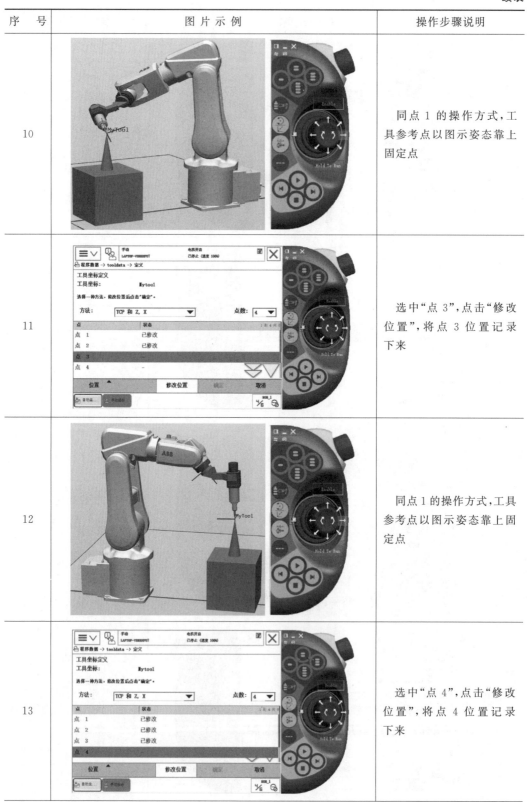	同点1的操作方式,工具参考点以图示姿态靠上固定点
11		选中"点3",点击"修改位置",将点3位置记录下来
12		同点1的操作方式,工具参考点以图示姿态靠上固定点
13		选中"点4",点击"修改位置",将点4位置记录下来

续表

序　号	图 片 示 例	操作步骤说明
14	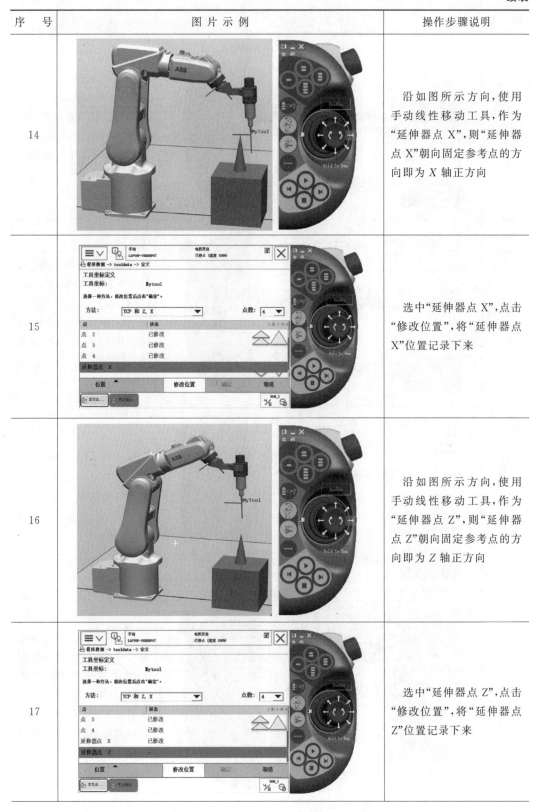	沿如图所示方向,使用手动线性移动工具,作为"延伸器点 X",则"延伸器点 X"朝向固定参考点的方向即为 X 轴正方向
15		选中"延伸器点 X",点击"修改位置",将"延伸器点 X"位置记录下来
16		沿如图所示方向,使用手动线性移动工具,作为"延伸器点 Z",则"延伸器点 Z"朝向固定参考点的方向即为 Z 轴正方向
17		选中"延伸器点 Z",点击"修改位置",将"延伸器点 Z"位置记录下来

续表

序　号	图 片 示 例	操作步骤说明
18	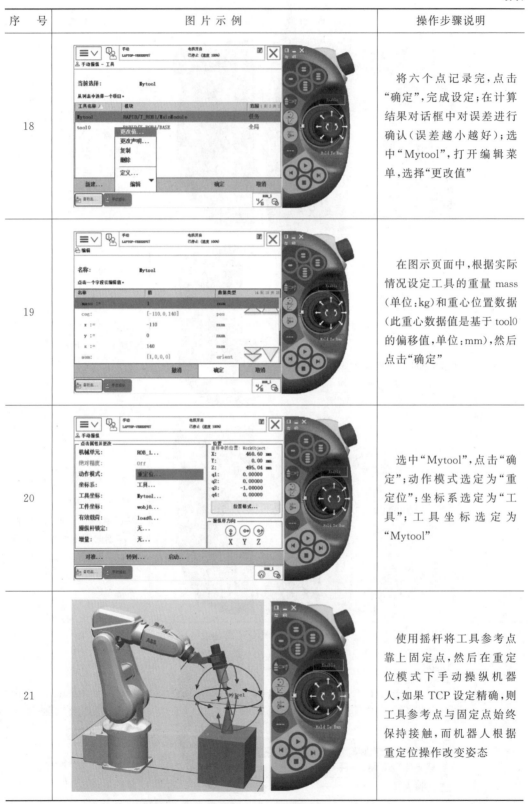	将六个点记录完，点击"确定"，完成设定；在计算结果对话框中对误差进行确认（误差越小越好）；选中"Mytool"，打开编辑菜单，选择"更改值"
19		在图示页面中，根据实际情况设定工具的重量 mass（单位：kg）和重心位置数据（此重心数据值是基于 tool0 的偏移值，单位：mm），然后点击"确定"
20		选中"Mytool"，点击"确定"；动作模式选定为"重定位"；坐标系选定为"工具"；工具坐标选定为"Mytool"
21		使用摇杆将工具参考点靠上固定点，然后在重定位模式下手动操纵机器人，如果 TCP 设定精确，则工具参考点与固定点始终保持接触，而机器人根据重定位操作改变姿态

2. 工件坐标数据 wobjdata 的设定

工件坐标对应工件,它定义工件相对于大地坐标系(或其他坐标系)的位置。机器人可以拥有若干工件坐标系,或者表示不同工件,或者表示同一工件在不同位置的若干副本。

对机器人进行编程就是在工件坐标系中创建目标和路径,其优点如下:

① 重新定位工作站中的工件时,只需要更改工件坐标的位置,所有路径将即刻随之更新;

② 允许操作以外轴或传送导轨移动的工件,因为整个工件可连同其路径一起移动。

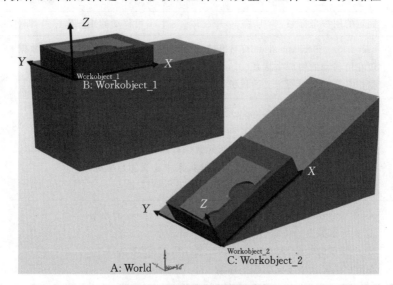

图 3-17 工件坐标与轨迹变换

如图 3-17 所示,A(World)是机器人的大地坐标系,为了方便编程,为第一个工件(水平工作台上的工件)建立了一个工件坐标系 B(Workobject_1),并在这个工件坐标系 B 中进行轨迹编程。

如果第二个工件(在斜面工作台上的工件)与第一个工件需要走一样的轨迹,那我们只需要建立一个新的工件坐标系 C(Workobject_2),将工件坐标系 B 中的轨迹复制一份,然后将工件坐标系从 B 更新为 C,则轨迹加工就能正常进行了,无须重复编程。

1)工件坐标数据的组成

如果在运动指令中指定了工件,则目标点位置将基于该工件坐标系得到。其优点如下:

(1)便捷地手动输入位置数据,例如离线编程,则可从图纸获得位置数值。

(2)轨迹程序可以根据变化而快速重新使用。例如,如果移动了工作台,则仅须重新定义工作台工件坐标系即可。

(3)可根据变化对工件坐标系进行补偿。利用传感器来获得偏差数据以定位工件。

工件坐标数据的组成包括 robhold、ufprog、ufmec、uframe 和 oframe 五大部分,如表 3-14 所示。

106 工业机器人
离线编程及仿真(ABB)

表 3-14　工件坐标数据的组成

工件坐标数据组件	组件描述	
robhold	robot hold:定义工业机器人是否夹持工件,bool 型数据	
	TRUE	FALSE
	机械臂正夹持着工件,即使用了固定工具	机械臂未夹持工件,即机械臂夹持工具
ufprog	user frame programmed:规定是否使用固定的用户坐标系,bool 型数据	
	TRUE	FALSE
	固定的用户坐标系	可移动的用户坐标系,即使用协调外轴
ufmec	user frame mechanical unit:与机械臂协调移动的机械单元,string 型数据 仅在可移动的用户坐标系(ufprog 为 FALSE)中进行指定 指定系统参数中所定义的机械单元名称,例如 orbit_a	
uframe	user frame:用户坐标系,pose 型数据 ① 坐标系原点的位置(X、Y 和 Z),以 mm 计。 ② 坐标系的旋转,表示为一个四元数(q1、q2、q3 和 q4) 如果机械臂正夹持工具,则在大地坐标系中定义用户坐标系 对于可移动的用户坐标系,由系统对其进行持续定义	
oframe	object frame:目标坐标系,即当前工件的位置,pose 型数据 ① 坐标系原点的位置(X、Y 和 Z),以 mm 计 ② 坐标系的旋转,表示为一个四元数(q1、q2、q3 和 q4) 在用户坐标系中定义目标坐标系	

在程序中,工件坐标数据 wobjdata 的具体示例如下:

PERSwobjdata wobj1:=[FALSE,TRUE,"",[[300,500,400],[1,0,0,0]],[[0,200,60],[1,0,0,0]]];

在示例中,各数据值的含义如表 3-15 所示。

表 3-15　工件坐标数据示例解释

工具数据组件	工具数据具体值	数据值释义
robhold	FALSE	机械臂未夹持工件
ufprog	TRUE	使用固定的用户坐标系
ufmec	""	没有与机械臂协调移动的机械单元
uframe	[300,500,400]	在大地坐标系中用户坐标系的原点为 $X=300$ mm、$Y=500$ mm 和 $Z=400$ mm
	[1,0,0,0]	用户坐标系不旋转
oframe	[0,200,60]	在用户坐标系中目标坐标系的原点为 $X=0$ mm、$Y=200$ mm 和 $Z=60$ mm
	[1,0,0,0]	目标坐标系不旋转

2）工件坐标数据的设定原理

在对象的平面上，只需要定义三个点，就可以建立一个工件坐标系，如图 3-18 所示。工件坐标系符合右手定则，如图 3-19 所示。

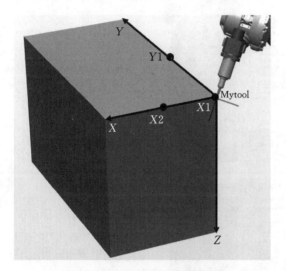

图 3-18　工件坐标数据的设定

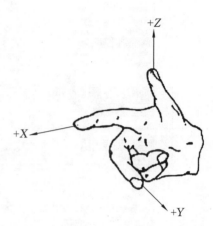

图 3-19　右手定则

（1）X1、X2 确定工件坐标系 X 轴正方向。

（2）X1、Y1 确定工件坐标系 Y 轴正方向。

（3）工件坐标系的原点是 Y1 在工件坐标系 X 轴上的投影。

（4）机器人通过以上记录位置点的位置数据计算求得 TCP 的数据。

3）工件坐标数据的设定步骤

以下我们以三点定义法为例进行工件坐标数据的设定步骤讲解，具体操作如表 3-16 所示。

表 3-16　工件坐标数据设定的操作步骤

序　号	图　片　示　例	操作步骤说明
1		单击左上角主菜单按钮，选择"手动操纵"

续表

序　号	图 片 示 例	操作步骤说明
2	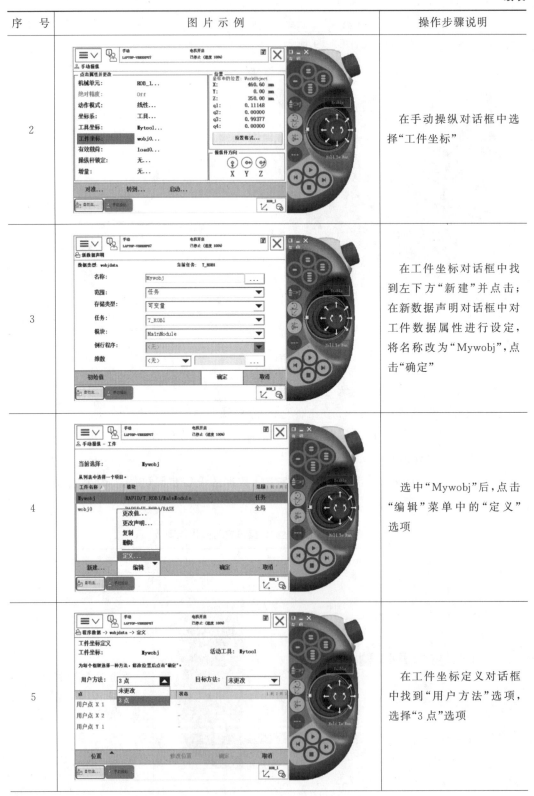	在手动操纵对话框中选择"工件坐标"
3		在工件坐标对话框中找到左下方"新建"并点击；在新数据声明对话框中对工件数据属性进行设定，将名称改为"Mywobj"，点击"确定"
4		选中"Mywobj"后，点击"编辑"菜单中的"定义"选项
5		在工件坐标定义对话框中找到"用户方法"选项，选择"3点"选项

续表

序 号	图 片 示 例	操作步骤说明
6	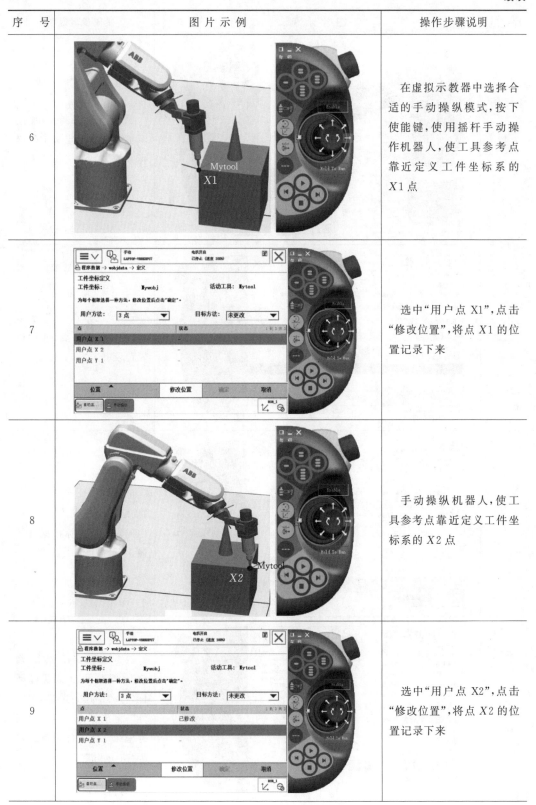	在虚拟示教器中选择合适的手动操纵模式,按下使能键,使用摇杆手动操作机器人,使工具参考点靠近定义工件坐标系的 $X1$ 点
7		选中"用户点 $X1$",点击"修改位置",将点 $X1$ 的位置记录下来
8		手动操纵机器人,使工具参考点靠近定义工件坐标系的 $X2$ 点
9		选中"用户点 $X2$",点击"修改位置",将点 $X2$ 的位置记录下来

续表

序　号	图片示例	操作步骤说明
10	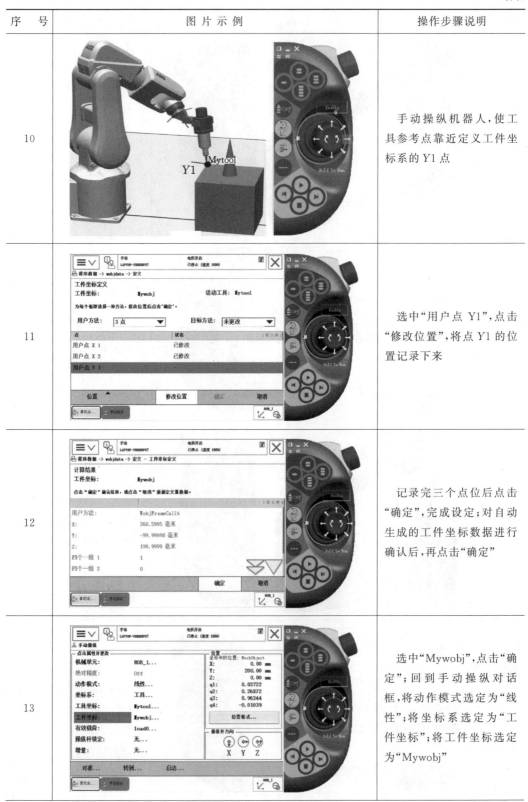	手动操纵机器人,使工具参考点靠近定义工件坐标系的 Y1 点
11		选中"用户点 Y1",点击"修改位置",将点 Y1 的位置记录下来
12		记录完三个点位后点击"确定",完成设定;对自动生成的工件坐标数据进行确认后,再点击"确定"
13		选中"Mywobj",点击"确定";回到手动操纵对话框,将动作模式选定为"线性";将坐标系选定为"工件坐标";将工件坐标选定为"Mywobj"

续表

序 号	图 片 示 例	操作步骤说明
14		设定手动操纵，使用线性动作模式，体验新建立的工件坐标系

3. 有效载荷数据 loaddata 的设定

如图 3-20 所示，对于搬运机器人，应该正确设定夹具的质量和重心数据 tooldata 以及搬运对象的质量和重心数据 loaddata。

图 3-20　搬运机器人

1）有效载荷数据的组成

有效载荷数据 loaddata 用于设置机器人第六轴上安装法兰的负载载荷数据。

有效载荷数据定义机器人的有效负载或抓取物的负载（通过指令 GripLoad 或 MechUnitLoad 来设置），即机器人夹具所夹持的负载。同时将 loaddata 作为 tooldata 的组成部分，以描述工具负载。

有效载荷数据包括 mass、cog、aom、ix、iy 和 iz 六大部分,如表 3-17 所示。

表 3-17　有效载荷数据的组成

有效载荷数据组件	组件描述
mass	负载的质量,num 型数据,单位为 kg
cog	center of gravity,pos 型数据,单位为 mm 如果机械臂正夹持着工具,则有效负载的重心是相对于工具坐标系而言的;如果使用固定工具,则有效负载的重心是相对于机械臂上的可移动的工件坐标系而言的
aom	axes of moment:矩轴的方向姿态,矩轴是指处于 cog 位置的有效负载惯性矩的主轴,orient 型数据 如果机械臂正夹持着工具,则方向姿态是相对于工具坐标系而言的;则使用固定工具,则方向姿态是相对于可移动的工件坐标系而言的
ix	inertia x:负载绕着 X 轴的转动惯量,num 型数据,单位为 kg·m² 如果正确定义转动惯量,则机器人会合理利用路径规划器和轴控制器。当处理大块金属板等时,该参数尤为重要。所有值为 0 kg·m² 的转动惯量 ix、iy 和 iz 均指一个点质量
iy	inertia y:负载绕着 Y 轴的转动惯量,num 型数据,单位为 kg·m²
iz	inertia z:负载绕着 Z 轴的转动惯量,num 型数据,单位为 kg·m²

在程序中,有效载荷数据 loaddata 的具体示例如下:
PERS loaddata piece1:=[5,[30,0,40],[1,0,0,0],0,0,0];
在示例中,各数据值的含义如表 3-18 所示。

表 3-18　有效载荷数据示例解释

有效载荷数据组件	有效载荷数据具体值	数据值释义
mass	5	负载的质量 5 kg
cog	[30,0,40]	重心为 $X=50$ mm,$Y=0$ mm 和 $Z=50$ mm,相对于工具坐标系
aom	[1,0,0,0]	矩轴的方向姿态没有变化
ix,iy,iz	0,0,0	所有值为 0 kg·m² 的转动惯量 ix、iy 和 iz 均指一个点质量

2) 有效载荷数据的设定步骤

以下我们以直接输入法为例进行有效载荷数据的设定步骤讲解,具体操作如表 3-19 所示。

表 3-19 有效载荷数据设定的操作步骤

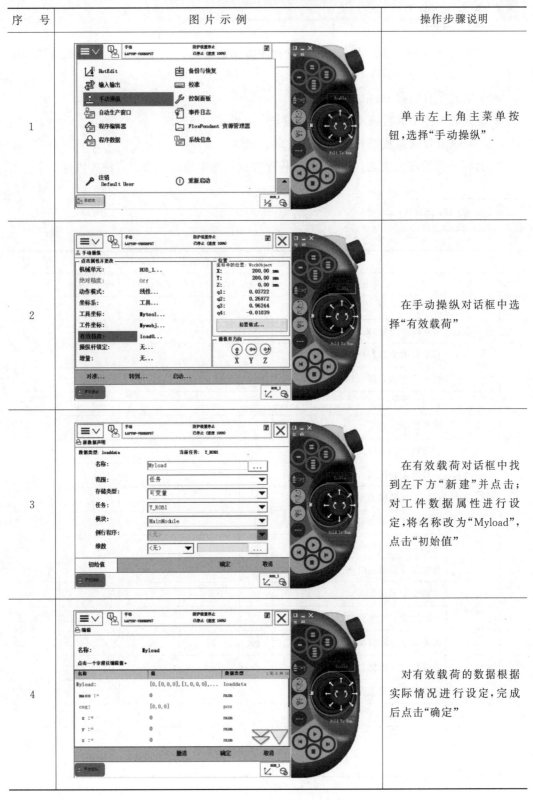

序 号	图 片 示 例	操作步骤说明
1		单击左上角主菜单按钮,选择"手动操纵"
2		在手动操纵对话框中选择"有效载荷"
3		在有效载荷对话框中找到左下方"新建"并点击;对工件数据属性进行设定,将名称改为"Myload",点击"初始值"
4		对有效载荷的数据根据实际情况进行设定,完成后点击"确定"

 **任务实施**

本任务需要完成工业机器人常用关键程序数据的设定。根据如下要求完成数据设定的任务:

(1) 完成工具数据 tooldata 的设定。

(2) 完成工件坐标数据 wobjdata 的设定。

(3) 完成有效载荷数据 loaddata 的设定。

通过任务的阶段性实施,学生应掌握程序数据的基本组成和设定方法等内容。

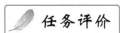 **任务评价**

任务3.2 工业机器人的程序数据

序号	考核要素	考核要求	配分	自评(20%)	互评(20%)	师评(60%)	得分小计
一	职业素养 20分	遵守课堂纪律,主动学习	5				
		遵守操作规范,安全操作	5				
		科学分类整理程序数据	5				
		科学搜索和使用信息	5				
二	知识掌握 能力40分	程序数据的定义	5				
		程序数据的分类	5				
		程序数据的存储类型	5				
		工具数据的组成	5				
		设定工具数据的原理	5				
		工件坐标数据的组成	5				
		设定工件坐标数据的原理	5				
		有效载荷数据的组成	5				
三	专业技术 能力30分	正确设定工具数据	10				
		正确设定工件坐标数据	10				
		正确设定有效载荷数据	10				
四	拓展能力 10分	能够将程序数据分类记忆	5				
		能够科学地组织管理计划落实	5				
合计			100				
学生签字		年　月　日	任课教师签字			年　月　日	

思考与练习

一、选择题

1. ABB 工业机器人的程序数据共有_____个。

A. 100 　　　　　　B. 10 　　　　　　C. 50 　　　　　　D. 1000

2. 定义程序模块、例行程序、程序数据名称时不能使用系统占用符,下列_____可以作为自定义程序模块的名称。

A. BASE 　　　　　　B. ABB 　　　　　　C. HELLO 　　　　　　D. TEST

3. 在示教器的_____中可以查看机器人的程序数据。

A. 程序编辑器窗口 　　　　　　　　B. 程序数据窗口

C. 控制面板窗口 　　　　　　　　　D. 校准窗口

4. 在进行工业机器人编程之前,需要构建必要的基础编程环境,其中_____是必须设定的程序数据。

A. 工具数据 　　　　B. 有效载荷数据 　　　　C. 工件坐标数据 　　　D. 点位数据

5. 在设定工具数据时,TCP 取点数量的不同会影响最终计算求得的 TCP 数据。_____较为精准,能够应用于焊接场合。

A. 三点法 　　　　　　B. 四点法 　　　　　　C. 五点法 　　　　　　D. 六点法

二、判断题

1. ABB 机器人程序数据 RobotTarget 表示的是机器人的目标点数据。 （　　）

2. 每一个程序模块一定包含了程序数据、例行程序、中断程序和功能四种对象。

（　　）

3. 存储类型为常量的程序数据时,允许在程序中进行赋值的操作。 （　　）

4. 程序数据都有全局使用范围,创建过程中不需要设定。 （　　）

三、简答题

1. 请简述工件坐标数据的设定原理。

2. 请简述工具数据的设定原理。

探索故事

从本任务的学习中我们掌握了很多程序数据,这些数据各自分工,协调运行,为程序设计提供了强大的数据支撑。张扬乐学乐思的个性,坚守不骄不躁的心态。

统筹法和优选法的奠基人

我国科学组织管理工作中的先行者是中国现代数学家华罗庚。他是统筹法和优选法的奠基人,是从理论研究到生产实践的科学家先驱。他不辞劳苦,深入群众,大力推广"双法",把科学管理的方法应用于工程建设,"为人民服务"。

在二十世纪六十年代初期,华罗庚就对统筹方法进行了系统的研究,并在大庆油田、黑龙江省林业战线、山西省大同市口泉车站、太原铁路局、太钢，以及一些省市公社和大队的农业生产中，推广应用，取得了良好效果。

华罗庚曾写过一篇名为《统筹方法》的文章，通过"泡茶的过程"阐释了统筹安排的重要性。

"假如你想泡壶茶喝，当时的情况是没有开水，开水壶要洗，茶壶茶杯要洗，火已生了，茶叶也有了。怎么办？"

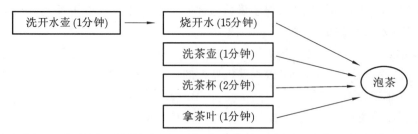

如果要缩短工时，提高工作效率，主要抓的是烧开水这一环节。任务多了，关系多了，错综复杂，千头万绪，这就需要我们抓住关键，找到办事情的核心点，科学高效地统筹安排，这样往往会产生事半功倍的效果！

》》》 任务 3.3　RAPID 程序的建立

知识目标

◆ 了解 ABB 机器人编程语言 RAPID。
◆ 掌握 RAPID 程序的基本架构。

能力目标

◆ 能够建立 RAPID 程序模块。
◆ 能够创建并编辑例行程序。

素养目标

◆ 培养学生解决问题的逆向思维能力。
◆ 培养学生系统科学分类的学习意识。

任务描述

我们知道大部分自动化设备的运转都需要程序语句的控制，比如，数控机床的自动走刀过程需要运行数控程序，电气自动化控制现场设备的运转需要 PLC 控制程序，我们的手机、电脑上运行的小游戏也需要由 C 语言、C＋＋或者 Java 等高级编程语言完成。ABB 工业机器人的加工作业，则需要 RAPID 语言。通过本任务的学习，我们将了解 RAPID 程序的基本定义和基本架构，学会建立 RAPID 程序模块及例行程序的相关操作。

知识准备

3.3.1 RAPID 程序结构

1. 什么是 RAPID

RAPID 语言是一种基于计算机的高级编程语言,易学易用,灵活性强,支持二次开发,支持中断、错误处理、多任务处理等高级功能。RAPID 程序中包含了一连串控制机器人的指令,执行这些指令可以实现对机器人的控制操作。

RAPID 应用程序是使用 RAPID 编程语言的特定词汇和语法编写而成的。它所包含的指令可以移动机器人、设置输出、读取输入,还具有决策、重复其他指令、构造程序、与系统操作员交流等功能。

2. RAPID 程序的基本架构

RAPID 程序的基本架构如表 3-20 所示。一个 RAPID 程序称为一个任务,由程序模块与系统模块组成。一般地,我们只通过新建程序模块来构建机器人的程序,而系统模块多用于系统方面的控制。其架构的具体说明如下:

（1）可以根据不同的用途创建多个程序模块,如专门用于主控制的程序模块,用于位置计算的程序模块,用于存放数据的程序模块,这样做的目的在于方便归类管理不同用途的例行程序与数据。

（2）每一个程序模块都可以包含程序数据、例行程序、中断程序和功能四种对象,但不一定在一个模块中都有这四种对象,程序模块之间的程序数据、例行程序、中断程序和功能是可以互相调用的。

（3）在 RAPID 程序中,只有一个主程序 main,并且能存在于任意一个程序模块中,作为整个 RAPID 程序执行的起点。

表 3-20　RAPID 程序的基本架构

RAPID 程序（任务）			
程序模块			系统模块
程序模块 1	程序模块 2	程序模块 3	
程序数据 主程序 main 例行程序 中断程序 功能	程序数据 例行程序 中断程序 功能	程序数据 例行程序 中断程序 功能	程序数据 例行程序 中断程序 功能

3.3.2 建立 RAPID 程序

1. 创建 RAPID 程序模块

以 T_ROB1 任务为例,具体的程序模块创建步骤如下。

（1）单击虚拟示教器左上角菜单栏，选择"程序编辑器"，如图 3-21 所示。

（2）弹出的对话框会询问"是否需要新建程序，或加载现有程序?"单击"取消"，如图 3-22 所示，直接进入"模块信息"界面。

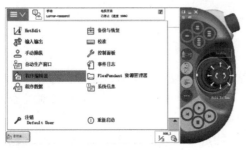
图 3-21　选择"程序编辑器"

图 3-22　"取消"操作

（3）在模块信息界面中单击"文件"，在菜单中选择"新建模块..."，如图 3-23 所示。

（4）在弹出的对话框中单击"是"，如图 3-24 所示，进入新模块界面。

图 3-23　新建模块

图 3-24　确认进入新模块界面

（5）在新模块界面中单击"ABC ..."，显示键盘输入界面，输入新模块的名称"MyModule"，在新模块界面中选择创建的模块类型为程序模块类型，即选择"Program"，然后单击"确定"，则新模块创建完成，如图 3-25 所示。（注意：程序模块名称应以字母开头，可包含字母、数字。）

（6）选中模块"MyModule"，单击"显示模块"，如图 3-26 所示，进入"Module2"模块信息界面。

图 3-25　添加模块名称和类别

图 3-26　显示模块

2. 创建例行程序

以 T_ROB1 任务为例,在程序模块中创建例行程序的具体步骤如下。

(1) 在"MyModule"模块界面中单击右上角"例行程序",如图 3-27 所示。

(2) 单击左下角"文件",在菜单中选择"新建例行程序...",如图 3-28 所示。

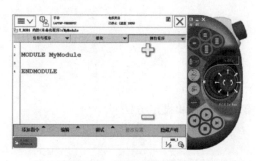

图 3-27　添加例行程序　　　　　　　　图 3-28　新建例行程序

(3) 在例行程序界面中单击"ABC ...",显示键盘输入界面,输入例行程序的名称"MyRoutine",并在各参数选择完成后,单击"确定",至此例行程序创建完成,如图 3-29 所示。

3. 查看 RAPID 程序

在示教器中查看 RAPID 程序的操作步骤如下。

(1) 在操作界面选择"程序编辑器",如图 3-30 所示。

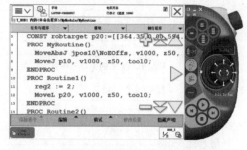

图 3-29　添加例行程序名称和参数　　　　图 3-30　选择"程序编辑器"

(2) 直接进入程序界面,单击"例行程序",查看例行程序列表,如图 3-31 所示。

(3) 单击"模块",程序模块中包含的所有例行程序都显示出来,可以查看程序模块列表,如图 3-32 所示。模块列表中能显示所有的程序模块,程序模块可以有多个。

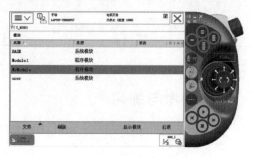

图 3-31　查看例行程序列表　　　　　　图 3-32　程序模块列表

(4) 单击"关闭",就可以退出程序编辑器。

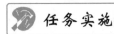 任务实施

本任务需要完成 RAPID 程序模块的建立和设定。根据如下要求完成程序设定的任务：

(1) 完成新模块"MyModule"的建立。

(2) 完成例行程序"MyRoutine"的建立。

(3) 查看建立的 RAPID 程序。

通过任务的阶段性实施,学生应掌握程序模块的建立和设定方法。

 任务评价

任务 3.3　RAPID 程序的建立

序号	考核要素	考核要求	配分	自评(20%)	互评(20%)	师评(60%)	得分小计
一	职业素养 20 分	遵守课堂纪律,主动学习	5				
		遵守操作规范,安全操作	5				
		系统的、科学的分类知识	5				
		逆向思维搭建程序框架	5				
二	知识掌握 能力 20 分	RAPID 的定义	5				
		RAPID 程序的基本架构	10				
		应用程序的定义	5				
三	专业技术 能力 50 分	正确建立程序模块	20				
		正确建立例行程序	20				
		正确查看例行程序	10				
四	拓展能力 10 分	能够通过自创程序加深理解	5				
		能够快速精准定位核心问题	5				
	合计		100				

学生签字		年　月　日	任课教师签字		年　月　日

 思考与练习

一、选择题

1. 在机器人的程序存储器中(没有多任务),可以有　　　　　个主程序 main。

A. 1　　　　　　　　B. 2　　　　　　　　C. 5　　　　　　　　D.10

2. 在机器人_____状态下,可以编辑程序。

A. 自动   B. 手动限速   C. 生产在线   D. 手动全速

3. ABB 机器人中的程序以_____方式存在。

A. 程序模块   B. 例行程序   C. 程序指令   D. 程序指针

4. 在 RAPID 程序中,含有_____个子程序。

A. 3   B. 10   C. 100   D. 无数

5. 新建子程序的第一位字符可以是_____。

A. 拉丁字母   B. 阿拉伯数字   C. 标点符号   D. 拼音字母

二、判断题

1. RAPID 程序中只能有唯一一个主程序。   ( )

2. 只能主程序调用子程序,不能子程序调用主程序。   ( )

3. RAPID 语言是一种基于计算机的高级编程语言,支持二次开发,支持中断、错误处理、多任务处理等高级功能。   ( )

4. 一般地,我们只通过新建程序模块来构建机器人的程序,而系统模块多用于系统方面的控制。   ( )

5. 每一个程序模块必须包含程序数据、例行程序、中断程序和功能四种对象。( )

三、简答题

请简述 RAPID 程序的基本架构。

探索故事

从本任务的学习中我们掌握了如何建立 RAPID 程序,在程序建立过程中我们要掌握逆向思维。逆向思维法是指从事物的反面去思考问题的思维方法。这种方法常常使问题获得创造性的解决。个人的逆向思维能力,对于全面的创造能力及解决问题的能力具有重大的意义。正如改革攻坚战一样,在技术技能的学习过程中,我们要敢于突进深水区,敢于啃硬骨头,敢于涉险滩,敢于面对新矛盾新挑战,冲破思想观念束缚。

打造"中国心"的工匠人

王树军坚守打造重型发动机中国心。他攻克了进口高精加工中心光栅尺气密保护设计缺陷难题,填补国内空白,成为中国工匠勇于挑战进口设备的经典案例。他独创的"垂直投影逆向复原法",解决了进口加工中心定位精度为千分之一度的数控转台锁紧故障,打破了国外技术封锁和垄断。

光栅尺是数控机床最精密的部件,相当于人的神经,一旦损坏只能更换。而采购备件不仅会产生巨额费用,还会严重影响企业生产。王树军努力钻研,逆向思考,对照设备构造找到了该批次加工中心的设计缺陷;继而通过拆解废弃光栅尺、用 3D 建模构建光栅尺气路空气动力模型、利用欧拉运动微分方程计算出 16 处气路支路负压动力值,搭建了全新气密气路。该方案成功取代原设计,攻克了该加工中心光栅尺气密保护设计缺陷难题,将故障率由 40% 降至 1%,全年创造经济效益 780 余万元。该设计也填补了国内空白,成为中国工匠勇于挑战进口设备行业难题的经典案例。

>>> 任务 3.4　运动控制指令编程

知识目标

- ◆ 掌握 ABB 工业机器人常用的基本运动指令。
- ◆ 掌握运动指令程序的调试步骤。

能力目标

- ◆ 学会使用基本的运动控制指令编写程序。
- ◆ 能够完成运动指令的程序调试。

素养目标

- ◆ 培养学生独立思考、勇于探索的科学精神。
- ◆ 培养学生坚持与时俱进的发展意识。
- ◆ 培养学生忠于实践、勇于创新的精神。

任务描述

　　ABB 机器人的 RAPID 编程提供了丰富的指令来使机器人完成各种简单与复杂的应用。本任务中,我们从最常用的运动指令开始学习 RAPID 编程,领略 RAPID 丰富的指令集为我们提供的编程便利。通过本任务的学习,我们将了解 RAPID 基本运动指令的含义和运用方法,学会建立运动控制程序和相关的操作调试方法。

知识准备

3.4.1　编写基本运动指令

　　机器人控制器的一个重要任务是移动机器人,通过特定的命令控制工业机器人的移动。这也是机器人语言区别于通用计算机编程语言,例如 C 语言的一个主要特征。工业机器人在空间中的运动主要有四种方式:关节运动(MoveJ)、线性运动(MoveL)、圆弧运动(MoveC)和绝对位置运动(MoveAbsJ)。

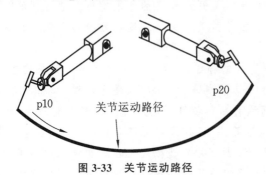

图 3-33　关节运动路径

1. 关节运动指令

　　关节运动是在对路径精度要求不高的情况下,机器人的工具中心点(TCP)以最快捷的方式从一个位置移动到目标位置,所有轴同时到达,两个位置之间的路径不一定是直线,如图 3-33 所示。关节运动指令适合在机器人大范围运动时使用,不容易在运动过程中出现关节轴进入机械死点的问题。

关节运动指令格式如下：

```
MoveJ p20,v500,z50,Mytool\Wobj:=Mywobj;
```

关节运动指令程序执行时，机器人 TCP 用轴角度插补方式移动到目标点。也就是说每一个轴都使用一个固定的轴速度并且所有轴同时到达目标点，所走的路径是非线性的。关节运动指令中各参数含义如表 3-21 所示。

表 3-21 关节运动指令各参数释义

参　　数	数 据 类 型	参 数 释 义
p20	robtarget	目标点位置数据 定义当前机器人 TCP 在工件坐标系中的位置
v500	speeddata	运动速度数据，500 mm/s 定义速度（mm/s）
z50	zonedata	转角区域数据，50 mm 定义转弯区的大小，单位为 mm
Mytool	tooldata	工具数据 定义机器人运动时当前指令使用的工具坐标
Mywobj	wobjdata	工件坐标数据 定义当前指令使用的工件坐标 该项目如果忽略，则位置相关到世界坐标系

在虚拟示教器中，添加关节运动指令的操作步骤如表 3-22 所示。

表 3-22 添加关节运动指令的操作步骤

序　号	图 片 示 例	操作步骤说明
1		单击左上角主菜单按钮，选择"手动操纵"，确认已选定工具坐标与工件坐标（在添加运动指令之前要确认所使用的工具坐标与工件坐标）
2		在例行程序对话框中选中"〈SMT〉"，将其作为添加指令的位置；选择左下角"添加指令"，在指令列表中选择"MoveJ"

续表

序　号	图 片 示 例	操作步骤说明
3	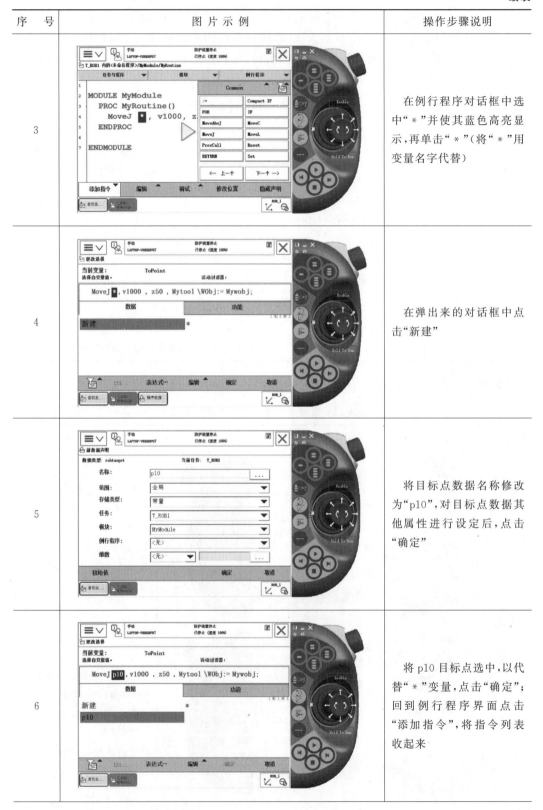	在例行程序对话框中选中"＊"并使其蓝色高亮显示，再单击"＊"（将"＊"用变量名字代替）
4		在弹出来的对话框中点击"新建"
5		将目标点数据名称修改为"p10"，对目标点数据其他属性进行设定后，点击"确定"
6		将p10目标点选中，以代替"＊"变量，点击"确定"；回到例行程序界面点击"添加指令"，将指令列表收起来

续表

序　号	图 片 示 例	操作步骤说明
7	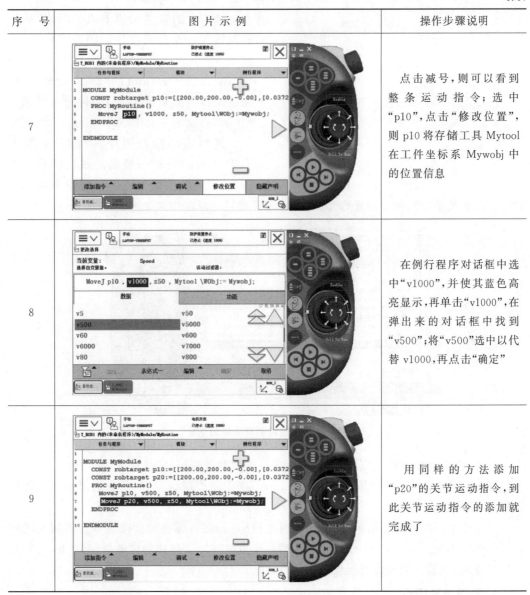	点击减号，则可以看到整条运动指令；选中"p10"，点击"修改位置"，则 p10 将存储工具 Mytool 在工件坐标系 Mywobj 中的位置信息
8		在例行程序对话框中选中"v1000"，并使其蓝色高亮显示，再单击"v1000"，在弹出来的对话框中找到"v500"；将"v500"选中以代替 v1000，再点击"确定"
9		用同样的方法添加"p20"的关节运动指令，到此关节运动指令的添加就完成了

2. 线性运动指令

线性运动指令又称直线运动指令，是使机器人的工具中心点（TCP）从起点到终点之间的路径始终保持为直线的运动指令。如图 3-34 所示，线性运动的运动路径是相对固定的直线轨迹，运动路径精度高，但运动中容易出现机械死点。一般在如焊接、涂胶等对路径要求高的应用场合使用此指令。

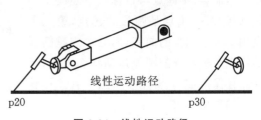

图 3-34　线性运动路径

线性运动指令格式如下：

```
MoveL p30,v200,z10,Mytool\Wobj:=Mywobj;
```

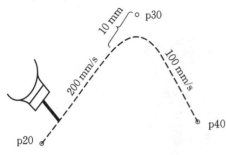

图3-35 线性运动指令轨迹

该指令的含义是机器人的 TCP 从当前位置向 p30 点以线性运动方式前进,速度是 200 mm/s,转弯区数据是 10 mm,距离 p30 点还有 10 mm 的时候开始转弯,使用的工具数据是 Mytool,工件坐标数据是 Mywobj,如图 3-35 所示。

线性运动指令程序执行时,机器人 TCP 所走的是一个精确的线性路径。在虚拟示教器中,添加线性运动指令的操作步骤与添加关节运动指令的操作步骤类似,不再赘述。添加结果如图 3-36 所示。

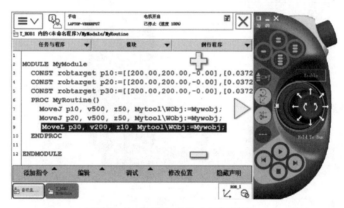

图3-36 线性运动指令添加结果

注意:在指令添加的过程中,我们需要关注速度和转弯区域,具体内容如下:

(1)运动速度最高一般限制为 5000 mm/s;在手动限速状态下,所有的最高运动速度被限制在 250 mm/s。

(2)转弯区数据 fine 指机器人 TCP 到达目标点,在目标点速度降为零。机器人动作有所停顿后再向下运动,在一段路径的最后一个点处一定要将转弯区数据设为 fine。转弯区数值越大,机器人的动作路径就越圆滑与流畅。

3. 圆弧运动指令

圆弧运动指令也称圆弧插补运动指令,是使机器人的工具中心点(TCP)以圆弧移动方式运动至目标点的指令,如图 3-37 所示。当前点、中间点与目标点三点决定一段圆弧,第一个点是圆弧的起点,第二个点用于确定圆弧的曲率,第三个点是圆弧的终点。机器人的圆弧运动状态可控,运动路径保持唯一,常用于机器人在工作状态中的移动。

圆弧运动指令格式如下:

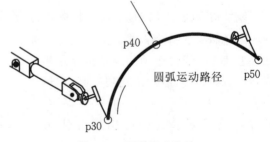

图3-37 圆弧运动路径

 MoveL p30,v200,z10,Mytool\Wobj:=Mywobj;

 MoveC p40,p50,v200,z10,Mytool\Wobj:=Mywobj;

圆弧运动指令各参数含义如表 3-23 所示。

表 3-23　圆弧运动指令各参数释义

参　数	数据类型	参 数 释 义
p30	robtarget	目标点位置数据 圆弧的起点
p40	robtarget	目标点位置数据 圆弧上的过渡点（确定圆弧的曲率）
p50	robtarget	目标点位置数据 圆弧的终点
Mytool	tooldata	工具数据 定义机器人运动时当前指令使用的工具坐标
Mywobj	wobjdata	工件坐标数据 定义当前指令使用的工件坐标 该项目如果忽略，则位置相关到世界坐标系

在虚拟示教器中，添加圆弧运动指令的结果如图 3-38 所示。

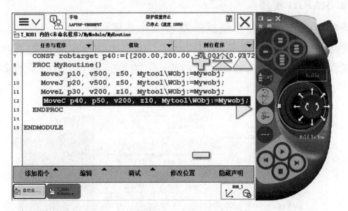

图 3-38　圆弧运动指令添加结果

注意：在圆弧运动指令运用的过程中，一条 MoveC 指令所做圆弧运动不超过 240°，如果想完成一个整圆运动，我们需要使用两条圆弧指令，先完成上半圆，再完成下半圆。

4. 绝对位置运动指令

绝对位置运动指机器人的运动使用六个轴和外侧的角度值来定义目标位置数据，机器人以单轴运行的方式运动至目标点，绝对不存在死点，运动状态完全不可控。应避免在正常生产中使用绝对位置运动指令，其常用于检查机器人的零点位置。

绝对位置运动指令格式如下：

 MoveAbsJ *\NoEOffs,v1000,z50,Mytool\Wobj:=Mywobj;

绝对位置运动指令常用于使机器人六个轴都回到机械零点位置，其各参数含义如表3-24 所示。

表 3-24　绝对位置运动指令各参数释义

参　数	数 据 类 型	参 数 释 义
*	jointtarget	目标点位置数据 机器人以单轴运行的方式运动至目标点
\NoEOffs	switch	外轴偏差开关 外轴不带偏移数据
Mytool	tooldata	工具数据 定义机器人运动时当前指令使用的工具坐标
Mywobj	wobjdata	工件坐标数据 定义当前指令使用的工件坐标

3.4.2　RAPID 程序调试与运行

在完成了机器人的程序编辑后，接下来的任务就是对程序进行运行调试。在程序调试的过程中，我们需要关注两个问题，具体内容如下：

（1）检查程序中位置点是否正确。

（2）检查程序中的逻辑控制是否合理和完善。

1. 手动调试 RAPID 程序

在虚拟示教器上进行手动程序调试的基本操作步骤如下：

（1）在调试前，先自行检查程序，单击"调试"，单击"检查程序"，对程序的语句进行检查。如果没有错误，单击"确定"，如图 3-39 所示。如果有错误，虚拟示教器会提示出错的具体位置。

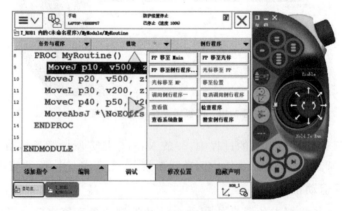

图 3-39　调试前检查

（2）在程序编辑界面，单击"调试"打开调试菜单。如果是调试主程序，就直接单击"PP 移至 Main"；如果是调试单个例行程序，则需要单击"PP 移至例行程序…"，选中需要调试的例行程序，然后单击"确定"，如图 3-40 所示。PP 是程序指针的简称，程序指针永远指向将要执行的指令。

（3）虚拟示教器上程序运行控制按钮如图 3-41 所示。按下使能键"Enable"，机器人进入电机启动状态。按一下单步前进键，观察机器人的移动方向和运动轨迹是否正确。当指令的左侧出现一个小机器人图标时，说明机器人到达指令目标位置。先单步操作运行，待程序验证无误后，可以重复调试步骤，按下程序启动键，连续运行程序。

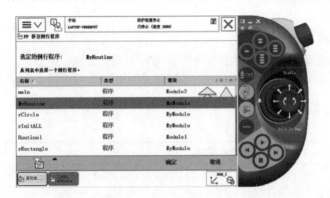

图 3-40　调试例行程序

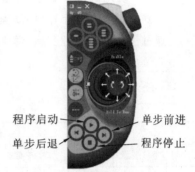

图 3-41　程序运行控制按钮

2. 自动运行 RAPID 程序

（1）程序调试好后，切换机器人控制柜上的控制模式，将钥匙开关左旋打到"自动模式"，如图 3-42(a)所示。示教器上会弹出切换为自动模式提示，单击"确定"，进入自动模式。

（2）按下控制柜电机"启动"，启动电机；接着按下示教器上"程序启动" ▶，如图 3-42(b)所示，程序就会开始自动运行。

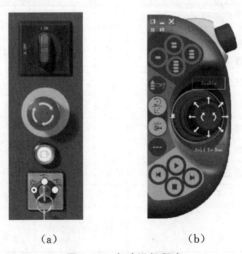

（a）　　　　　　　　　　（b）

图 3-42　自动运行程序

（a）控制面板；（b）程序启动按钮

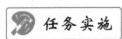 **任务实施**

本任务需要完成运动控制指令程序的编写。根据如下要求完成程序编写的任务：

（1）完成关节运动指令的建立。

(2)完成线性运动指令的建立。

(3)完成圆弧运动指令的建立。

(4)完成绝对位置运动指令的建立。

(5)手动调试运行 RAPID 程序。

(6)自动调试运行 RAPID 程序。

通过任务的阶段性实施,学生应掌握运动控制指令程序的编写和调试方法。

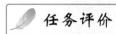 任务评价

任务3.4 运动控制指令编程

序号	考核要素	考核要求	配分	自评(20%)	互评(20%)	师评(60%)	得分小计
一	职业素养 20分	遵守课堂纪律,主动学习	5				
		遵守操作规范,安全操作	5				
		协同合作,与时俱进	5				
		独立思考,勇于探索	5				
二	知识掌握 能力20分	关节运动指令	5				
		绝对位置运动指令	5				
		线性运动指令	5				
		圆弧运动指令	5				
三	专业技术 能力50分	正确建立关节运动指令	5				
		正确建立绝对位置运动指令	10				
		正确建立线性运动指令	5				
		正确建立圆弧运动指令	10				
		手动调试程序	10				
		自动调试程序	10				
四	拓展能力 10分	能够横向比较,将知识内化	5				
		能够进行知识迁移,前后串联	5				
	合计		100				
学生签字		年 月 日	任课教师签字			年 月 日	

 思考与练习

一、选择题

1. 下列属于运动指令 Move 指令模板中的有_____。

A. MoveJ   B. MoveL   C.MoveC   D. MoveAbsJ

2. 在切割矩形框中需要使用_____运动指令。

A. MoveJ   B. MoveL   C. MoveC   D. MoveAbsJ

3. 在完全到达 p10 后,置位输出信号 DO1,则运动指令的转角半径应设为_____。

A. fine   B. Z0   C. 0   D. V0

4. 使机器人以最快捷的方式运动至目标点的运动指令是_____。

A. MoveJ   B. MoveL   C. MoveC   D. MoveAbsJ

5. 下列运动指令中存在奇点的有_____。

A. MoveJ   B. MoveL   C. MoveC   D. MoveAbsJ

二、判断题

1. 在 RobotStudio 中一条运动指令 MoveL 至少需要两个目标点才能实现。（   ）

2. MoveC 运动指令所执行的是标准的正圆运动。（   ）

3. 线性运动指令是使机器人的 TCP 从起点到终点之间的路径始终为直线的运动指令。

（   ）

4. 绝对位置运动指令是使机器人的运动用六个轴和外轴的角度值来定义目标位置数据的运动指令。（   ）

5. 在添加机器人运动指令时应该先确认机器人的工具坐标和工件坐标。（   ）

三、简答题

1. 在完成了机器人的程序编辑后,需要对程序进行运行调试。在程序调试的过程中,我们需要关注哪两个问题?

2. 简述检查程序中的逻辑控制是否合理和完善的方法。

🔍 探索故事

从本任务的学习中我们掌握了运动控制指令的编写,在编程过程中,大家要忠于实践,实事求是,总结经验,坚持守正创新。我们从事的是前无古人的伟大事业,守正才能不迷失方向、不犯颠覆性错误,创新才能把握时代、引领时代。

元朝科学家郭守敬

郭守敬是元朝著名天文学家和水利工程学家,他一生中在天文历法、水利工程、数学地理以及机械领域都颇有建树。

在修订历法过程中,郭守敬主持创制了简仪、浑天仪、仰仪等精巧的天文仪器,主要用于观测天体,这些成就不但在当时的中国属于首创,在世界范围内也处于先进水平。他主持编制的《授时历》开创了我国历法的新纪元,书中确定的一年时间仅和现行公历时间相差 26 秒,但是却早了 300 多年。

在水利方面,他参与了元上都的设计,修缮了河套平原的灌溉渠道,开辟了大都水源,开凿了通惠运河。

郭守敬一生都忠于实践,不论是对水利建设工程还是对天文历法领域的工作,他都十分重视亲身实践,经常深入工程现场,采集数据,悉心观察事物的发展规律,并在原有基础上进行创新。他借鉴前人的智慧,总结前人的教训,然后找到解决问题的办法。

 **任务 3.5　逻辑功能控制指令编程**

知识目标

◆ 掌握 ABB 工业机器人赋值指令。

◆ 掌握 ABB 工业机器人的条件逻辑判断指令。

能力目标

◆ 学会使用逻辑功能控制指令编写程序。

◆ 能够运用子程序编写程序。

素养目标

◆ 培养学生的理性思维和逻辑推理能力。

◆ 培养学生沉着冷静和灵活应变的能力。

 任务描述

ABB 机器人的 RAPID 编程不仅能够完成运动任务,而且能够完成复杂的逻辑功能任务。在实际的生产加工环境中,按照工艺要求有时候需要进行逻辑判断,只有满足相关条件,机器人才会执行下一步的动作。通过本任务的学习,我们将了解 RAPID 逻辑功能指令的含义和运用方法,学会编写逻辑功能指令及其他特殊指令的功能指令的控制程序,掌握相关的操作方法。

知识准备

3.5.1　编写赋值指令

赋值语句所实现的功能是用表达式定义的值去替代变量、永久数据对象或参数(赋值目标)的当前值。赋值目标必须为值数据类型或半值数据类型,并且要求其和表达式必须为同等类型。

赋值指令“:＝”用于对程序数据进行赋值,可以是常量赋值指令或带数学表达式的赋值指令。

1. 添加常量赋值指令

常量赋值是指用固定的常量值进行赋值,其中常量可以是数字量、字符串、布尔量等。添加常量赋值指令的操作步骤如下。

(1) 新建例行程序,单击“添加指令”,在指令列表中单击“:＝”指令,如图 3-43 所示。

(2) 在弹出的插入表达式界面单击“更改数据类型 …”,在更改数据类型界面中,选择“num”数值数据并单击“确定”,如图 3-44 所示。

(3) 数据类型选择完毕后进行赋值数据名称创建,可以通过单击“新建”进行创建,也

图 3-43　添加赋值指令

图 3-44　更改数据类型

可以选择使用现有的数据名称,如选择"reg1",如图 3-45 所示。

（4）选中赋值语句表达式中"〈EXP〉"部分,然后打开"编辑"菜单,选择"仅限选定内容",如图 3-46 所示。

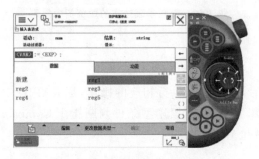

图 3-45　赋值数据名称创建

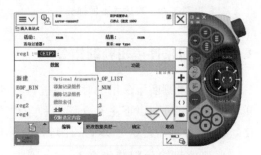

图 3-46　编写赋值数据

（5）在弹出的仅限选定内容对话框中,通过软键盘输入所需要的值,然后单击"确定",在插入表达式界面中单击"确定",如图 3-47 所示。在程序编辑窗口中可以看到所添加的常量赋值指令语句。

2. 添加带数学表达式的赋值指令

带数学表达式的赋值指令可以在表达式内部对各个子表达式进行一些相关的数学运算,最终以计算结果赋值。每个子表达式可以是数字常量,也可以是赋值量。添加此类赋值指令的具体操作步骤如下。

（1）在指令列表中单击":="指令,在数据中单击〈VAR〉部分,为蓝色高亮显示,在数据中选择"reg2",再选中赋值语句表达式中"〈EXP〉"部分,为蓝色高亮显示,在数据中选择"reg3",如图 3-48 所示。

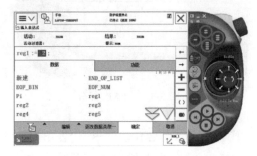

图 3-47　常量赋值指令创建

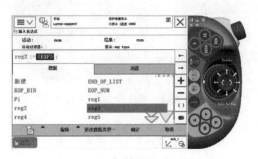

图 3-48　常量添加部分

（2）在界面右侧的符号中单击"＋"按钮，再选中"〈EXP〉"部分，为蓝色高亮显示，然后打开"编辑"菜单，选择"仅限选定内容"，如图 3-49 所示。

（3）通过软键盘输入数字"3"，然后单击"确定"，在插入表达式界面中单击"确定"，如图 3-50 所示，在程序编辑窗口中可以看到所添加的带数学表达式的赋值指令语句。

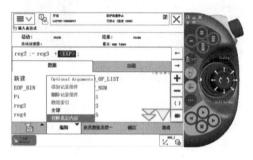

图 3-49　表达式添加部分

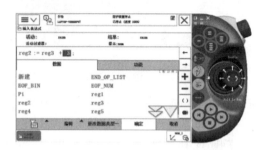

图 3-50　带数学表达式的赋值指令创建

3.5.2　编写条件逻辑判断指令

条件逻辑判断指令用于对条件进行判断后，使机器人执行相应的操作，是 RAPID 中重要的组成部分。以下主要介绍四种条件逻辑判断指令：紧凑型条件判断指令 Compact IF，重复执行判断指令 FOR，条件判断指令 IF 和 WHILE。

1. 紧凑型条件判断指令 Compact IF

Compact IF 紧凑型条件判断指令用于当一个条件满足了以后，就执行一句指令。其添加步骤如下。

（1）打开"添加指令"界面，单击"common"下拉菜单，然后选择"Prog.Flow"，进入"Prog.Flow"指令集界面，选择添加"Compact IF"，如图 3-51 所示。

（2）在新增的"Compact IF"指令中，选中"〈EXP〉"部分，为蓝色高亮显示，新建全局变量"flag1"，单击右侧"＋"号，将数据中的"＝"选中，再添加数据"TRUE"，使得此部分内容写为"flag1 ＝ TRUE"，如图 3-52 所示。

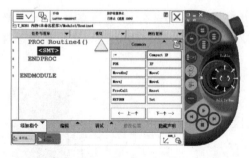

图 3-51　添加"Compact IF"

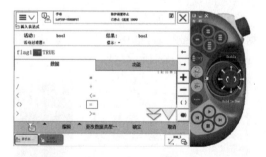

图 3-52　〈EXP〉部分

图 3-52 中："←"代表使光标向前移动；"→" 代表使光标向后移动；"＋"代表添加数学符号公式；"一"代表删除上一步添加的数学符号；"（ ）"代表添加公式中所需的括号；"（●）"代表删除上一步添加的括号。

再选中"〈SMT〉"部分,为蓝色高亮显示,回到 "common"下拉菜单选择"Set",如图 3-53 所示。在进入相应界面后添加输出信号"signaldo1",然后单击"确定",如图 3-54 所示。如果 flag1 的状态为 TRUE,则 signaldo1 被置位为 1。

图 3-53 〈SMT〉部分

图 3-54 Compact IF 指令创建完成

2. 重复执行判断指令 FOR

重复执行判断指令 FOR 用于一个或多个指令需要重复执行数次的情况。如图 3-55 所示为所创建的通过 FOR 指令重复执行 10 次赋值语句:

```
num1:=num1+1;
```

图 3-55 FOR 指令创建完成

3. 条件判断指令 IF

条件判断指令 IF 的功能就是根据不同的条件去执行不同的指令。所判定的条件数量可以根据实际情况增加与减少。例如:如果 n1 为 1,则 reg1 会赋值为 TRUE;如果 n1 为 2,则 reg1 会赋值为 FALSE。

条件判断指令 IF 的创建步骤如下:

(1) 在"添加指令"界面中进入"Prog. Flow 指令集"界面,选择添加"IF"。

(2) 选中"IF"指令行,单击"编辑"菜单,然后选择"更改选择内容…",进入 IF 语句添加判断条件界面,在这个界面中可以添加或删除判断条件,也可以进行子条件嵌套,如图 3-56 所示。

(3) 依次单击 IF 语句中的参数进行设置,完成条件判断指令 IF 创建,如图 3-57 所示。

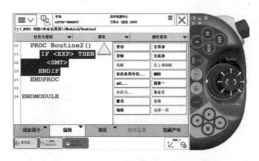

图 3-56　添加判断条件　　　　　　　　　　图 3-57　添加判断条件结果

4. 条件判断指令 WHILE

条件判断指令 WHILE 用于在满足给定条件的情况下，一直重复执行对应的指令。例如，在满足 num1>num2 的情况下，就一直执行 num1:=num1-1 的操作。

条件判断指令 WHILE 的创建步骤如下：

（1）在"深加指令"界面中进入"Common 指令集"界面，选择添加"WHILE"。

（2）在数据中单击"〈EXP〉"部分，为蓝色高亮显示，添加表达式"num1>num2"，再选中"〈SMT〉"部分，为蓝色高亮显示，在指令列表中单击赋值指令"：＝"，添加表达式"num1:=num1-1"，如图 3-58 所示。

（3）参数设置完成后，条件判断指令 WHILE 创建完成，如图 3-59 所示。

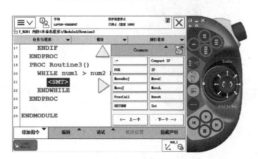
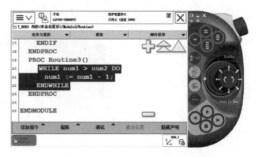

图 3-58　添加"WHILE"指令　　　　　　　图 3-59　WHILE 指令创建完成

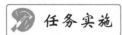

本任务需要完成逻辑功能控制指令编程。根据如下要求完成任务：

（1）在虚拟示教器中，通过赋值指令和紧凑型条件判断指令 Compact IF 完成如下程序编写。

```
PROC Routine1()
    reg1 := 2;
    reg2 := reg3 + 3;
    IF TRUE = TRUE Set signaldo1;
ENDPROC
```

（2）在虚拟示教器中，通过赋值指令和重复执行判断指令 FOR 完成如下程序编写。

```
PROC Routine1()
    reg1 := 2;
    reg2 := reg3 + 3;
    FOR i FROM 1 TO 10 DO
        num1 := num1 + 1;
    ENDFOR
ENDPROC
```

（3）在虚拟示教器中，通过赋值指令和条件判断指令 WHILE 完成如下程序编写。

```
PROC Routine3()
    WHILE num1 > num2 DO
        num1 := num1 - 1;
    ENDWHILE
ENDPROC
```

通过任务的阶段性实施，学生应掌握逻辑功能控制指令编程。

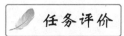 任务评价

任务 3.5　逻辑功能控制指令编程

序号	考核要素	考核要求	配分	自评(20%)	互评(20%)	师评(60%)	得分小计
一	职业素养 20 分	遵守课堂纪律，主动学习	5				
		遵守操作规范，安全操作	5				
		缜密的逻辑思维能力	5				
		灵活把握知识，融会贯通	5				
二	知识掌握能力 10 分	机器人编程中常用的逻辑功能指令	10				
三	专业技术能力 60 分	正确添加常量赋值指令	10				
		正确添加带数学表达式的赋值指令	10				
		正确添加紧凑型条件判断指令	10				
		正确添加条件判断指令 IF	10				
		正确添加重复执行判断指令 FOR	10				
		正确添加条件判断指令 WHILE	10				
四	拓展能力 10 分	能够理解程序指令的逻辑关系，并能更好地适应实践	5				
		能够进行工程程序的缜密设计	5				
	合计		100				
学生签字		年　月　日	任课教师签字			年　月　日	

思考与练习

一、选择题

1. 赋值语句所实现的功能是用表达式定义的值去替代_____、_____或_____的当前值。

A. 变量   B. 永久数据对象

C. 参数（赋值目标）   D. 空位

2. 常量赋值是指用固定的常量值进行赋值，其中常量不可以是_____。

A. 数字量   B. 字符串

C. 布尔量   D. 数学表达式

3. WHILE 程序循环指令中的判断条件的数据类型是_____。

A. 布尔量   B. 整数数据

C. 数值数据   D. 计时数据

二、判断题

1. 计数指令可以用赋值指令代替。 （　　）

2. 存储类型为常量的程序数据时，允许在程序中进行赋值的操作。 （　　）

3. 在程序中执行变量型数据程序数据的赋值，那么指针复位后该数据值将恢复为初始值。 （　　）

4. num 表示字符型数据类型，定义后可以用于进行字符串的赋值操作。 （　　）

5. 调用赋值指令，可对任意数据类型的数据进行赋值操作。 （　　）

6. 信号 DO 可以直接作为 IF 指令中的判断条件。 （　　）

7. TRUE 作为 WHILE 循环中的条件，则一定会构成无限循环。 （　　）

8. Compact IF 指令在不满足条件时也能执行指令。 （　　）

9. FOR 指令是直到满足给定条件时才会终止循环的指令。 （　　）

10. IF 条件判断指令可以根据需要对 ELSE IF 进行添加和删减。 （　　）

三、编程题

在虚拟示教器中，编写程序使机器人从机械原点出发，每遇到奇数步左移 30 mm，每遇到偶数步右移 30 mm，然后循环 3 次结束。

探索故事

从本任务的学习中我们掌握了逻辑功能指令的编写，在编程过程中，大家要具备缜密的逻辑思维，深入研究技术，扑下身子干实事、谋实招、求实效。

中国古代逻辑思想开拓者——墨子

墨子是中国古代逻辑思想体系的重要开拓者之一。墨辩和古印度因明学、古希腊逻辑学并称世界三大逻辑学。

墨子在中国逻辑史上第一次提出了辩、类、故等逻辑概念,并要求将辩作为一种专门知识来学习。墨子的"辩"虽然统指辩论技术,但却是建立在知类(事物之类)明故(根据、理由)基础上的,因而属于逻辑类推或论证的范畴。墨子所说的"三表"既是言谈的思想标准,也包含推理论证的因素。墨子还善于运用类推的方法揭露论敌的自相矛盾。由于墨子的倡导和启蒙,墨家养成了重逻辑的传统,并由后期墨家建立了第一个中国古代逻辑学体系。

由这一思维法则出发,墨子进而建立了一系列的思维方法。他把思维的基本方法概括为"摹略万物之然,论求群言之比。以名举实,以辞抒意,以说出故。以类取,以类予"。也就是说,思维的目的是要探求客观事物间的必然联系,以及探求反映这种必然联系的形式,并用"名"(概念)、"辞"(判断)、"说"(推理)表达出来。"以类取,以类予",相当于现代逻辑学的类比,是一种重要的推理方法。

此外,墨子还总结出了假言、直言、选言、演绎、归纳等多种推理方法,从而使墨子的辩学形成一个有条不紊、系统分明的体系,在古代世界中别树一帜,与古希腊逻辑学、古印度因明学并立。

 项目拓展

ABB 机器人的 Mathematics 类别指令

1. 自加 1 指令(Incr)

Incr 用于使数值变量或者可变量数据对象增加 1,其指令格式如下:

$$Incr \quad Name \mid Dname$$

注意:

(1) Name:数据类型为 num,待改变变量或者可变量、永久数据对象的名称。

(2) Dname:数据类型为 dnum,待改变变量或者可变量、永久数据对象的名称。

使用举例:

reg1:=4;

Incr reg1;

执行结果:reg1 的当前值为 5。

2. 增加数值指令(Add)

Add 用于使数值变量或者可变量、永久数据对象增减一个数值,其指令格式如下:

$$Add \quad Name \mid Dname \quad AddValue \mid AddDvalue$$

注意:

加减法运算中,num 数据对应于 num 对象计算,dnum 数据对应于 dnum 数据计算。

(1) Name:数据类型为 num,待改变变量或者可变量数据对象的名称。

(2) Dname:数据类型为 dnum,待改变变量或者可变量数据对象的名称。

(3) AddValue:数据类型为 num,有待增加的值,即加减对象数值。

（4）AddDvalue：数据类型为 dnum，有待增加的值，即加减对象数值。

使用举例：

reg1:=4;

Add reg1,3;

执行结果：将 3 增加到 reg1，即 4＋3＝7。

3. 自减 1 指令（Decr）

Decr 用于从数值变量或者永久数据对象减去 1，其指令格式如下：

$$Decr\ Name\ |\ Dname$$

注意：

（1）Name：数据类型为 num，待缩减变量或者永久数据对象的名称。

（2）Dname：数据类型为 dnum，待缩减变量或者永久数据对象的名称。

使用举例：

reg1:=4;

Decr reg1;

执行结果：reg1 的值减去 1，即 reg1＝3。

4. 清零指令（Clear）

Clear 用于清除数值变量或永久数据对象，即将其数值设置为 0，其指令格式如下：

$$Clear\ Name\ |\ Dname$$

注意：

（1）Name：数据类型为 num，待清除变量或者可变量、永久数据对象的名称。

（2）Dname：数据类型为 dnum，待清除变量或者可变量、永久数据对象的名称。

使用举例：

reg1:=4;

Clear reg1;

执行结果：Reg1 得以清除，即 reg1＝0。

工业机器人仿真加工工作站

在 RobotStudio 软件中虚拟仿真现实工业机器人工作站，将 ABB 工业机器人模型、工件模型以及外围设备导入工作站，并将工作站进行合理的布局，最后导入匹配的工业机器人系统，这样就建立了一个工业机器人基本工作站，可进行手动操纵和程序编写。通过本项目的学习，大家可以学会如何运用 ABB 离线编程软件进行仿真加工工作，从创建工作站到加载设备，手动运行机器人，并编制程序。如图 4-1 所示为工业机器人仿真工作站环境。

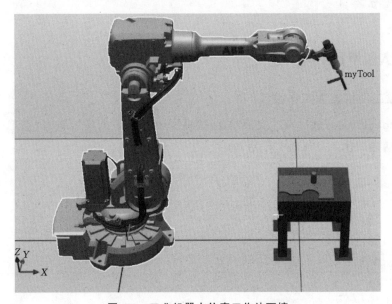

图 4-1　工业机器人仿真工作站环境

》》》 任务 4.1　创建仿真工作站

知识目标

◆ 掌握仿真工作站的环境组成。

◆ 掌握工业机器人工作站的基本布局方法。

能力目标

◆ 能够加载工业机器人模型及工具。

◆ 能够正确加载工作站所需模型。

◆ 学会模型的布局和放置方法。

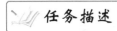

素养目标

◆ 培养学生兢兢业业、脚踏实地的工作作风。
◆ 培养学生积极主动、乐学善学的品质。

任务描述

在运用 RobotStudio 软件进行仿真加工时，我们需要能够满足基本要求的工作环境，这样才能实现仿真运行。基础的加工仿真环境包括：机器人本体，末端执行器工具，被加工工件，放置被加工工件的工作台。通过本任务的学习，我们能够掌握仿真加工工作站的组成及布局，学习如何在软件中进行模型导入和放置。

知识准备

4.1.1　导入模型及工具

1. 新建工业机器人工作站

打开 RobotStudio 软件，在"文件"功能选项卡中，选择"创建"，单击"空工作站"，再单击"创建"，从而创建一个新的工作站，如图 4-2 所示。

图 4-2　创建工业机器人工作站

2. 加载工业机器人模型

RobotStudio 软件涵盖了 ABB 公司所有的市售工业机器人类型的三维模型数据,要加载指定的工业机器人,须根据工业机器人应用的场合、对象来确定所需要的型号、载荷以及距离,工业机器人模型的加载在"基本"功能选项卡中进行,具体加载过程如图 4-3(a)(b)所示。选择"IRB 2600"的相关参数后导入机器人工作站。

IRB 2600 家族包含 3 款子型号,荷重从 12 kg 到 20 kg,该家族产品旨在提高上下料、物料搬运、弧焊以及其他加工应用的生产力水平。

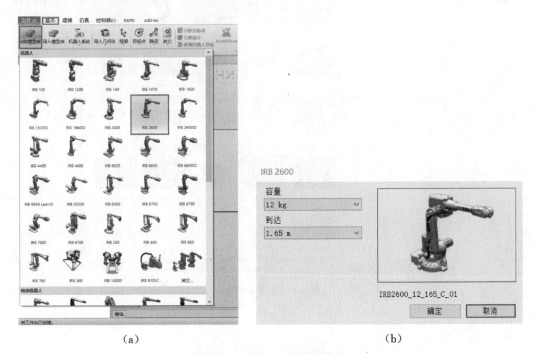

(a)　　　　　　　　　　　　　　　　　(b)

图 4-3　加载工业机器人模型

(a) 导入工业机器人模型;(b) 选择工业机器人型号

3. 加载工业机器人工具

RobotStudio 软件自带已设定的工具三维模型用于练习。在实际加工应用时,根据实际的工具建立工具的几何模型,然后将其导入 RobotStudio 软件,进行相关的设定,并保存为库文件,这样方便后续的调用。本工作站选用已经建好的库文件。

(1) 在"基本"功能选项卡中,打开"导入模型库",选择"设备",在 Training Objects 中找到"myTool"并单击,如图 4-4 所示。

(2) 在"布局"栏中,选中"myTool",单击鼠标右键,在弹出的菜单中选择"安装到 IRB2600_12_165_C_01",在弹出的"更新位置"对话框中,单击"是",即可完成工具安装,如图 4-5(a)(b)所示。

(3) 如图 4-6 所示,操作区中的机器人末端已经安装好工具 myTool。如果想要把工具拆除,则需在"布局"栏中,选中"myTool",单击鼠标右键,在弹出的菜单中选择"拆除",在弹出的"更新位置"对话框中,单击"是",即可完成工具拆除。

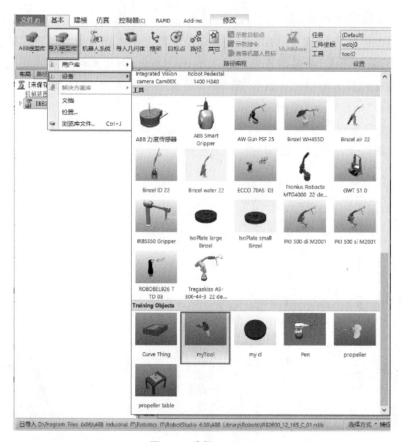

图 4-4　选择 myTool

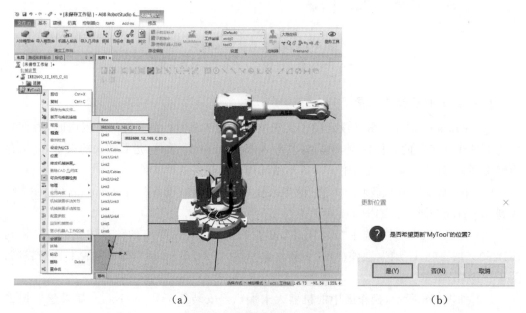

(a)　　　　　　　　　　　　　　　　　(b)

图 4-5　安装及调整 myTool

(a) 安装 myTool；(b) 更新 myTool 位置

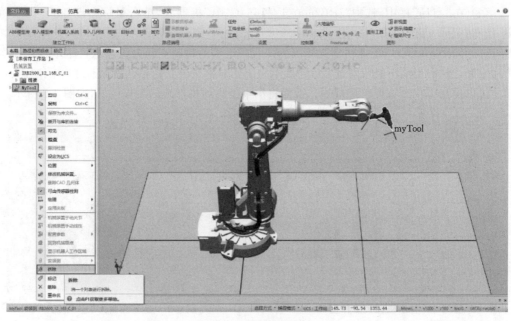

图 4-6　拆除 myTool

4.1.2　搭建仿真模型场景

1. 加载工作台并布局

（1）在基本仿真工作站中，需要放置被加工工件的工作台，该工作台同时可作为坐标系的参照。在"基本"功能选项卡中，选择"导入模型库"，在下拉菜单中找到"设备"列表，选择"propeller table"模型，导入工作台，如图 4-7 所示。

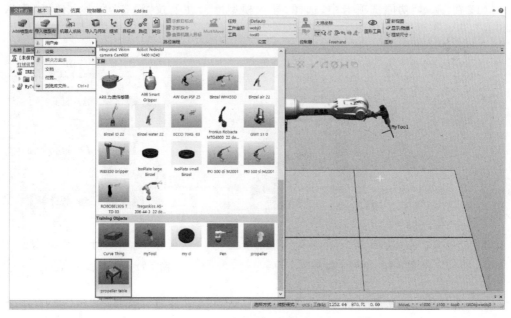

图 4-7　加载 propeller table

（2）在"布局"栏中，选中"IRB2600_12_165_C_01"机器人，单击鼠标右键，在下拉菜单中，选择"显示机器人工作区域"，如图4-8所示。

（3）如图4-9所示，工业机器人周围的曲线所组成的封闭空间为机器人可达范围。显示工作空间，选择"当前工具"，勾选"2D轮廓"，将工作对象调整到机器人的最佳工作范围内，这样才可以提高节拍和方便轨迹规划。下面将小桌子移到机器人的工作区域，如图4-9所示。

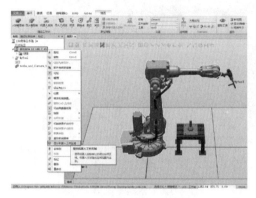

图4-8 显示机器人工作区域

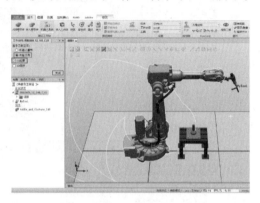

图4-9 展现机器人工作空间

（4）在Freehand工具栏中，选定"大地坐标"，单击"移动"，拖动箭头到达图中所示的大地坐标位置，指向右侧的箭头为X方向，指向内部的箭头为Y方向，指向上方的箭头为Z方向。通过移动功能使得工作台位于工业机器人工作范围内，如图4-10所示。在使用完移动功能之后要单击把其关闭，否则会影响后续布局情况，可能出现意外变动。

注意：在布局浏览器中，如果想要旋转工作台，则单击"旋转"。在图形窗口中，单击某个转动环将项目拖到相应位置上。如果在旋转项目时按下Alt键，则旋转一次移动10°。

2. 加载工件并布局

（1）在"基本"功能选项卡中，选择"导入模型库"，在下拉"设备"列表中选择"Curve Thing"，导入工件模型，如图4-11所示。

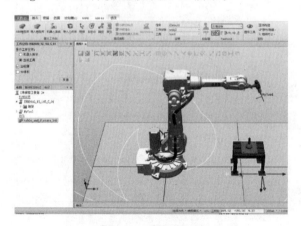

图4-10 布局工作台

图4-11 加载Curve Thing

（2）为便于创建机器人轨迹，需将部件Curve Thing放置在部件propeller table上。在RobotStudio中放置部件的方法有一点法、两点法、三点法、框架法、两个框架法，这里主要介绍两点法。

① 将 Curve Thing 放置到小桌子上去。选中 Curve Thing，单击鼠标右键，在弹出的下拉菜单中选择"位置"，在子菜单中选择"放置"中的"两点"，如图 4-12 所示。

② 选中捕捉工具的"选择部件"和"捕捉末端"。如图 4-13 所示，鼠标左键单击"主点—从"的第一个坐标框，然后单击操作区的"第一点"；单击"主点—到"的第二个坐标框，然后单击操作区的"第二点"；单击"X 轴上的点—从"的第三个坐标框，然后单击操作区的"第三点"；单击"X 轴上的点—到"的第四个坐标框，然后单击操作区的"第四点"。按照下面的顺序单击两个物体对齐的基准线：第一点和第二点对齐，第三点和第四点对齐。单击对象，其点位的坐标值自动显示在框中，然后单击"应用"。

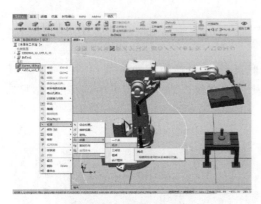

图 4-12　两点法放置　　　　　　　　　　图 4-13　选择四个点

（3）对象已准确对齐放置到小桌上，如图 4-14 所示，至此基本的仿真环境搭建完毕。此时可以在布局中，选中"IRB2600_12_165_C_01"机器人并单击右键，在下拉菜单中，取消"显示机器人工作区域"的选择。

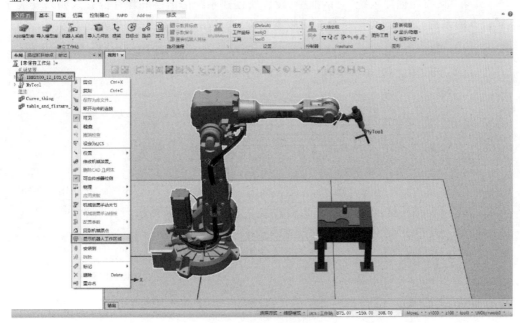

图 4-14　仿真环境创建完成

4.1.3 建立工业机器人系统

1. 创建机器人系统的基本方法

导入的模型放置完成后,工业机器人的基本仿真工作站就创建完成了。工作站创建完成后,如果没有为机器人创建系统,机器人就无法运动和进行相应仿真。因此,还需要创建机器人系统。

机器人系统的建立主要有三种方法。

(1)从布局:根据工作站布局创建系统。

(2)新建系统:为工作站创建新的系统。

(3)已有系统:为工作站添加已有的系统。

2. 创建机器人系统

在本任务中,我们选择第一种方法创建机器人系统,具体流程如下。

(1)首先,在"基本"功能选项卡中,单击"机器人系统",在下拉菜单中选择"从布局",如图 4-15 所示。

图 4-15　从布局

(2)在"从布局创建系统"对话框中,设置所创建系统的名字和保存位置。如果安装了不同版本的系统,则在此可以选择相应版本的 RobotWare,如图 4-16 所示。

图 4-16　设置系统名字和保存位置

（3）系统名字和保存路径设置完成后，单击"下一个"，再单击"选择系统的机械装置"，勾选所创建的机械装置"IRB2600_12_165_C_01"，然后单击"下一个"，如图 4-17（a）所示，之后再单击"完成"，即创建完毕，如图 4-17（b）所示。

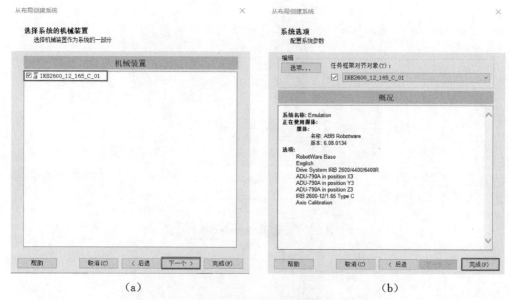

图 4-17 选择并设置机械装置

（a）选择机械装置；（b）设置完成

（4）在状态栏右下角可以看见控制器状态，若为绿色，表明系统创建完成并启动运行，同时我们在输出状态栏中可以看到系统的创建过程，如图 4-18 所示。

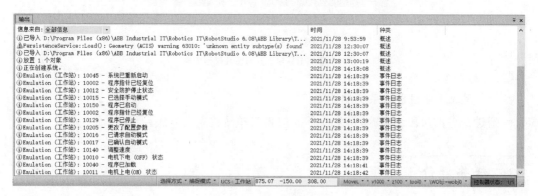

图 4-18 系统创建成功

 **任务实施**

本任务需要完成仿真工作站的创建。根据如下要求完成任务：

（1）完成模型及工具的导入，如图 4-19（a）所示。

（2）完成仿真模型场景的搭建，如图 4-19(b)所示。

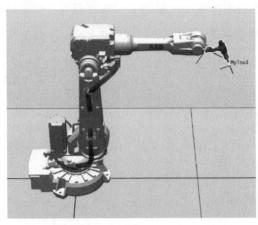

（a）

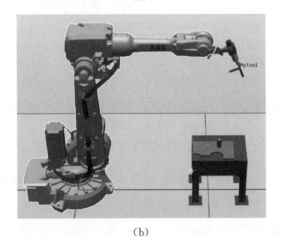

（b）

图 4-19　仿真工作站创建

(a)模型及工具导入；(b)仿真模型场景

（3）完成工业机器人系统的建立。

通过任务的阶段性实施，学生应掌握仿真工作站建立的方法。

 任务评价

任务 4.1　创建仿真工作站							
序号	考核要素	考核要求	配分	自评(20%)	互评(20%)	师评(60%)	得分小计
一	职业素养 20 分	遵守课堂纪律，主动学习	5				
		遵守操作规范，安全操作	5				
		任务执行的仔细认真踏实	5				
		积极主动，乐学善学	5				

续表

序号	考核要素	考核要求	配分	自评(20%)	互评(20%)	师评(60%)	得分小计
二	知识掌握能力 10 分	建立工业机器人系统的基本方法	5				
		ABB 工业机器人类型	5				
三	专业技术能力 60 分	正确新建工业机器人工作站	10				
		正确加载工业机器人模型	10				
		正确加载工业机器人工具	10				
		正确加载工作台并布局	10				
		正确加载工件并布局	10				
		正确建立工业机器人系统	10				
四	拓展能力 10 分	能够开拓思路,自创新站	5				
		能够进行归纳总结,消化吸收	5				
合计			100				
学生签字		年 月 日	任课教师签字			年 月 日	

 思考与练习

一、选择题

1. 导入模型到 RobotStudio 中时,浏览几何体的快捷操作模式是_____。

A. Ctrl+L

B. Ctrl+G

C. Ctrl+H

D. Ctrl+空格

2. 在 RobotStudio 软件中,导入第三方模型可通过_____按钮。

A. 导入模型库

B. 框架

C. ABB 模型库

D. 导入几何体

3. 在 RobotStudio 软件中,导入组件 Fence_2500 时,应在"基本"功能选项卡中单击_____,在设备中的其他类型里面选择"Fence_2500"。

A. 导入模型库

B. 框架

C. ABB 模型库

D. 导入几何体

4. 将工件 A 导入工作站后,在布局菜单中选中工件 A 并单击鼠标右键,选择设定位置,保持位置不变,将 X 的方向改为 90°,则应使其_____旋转 90°。

A. 沿 X 轴顺时针

B. 沿 Y 轴顺时针

C. 沿 X 轴逆时针

D. 沿 Y 轴逆时针

5. 向 RobotStudio 离线编程软件中导入机器人模型时,在机器人参数设置对话框中,可以设置_____。

A. 安装位置　　　　　　　　B. 到达距离参数

C. 原始姿态　　　　　　　　D. 机器人承重能力

二、判断题

1. 在 RobotStudio 工作站中导入的工具会自动安装在机器人法兰盘上。　　（　　）

2. 构建工业机器人工作站时需要导入不同软件生成的 3D 模型，有时候还需要对模型进行必要的测量。　　（　　）

3. 已经导入 RobotStudio 中的模型既可以导出也可以保存为库文件。　　（　　）

4. 建立机器人系统之前，"基本"功能选项卡"Freehand"中的移动、旋转、手动关节三种模式只能对导入非机器人模型进行手动操作。　　（　　）

5. 设定导入模型的本地原点时，先右键单击模型，在弹出的下拉菜单中选择"修改"，然后选择"设定本地原点"，捕捉所要的中心作为本地原点的位置，方向根据需要设定。

（　　）

三、简答题

机器人系统建立方法主要有哪些？

探索故事

从本任务的学习中，我们掌握了如何建立基本工作站。在工作站建立的过程中，大家要稳扎稳打，踏踏实实地完成，从专业技能实际出发想问题、做决策、办事情，既不好高骛远，也不因循守旧，保持耐心，坚持稳中求进、循序渐进、持续推进。

中国"深海钳工"第一人

中国"深海钳工"第一人、全国技术能手、全国职业道德建设标兵、全国最美职工、中国质量工匠、大国工匠、齐鲁大工匠……一系列沉甸甸的荣誉集于一身，他就是管延安。

管延安练就了精湛的钳工技术，凭借一丝不苟、追求极致的工匠精神，在参与港珠澳大桥建设中，实现了拧过的 60 多万颗螺钉零失误，确保这一世界首条外海沉管隧道"滴水不漏"。管延安和他的团队主要负责沉管舾装和管内压载水系统等相关作业。要在深海中完成两节沉管的精准对接，确保隧道不渗水不漏水，沉管接缝处的间隙必须小于 1 毫米。管延安凭着"手感"和"听感"判断装配是否合乎标准，因此获得中国"深海钳工"第一人的美誉。

工作上，管延安的较真是出了名的。安装前检查三遍，安装后再检查三遍，最后还要调试检验。在长期的工作中，管延安养成了一个习惯：给每台修过的机器、每个修过的零件做记录，将每个细节详细记录在施工日志上，遇到任何情况都会"记录在案"，里面不但有文字还有自创的图解。在港珠澳大桥建设期间，他同样制作了图解档案，其中的几本被收录进港珠澳大桥沉管预制博物馆。

任务 4.2 手动操作工业机器人

◆ 掌握手动关节、线性、重定位的含义。
◆ 掌握手动关节、线性、重定位的运动方法。

◆ 能够运用 Freehand 手动操作机器人。
◆ 能够运用机械装置手动操作机器人。
◆ 能够在虚拟示教器中手动操作机器人。

◆ 培养学生知法守法、守时守规的社会意识。
◆ 培养学生热爱生活、热爱劳动的良好品质。

任务描述

在虚拟工作站中,如果想完成工件的仿真加工任务,我们必须能够驱动机器人运转以加工工件。虚拟软件提供了多种移动机器人的方法。通过本任务,我们了解虚拟软件中机器人手动运行的几种方法,学习常用的手动操作机器人方法,为后续编程操作做准备。

知识准备

4.2.1 系统手动操作

工业机器人手动操作方法主要有手动关节、手动线性、手动重定位 3 种模式,这 3 种模式也称为直接拖动控制方式。

一般地,ABB 机器人是由 6 个伺服电机分别驱动机器人的 6 个关节轴,那么每次手动操纵一个关节轴的运动,就称为单轴运动,也称为关节运动。单轴运动在进行粗略的定位和比较大幅度的移动时,相比其他的手动操作模式会方便快捷很多。

机器人第六轴法兰盘上的 TCP 在空间中沿着坐标系 X、Y、Z 轴方向做直线运动,称为线性运动。

机器人第六轴法兰盘上的 TCP 在空间中绕着坐标轴旋转的运动,也可以理解为机器人绕着 TCP 做姿态调整的运动,称为重定位运动。

1. Freehand 手动操作机器人

1)手动关节运动

工作站中所使用的机器人是 IRB 2600 型,该机器人拥有 6 个自由度。在手动关节运动模式下，可以独立操控每个轴。首先选择"基本"功能选项卡"Freehand"中的"手动关节"运动模式，然后选择要运动的机器人轴，拖动鼠标即可手动操作机器人相应的关节旋转。如图 4-20 所示，手动操作轴 3 做关节运动。其他关节轴也可以使用鼠标拖动运行。

2）手动线性运动

手动关节运动方式是对机器人的关节轴进行独立操作，机器人末端工具的运动轨迹不一定是直线轨迹。但是在实际的操作调整过程中，经常需要机器人末端工具沿某条直线运动。

RobotStudio 软件也提供了手动线性运动模式。在机器人线性运动之前，要先设置好相关的参数，再选择"基本"功能选项卡"Freehand"中的"手动线性"，拖动机器人末端工具处的坐标箭头，分别沿 X、Y、Z 轴方向移动，完成机器人的手动线性运动，如图 4-21 所示。

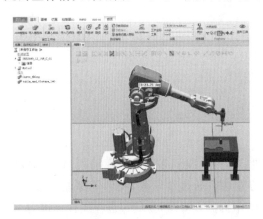

图 4-20　Freehand 的手动关节运动

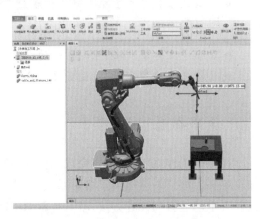

图 4-21　Freehand 的手动线性运动

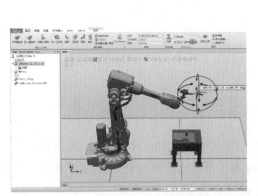

图 4-22　Freehand 的手动重定位运动

3）手动重定位运动

机器人重定位运动可以理解为机器人绕 TCP 做姿态调整的运动。在机器人重定位运动之前，要设置好相关的参数，然后选择"基本"功能选项卡"Freehand"中的"手动重定位"，拖动机器人末端工具处的坐标箭头，分别沿 X、Y、Z 轴方向移动，完成机器人的手动重定位调整运动，如图 4-22 所示。

2. 机械装置手动操作机器人

工业机器人手动操作主要有手动关节、手动线性、手动重定位 3 种模式，但是这 3 种运动方式均无法实现机器人的精准运动。我们可以借助机械装置通过精确手动控制方式实现机器人的精确运动。

精确手动控制方式根据运动方式的不同又分为机械装置手动关节运动和机械装置手动线性运动两种。能够实现机器人的准确运动，是精确手动控制方式与直接拖动控制方式的本质区别。

1）机械装置手动关节运动

（1）在"基本"功能选项卡左侧"布局"栏中，用鼠标右键单击"IRB2600_12_165_C_01"，选择"机械装置手动关节"，如图 4-23（a）所示。

（2）在左侧"手动关节运动"输入框中，拖动相应轴关节的滑块或单击"〈""〉"，即可实现轴关节的精确操作，运动幅度的大小可由"Step"设定，如图 4-23（b）所示。

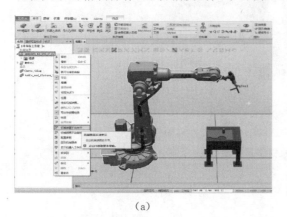 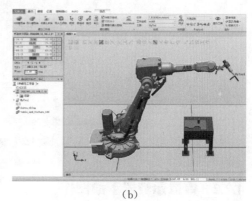

（a）　　　　　　　　　　　　　　　　　（b）

图 4-23　机械装置手动关节运动

（a）选择"机械装置手动关节"；（b）参数设置

2）机械装置手动线性运动

（1）在"基本"功能选项卡左侧"布局"栏中，用鼠标右键单击"IRB2600_12_165_C_01"，选择"机械装置手动线性"，如图 4-24 所示。

（2）在左侧"手动线性运动"输入框中，可以设置 Step 大小、坐标系等参数，选择相应的线性坐标轴，单击"〈""〉"即可使机器人沿线性坐标轴 X、Y、Z 方向移动或者绕坐标轴 RX、RY、RZ 旋转到预定的位置，如图 4-25 所示。

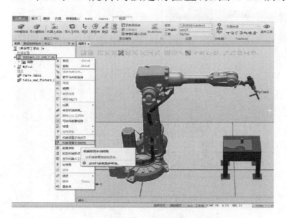 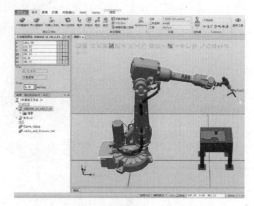

图 4-24　选择"机械装置手动线性"　　　**图 4-25　机械装置手动线性运动**

3）机械装置回原点

选中"IRB2600_12_165_C_01"，单击鼠标右键，在菜单列表中选择"回到机械原点"，但不是 6 个关节轴都为 0°，轴 5 会在 30°的位置，如图 4-26 所示。

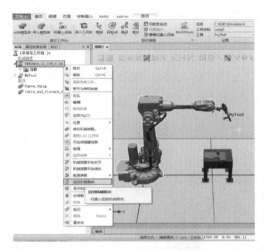

图 4-26　机械装置回原点

4.2.2　虚拟示教器手动操作

1. 手动关节运动

（1）在"控制器"功能选项卡下选择示教器中的"虚拟示教器"，如图 4-27 所示。

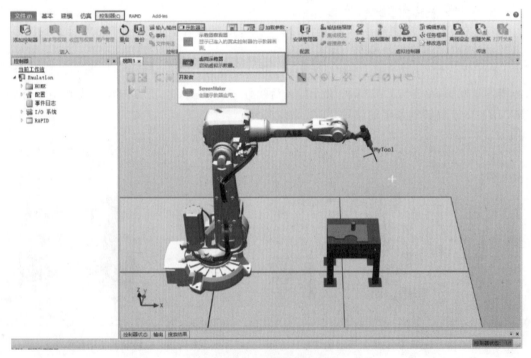

图 4-27　选择虚拟示教器

（2）在虚拟控制器中，单击"Control Pannel"，将钥匙开关打到手动低速状态，如图 4-28 所示。

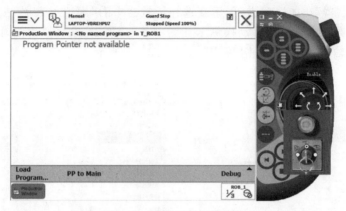

图 4-28　选择手动低速状态

（3）在虚拟控制器中，单击左上角菜单栏，选择"Control Pannel"，如图 4-29(a)所示；选择语言"Language"，然后选择中文"Chinese"，如图 4-29(b)所示；在弹出来的重启面板提示中选择"Yes"，如图 4-29(c)所示。

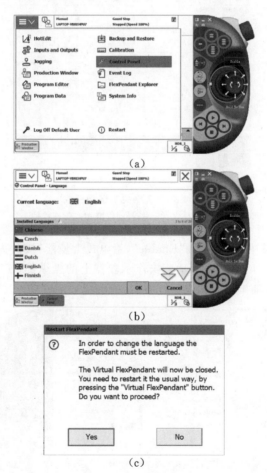

(c)

图 4-29　完成相关设置

(a) 选择 Control Pannel；(b) 选择 Chinese；(c) 重启面板提示

（4）在"控制器"功能选项卡下，重新选择示教器中的"虚拟示教器"。在虚拟控制器中，单击左上角菜单栏，选择"手动操纵"，如图 4-30(a)所示；选择"动作模式"，如图 4-30(b)所示；选中"轴 1-3"，然后单击"确定"，如图 4-30(c)所示。

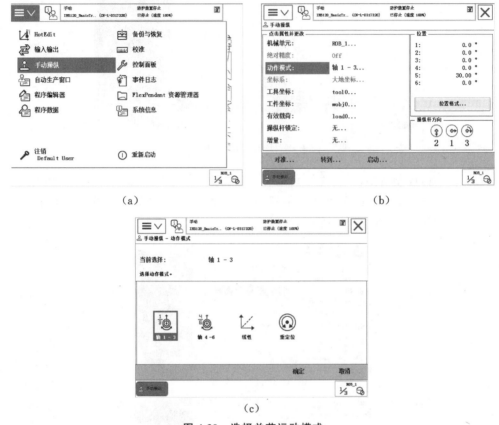

（a）　　　　　　　　　　　　　　　　（b）

（c）

图 4-30　选择关节运动模式

（a）选择手动操纵；（b）选择动作模式；（c）选择轴 1-3

（5）在虚拟示教器中，单击右侧"Enable"，给电机上使能；按箭头方向单击摇杆的按钮驱动机器人关节运动，如图 4-31 所示。操作示教器上的操纵杆，工具的 TCP 在空间中做关节运动，屏幕中显示轴 1、2、3 的操纵杆方向，箭头代表正方向。

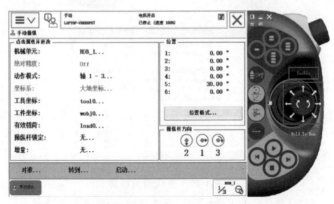

图 4-31　驱动关节运动

2. 手动线性运动

（1）与手动关节的操作相同，在手动操纵中选择"动作模式"，如图 4-32（a）所示；选中"线性"，然后单击"确定"，如图 4-32（b）所示。

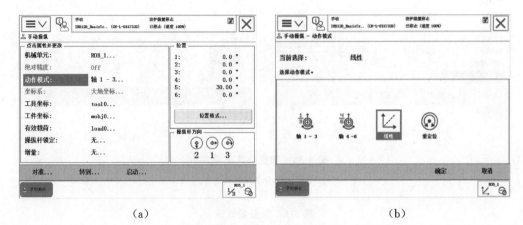

（a）　　　　　　　　　　　　　　　　（b）

图 4-32　选择线性运动模式

（a）选择动作模式；（b）选择线性

（2）在虚拟示教器中，单击右侧"Enable"，给电机上使能；按箭头的方向单击摇杆的按钮驱动机器人线性运动，如图 4-33 所示。操作示教器上的操纵杆，工具的 TCP 在空间中做线性运动，屏幕中显示轴 X、Y、Z 的操纵杆方向，箭头代表正方向。

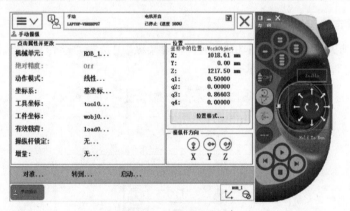

图 4-33　驱动线性运动

（3）增量模式的使用。选中"增量"，如图 4-34（a）所示；根据需要选择移动距离，然后单击"确定"，如图 4-34（b）所示。

注意：如果对使用操纵杆通过位移幅度来控制机器人运动的速度不熟练，那么可以使用增量模式来控制机器人的运动。

在增量模式下，操纵杆每移一次，机器人就移动一步。如果操纵杆持续移动一秒或数秒，机器人就会持续移动（速率为 10 步/s）。增量参数见表 4-1。

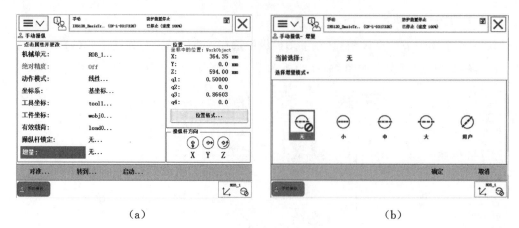

（a）　　　　　　　　　　　　　　　　　　　　　（b）

图 4-34　增量模式的使用

（a）选择增量；（b）选择增量模式

表 4-1　增量参数表

增　　量	移动距离/mm	弧度/rad
小	0.05	0.0005
中	1	0.004
大	5	0.009
用户	自定义	自定义

3. 手动重定位运动

（1）与手动关节运动的操作相同，在"手动操纵"中选择"动作模式"，选中"重定位"，然后单击"确定"，如图 4-35 所示。

图 4-35　选择重定位

（2）在"手动操纵"中选择"坐标系"，如图 4-36（a）所示；选中"工具"，然后单击"确定"，如图 4-36（b）所示。

（3）在"手动操纵"中选择"工具坐标"，如图 4-37（a）所示；选中"tool0"，然后单击"确定"，如图 4-37（b）所示。

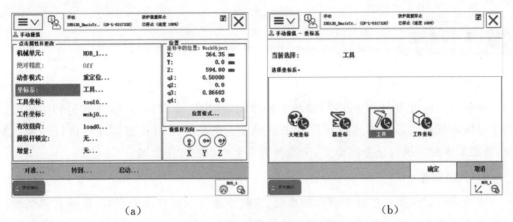

（a）　　　　　　　　　　　　（b）

图 4-36　选择坐标系和工具

（a）选择坐标系；（b）选择工具

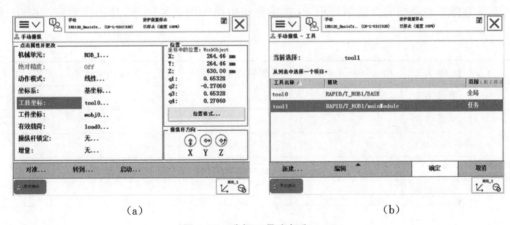

（a）　　　　　　　　　　　　（b）

图 4-37　选择工具坐标和 tool0

（a）选择工具坐标；（b）选择 tool0

（4）在虚拟示教器中，单击右侧"Enable"，给电机上使能；按箭头方向单击摇杆的按钮驱动机器人重定位运动，如图 4-38 所示。操作示教器上的操纵杆，机器人绕着工具 TCP 做姿态调整运动，屏幕中显示轴 X、Y、Z 的操纵杆方向，箭头代表正方向。

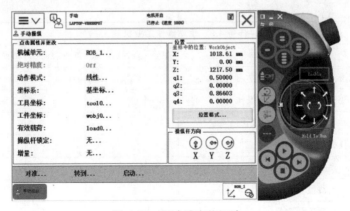

图 4-38　驱动重定位运动

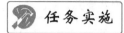 **任务实施**

1. 分组

在项目实施过程中,小组协同编制工作计划,选出安全操作组长,在老师和组长的监督下完成系统手动操作和虚拟示教器手动操作。组员之间相互监督计划执行与完成情况,既能锻炼独立执行任务的能力,又能养成安全生产的责任意识。

2. 小组讨论

小组成员讨论操作过程中遇到的难题,这些难题是如何解决的,然后谈谈在熟练操作之后对手动作业的初体验,全面掌握手动操作任务。

3. 填写任务清单

每组将手动操作的方法列举出来,找出操作中出现的共性问题,总结注意事项并记录在任务清单中。

组　号	手动方式	Freehand 手动运动	机械装置手动运动	虚拟示教器手动运动	备　注
	手动关节				
	手动线性				
	手动重定位				
	操作注意事项				
	手动关节				
	手动线性				
	手动重定位				

任务评价

任务 4.2　手动操作工业机器人

序号	考核要素	考核要求	配分	自评(20%)	互评(20%)	师评(60%)	得分小计
一	职业素养 20分	遵守课堂纪律,主动学习	5				
		遵守操作规范,安全操作	5				
		参与工作实施,手头勤快	5				
		任务完成守时守规	5				
二	知识掌握 能力15分	手动关节定义	5				
		手动线性定义	5				
		手动重定位定义	5				

续表

序号	考核要素	考核要求	配分	自评(20%)	互评(20%)	师评(60%)	得分小计
三	专业技术能力 55 分	正确完成 Freehand 手动关节运动	10				
		正确完成 Freehand 手动线性运动	5				
		正确完成 Freehand 手动重定位运动	5				
		正确完成机械装置手动关节运动	5				
		正确完成机械装置手动线性运动	5				
		正确完成机械装置手动重定位运动	5				
		正确完成虚拟示教器手动关节运动	5				
		正确完成虚拟示教器手动线性运动	5				
		正确完成虚拟示教器手动重定位运动	10				
四	拓展能力 10 分	能够准确完成机器人操作,运行精准	5				
		能够前后串联,总结归纳,找出差异	5				
合计			100				
学生签字			年 月 日	任课教师签字			年 月 日

思考与练习

一、选择题

1. 机器人在完成手动线性运动后,位置会发生改变,下列哪种操作方式可以使机器人回到原始位置:_____。

A. 修改机械装置　　　　　　　　　B. 机械装置手动关节运动

C. 回到机械原点　　　　　　　　　D. 设定位置

2. 为了确保安全,用示教编程器手动运行机器人时,机器人的最高速度限制为_____。

A. 800 mm/s　　　　　　　　　　　B. 1600 mm/s

C. 250 mm/s　　　　　　　　　　　D. 50 mm/s

3. 一般而言,ABB 机器人使用手动方式操纵,让机器人 1~6 轴回原点刻度的顺序是_____。

A. 1—3—5—2—4—6　　　　　　　B. 2—4—6—1—3—5

C. 4—5—6—1—2—3　　　　　　　D. 1—2—3—4—5—6

4. 虚拟示教器上,可以通过_____按键控制机器人电机在手动状态下上电。

A. 启动　　　　　　　　　　　　　B. Start

C. Enable　　　　　　　　　　　　D. Hold To Run

5. 在_____窗口可以改变手动操作工业机器人时的工具。

A. 程序编辑器　　　　　　　　　　B. 手动操纵

C. 控制面板　　　　　　　　　　　D. 程序数据

二、判断题

1. 状态钥匙无论切换到哪种状态，都可以进行手动操纵。 （ ）

2. 程序语法正确且手动调试后不存在运动问题，才可以将机器人系统投入自动运行状态。 （ ）

3. 维修人员必须保管好机器人钥匙，严禁非授权人员在手动模式下进入机器人软件系统，随意翻阅或修改程序及参数。 （ ）

4. RobotStudio6.01 中"Freehand"手动操作中的移动功能可以实现部件沿 X、Y、Z 轴三个方向的移动。 （ ）

5. 不管示教器显示什么窗口，都可以手动操作机器人。但在程序执行时，不能手动操作机器人。 （ ）

三、简答题

ABB 机器人手动操纵有几种常用模式？

探索故事

从本任务的学习中我们掌握了如何手动操作机器人，在操作过程中，大家要精确动作，熟练掌握技能，总结技能要点，守时守规地完成任务，我们要以科学的态度对待科学。

"焊神"

艾爱国很早就有"焊王"和"焊神"的美誉，但他却说："名气没什么用，解决问题还是要靠实力。"72 岁的艾爱国，仍然每天上班。50 多年来，艾爱国攻克技术难题 400 多个，改进工艺 100 多项，在全国培养焊接技术人才 600 多名，创造直接经济效益 8000 多万元。

全国劳模、"七一勋章"、全国技术能手、国家科技进步奖……艾爱国靠一把焊枪，赢得无数"军功章"。艾爱国钻研焊接工艺和技术的笔记本印证着他的口头禅："活到老，学到老，干到老。"

焊接方法有上百种，焊接材料可达上万种，因材施焊，既要"手艺"，还要精通"工艺"。"当工人就要当个好工人"，这是艾爱国的职业信条。他以此为生，精于此道。他也实现了焊接技艺的"由技入道"，解决了当时世界最大的 3 万立方米制氧机深冷无泄漏的"硬骨头"问题；主持了用氩弧焊接法焊接高炉贯流式风口项目；研发了高强度工程机械及耐磨用钢焊接技术。"焊工易学难精。没有爱好，就不会动脑子，就只是机械式地干活。"艾爱国说，"学焊接没有捷径，唯一要做的就是多焊、多总结。"

▶▶▶ 任务 4.3　编写轨迹程序

知识目标

- ◆ 掌握创建轨迹指令程序的方法。
- ◆ 掌握圆弧运动轨迹的创建方法。

能力目标

◆ 能够建立工业机器人工件坐标系。

◆ 能够创建工业机器人运动轨迹程序。

◆ 能够正确修改和编辑指令参数。

素养目标

◆ 培养学生严谨求实、一丝不苟的科学态度。

◆ 培养学生多角度、多方面考虑问题的能力。

任务描述

在完成了仿真加工工作站的搭建之后,我们需要编写指令程序驱动工业机器人自动运转,虚拟加工工件。RobotStudio 软件提供了多种运动指令以控制机器人自动运行。通过本任务的学习,我们可以了解虚拟软件中机器人工件坐标系的创建方法,学习常用的运动指令编程。

知识准备

4.3.1 创建工件坐标系

与真实的工业机器人一样,对于虚拟工业机器人,也需要在 RobotStudio 软件中对其工件对象建立工件坐标系。具体操作如下。

(1) 在"基本"功能选项卡的"其它"中选择"创建工件坐标",如图 4-39 所示。

图 4-39 创建工件坐标

(2) 在视图的快捷菜单中单击"选择表面"和"捕捉末端",设定工件坐标名称为"Workobject_1",单击用户坐标框架的"取点创建框架"的下拉箭头,如图 4-40 所示。

(3) 在子对话框中选中"三点",单击"X 轴上的第一个点"的第一个输入框,随即单击 1 号角点;单击"X 轴上的第二个点"的第二个输入框,随即单击 2 号角点;单击"Y 轴上的点"的第三个输入框,随即单击 3 号角点。如图 4-41 所示,确认单击的三个角点的数据已生成,然后单击"Accept"。

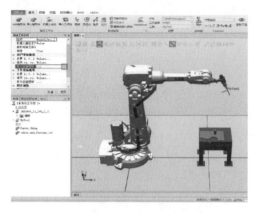

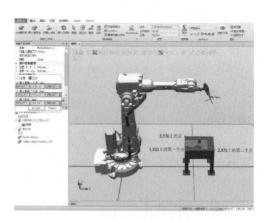

图 4-40　用户坐标框架　　　　　　　　　图 4-41　取点创建框架

（4）接受以上设定数据后，在"创建工件坐标"对话框中单击"创建"，如图 4-42（a）所示，建成的工件坐标系如图 4-42（b）所示。

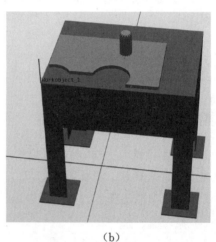

（a）　　　　　　　　　　　（b）

图 4-42　创建工件坐标系

（a）确定创建；（b）工件坐标系创建结果

4.3.2　创建轨迹程序

与真实的工业机器人一样，在 RobotStudio 软件中工业机器人运动轨迹也是通过 RAPID 程序指令进行控制的。接下来讲解如何在 RobotStudio 软件中进行轨迹的仿真。生产的轨迹可以下载到真实的工业机器人中运行。

（1）在"基本"功能选项卡中，单击"路径"后选择"空路径"，如图 4-43 所示，生成空路径"Path_10"。

（2）设定"基本"功能选项卡中的设置部分，将任务设为"T_ROB1（Emulation）"，将工件坐标设为"Workobject_1"，将工具设为"MyTool"；在开始编程之前，对运动指令及参数进行设定，单击框中对应的选项并设定为"Movej * v150 fine MyTool\Wobj:=Wobj1"，如

图 4-43　创建空路径

图 4-44 所示。

（3）选择"手动关节"，将机器人拖动到合适的位置，并将该位置作为轨迹的起始点。单击"示教指令"，则在 Path_10 下生成新创建的运动指令"MoveJ Target10"，如图 4-45 所示。

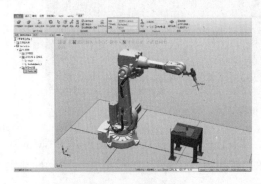

图 4-44　基本设定

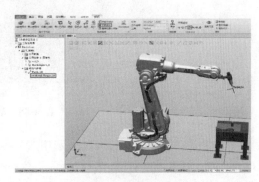

图 4-45　生成起始点

（4）在视图的快捷菜单中单击"选择部件"和"捕捉末端"。单击"手动线性"或选择其他合适的手动模式，拖动机器人，使工具对准第一个角点，单击示教指令，则生成新创建的运动指令"MoveJ Target20"，如图 4-46 所示。

（5）圆弧指令由 3 个点组成。沿工件轨迹曲线运动，单击右下角框中对应的选项并将其设定为"MoveL * v150 fine MyTool\Wobj：=Wobj1"。在视图的快捷菜单中单击"选择部件"和"捕捉边缘"。单击"手动线性"或选择其他合适的手动模式，拖动机器人，使工具对准圆弧上中间过渡点，单击示教指令，则生成新创建的运动指令"MoveL Target30"，如图 4-47 所示。

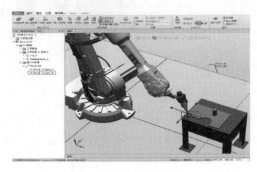

图 4-46　轨迹第二点

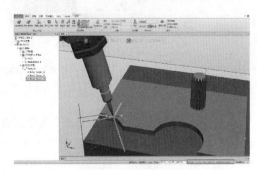

图 4-47　轨迹第三点

（6）在视图的快捷菜单中单击"选择部件"和"捕捉末端"。单击"手动线性"或选择其他合适的手动模式，拖动机器人，使工具对准圆弧的终点，单击示教指令，则生成新创建的运动指令"MoveL Target40"，如图 4-48 所示。

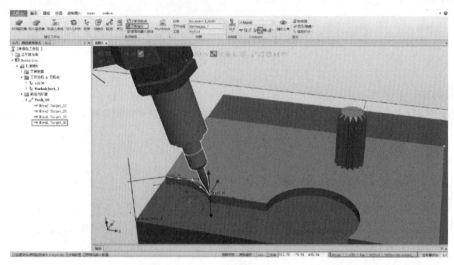

图 4-48　轨迹第四点

（7）在路径和目标点窗口中，选中"MoveL Target30"，并按住 Ctrl 键再选中"MoveL Target40"，单击鼠标右键，选择"修改指令"中的"转换为 MoveC"，如图 4-49（a）所示，则生成新运动指令"MoveC Target30，Target40"，如图 4-49（b）所示。

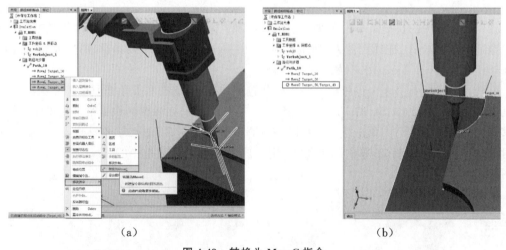

（a）　　　　　　　　　　　　　　　（b）

图 4-49　转换为 MoveC 指令
（a）转换为 MoveC；（b）生成 MoveC 指令

（8）在视图的快捷菜单中单击"选择部件"和"捕捉末端"。单击"手动线性"或选择其他合适的手动模式，拖动机器人，使工具对准第五点，单击示教指令，则生成新创建的运动指令"MoveL Target50"，如图 4-50 所示。

（9）使用与前一个 MoveC 指令相同的创建方法，创建"MoveL Target60"和"MoveL

Target70"指令,单击鼠标右键,选择"修改指令"中的"转换为 MoveC",则生成新运动指令"MoveC Target60,Target70",如图 4-51 所示。

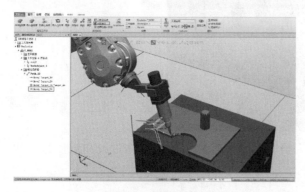

图 4-50 轨迹第五点

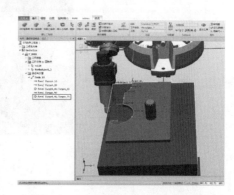

图 4-51 生成第二个 MoveC 指令

(10) 使用与前一个 MoveL 指令相同的创建方法,单击"手动线性"或选择其他合适的手动模式,拖动机器人,使工具对准各顶点,单击示教指令,创建"MoveL Target80""MoveL Target90""MoveL Target100"和"MoveL Target110",如图 4-52 所示。

(11) 终止点与起始点创建方法相同。单击"手动线性"或选择其他合适的手动模式,拖动机器人,使工具回到安全位置,单击示教指令,创建"MoveL Target120",如图 4-53 所示。对于最后一点,也可以通过复制第一点并粘贴到最后的方法,生成一个与起始点同位的终止点。

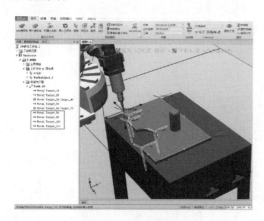

图 4-52 剩余轨迹

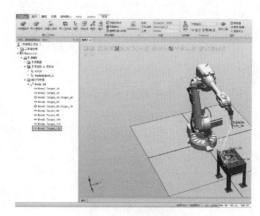

图 4-53 轨迹结尾

任务实施

本任务需要在前一个任务的基础上,编写仿真工作站程序。根据如下要求完成仿真工作站的任务:

(1) 完成工件坐标系的创建。

(2) 建立轨迹程序。按照图示工件(Curve Thing)区域路径编写程序。

　　通过任务的阶段性实施，学生应掌握仿真工作站程序编制的整体过程和运动指令的使用。

 任务评价

任务 4.3　编写轨迹程序

序号	考核要素	考核要求	配分	自评(20%)	互评(20%)	师评(60%)	得分小计
一	职业素养 20 分	遵守课堂纪律，主动学习	5				
		遵守操作规范，安全操作	5				
		集思广益，多方面、多角度看待问题，解决问题	5				
		严谨求实，一丝不苟	5				
二	知识掌握能力 10 分	掌握建立工件坐标系的方法	5				
		合理规划运动轨迹	5				
三	专业技术能力 60 分	正确创建工件坐标系	10				
		正确创建空路径	10				
		正确创建关节运动轨迹	10				
		正确创建线性运动轨迹	10				
		正确创建圆弧运动轨迹	10				
		合理建立安全位置	10				
四	拓展能力 10 分	能够将已知知识串联，创新设计程序	5				
		能够总结、归纳技能点并熟练掌握技能	5				
合计			100				

学生签字	年　　月　　日	任课教师签字	年　　月　　日

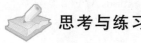 **思考与练习**

一、选择题

1.在工件的所在平面上只需要定义_____个点就可以建立工件坐标。

A. 2   B. 3   C. 4   D. 5

2.工件坐标系中的用户框架是相对_____创建的。

A. 大地坐标系   B. 工具坐标系   C. 工件坐标系   D. 基坐标系

3.作业路径通常用_____相对于工件坐标系的运动来描述。

A. 大地坐标系   B. 工具坐标系   C. 工件坐标系   D. 基坐标系

4.重新定位工作站中的工件时,只需更改_____的位置,所有路径将即刻随之更新。允许操作以外轴或传送导轨移动的工件,因为整个工件可连同其路径一起移动。

A. 大地坐标系   B. 工具坐标系   C. 工件坐标系   D. 基坐标系

5.要完成300°的圆弧,需要_____条MoveC指令。

A. 1   B. 2   C. 3   D. 4

二、判断题

1. 在"MoveC p1,p2,v500,z30,tool2;"这条ABB机器人的程序语句中,圆弧的目标点是p1,中间点是p2。   （　　）

2. 当机器人从一点以圆弧运动轨迹到达另一点时,采用的最佳指令是MoveJ,以最大限度地避免机械奇点。   （　　）

3. ABB提供全方位的工件定位,不论是编程期间还是机器人运行期间,都确保各轴均与机器人完全协调一致。   （　　）

4. 机器人只可以拥有一个工件坐标系和一个工具坐标系。   （　　）

5. 如果工件关联了程序,此时改变工件名称,则必须改变工件的所有内容。（　　）

三、编程题

在RobotStudio软件中,编写汉字"成"的加工轨迹程序,使用机器人及工具笔完成单笔画字体书写。

探索故事

从本任务的学习中我们掌握了如何创建轨迹程序。在编程过程中,大家要严谨求实,勤学善思,多角度修正程序编写任务,必须坚持问题导向。回答并指导解决问题是理论的根本任务。

工美匠人——孟剑锋

孟剑锋是一名錾刻工艺师,擅长制作贵金属工艺摆件。他匠心独运,成功制作了"两弹一星"科学家功勋奖章、"神舟"系列航天英雄奖章、北京奥运会优秀志愿者奖章、5·12抗震英雄奖章、全国道德模范奖章和中国海军航母辽宁舰舰徽,并荣获中国礼仪休闲用品设计大赛国务政务类金奖。《神武辟邪》《金枝玉叶》《龙凤爵杯》等贵金属工艺摆件作品,荣获第六届中国礼品大赛"华礼奖"优秀奖。2014年,他追求工艺极致,制作了《和美》纯银錾刻丝巾果盘,该果盘被选定为亚太经济合作组织（Asia-Pacific Economic Cooperation,APEC）会议各经济体领导人配偶礼品。2017 年,他制作了"一带一路"峰会礼品——《梦和天下》首饰盒套装。

孟剑锋尝试改变铸造的焙烧温度、化料温度和倒料时的浇铸速度,经过反复试验、对比和推算,攻克了纯银铸造的工艺难题,使成品率提高了近 50 个百分点,大大提高了生产效率,减少了生产成本。

孟剑锋是一个能够沉下心来做细活的人。为了提高技术水平,他勤练基本功,追求极致,对作品负责,对口碑负责,对自己的良心负责,将诚实劳动内化于心,这是大国工匠的立身之本,是中国制造的品质保障。

❯❯❯ 任务 4.4　调试仿真工作站

知识目标

◆ 掌握机器人仿真运行轨迹的方法。

◆ 掌握路径到达能力的查看方法。

能力目标

◆ 学会 RobotStutio 工业机器人仿真设定。

◆ 能够将机器人仿真过程录制成视频。

◆ 能够正确进行轴配置参数设定。

素养目标

◆ 培养学生勇于担当、敢为人先的开拓创新精神。

◆ 培养学生敢于试错、求真务实的学习和工作态度。

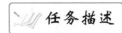

仿真加工工作站的搭建和轨迹编程都完成之后,我们如何知道工业机器人加工轨迹有没有问题,怎么查看呢？RobotStudio 软件提供了多种运动轨迹仿真运行的录制方法。通过本任务的学习,我们能够掌握虚拟软件中机器人仿真运行轨迹的创建方法,学习常用的录制仿真视频的方法。

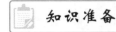

4.4.1　仿真运行轨迹

1. 运行轨迹程序

在创建机器人轨迹指令程序时,要注意以下两点:

（1）手动线性运动时,要注意观察各关节轴是否会因接近极限而无法拖动,这时要适当作出姿态的调整。观察关节轴角度的方法参照精确手动模式。

（2）在示教轨迹的过程中,如果出现机器人无法到达工件的情况,则应适当调整工件的位置再进行示教。

具体运行轨迹程序的步骤如下：

（1）选中路径"Path_10"，单击右键，选择"自动配置"的"所有移动指令"，进行关节轴自动配置，如图 4-54 所示。

（2）选中路径"Path_10"，单击右键，选择"沿着路径运动"，检查机器人是否能正常运动，如图 4-55 所示。

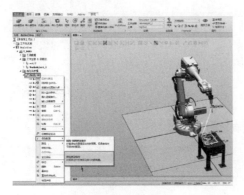
图 4-54　自动配置

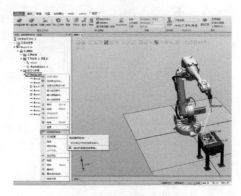
图 4-55　沿着路径运动

2. 工作站与虚拟示教器

1）工作站与虚拟示教器的数据同步定义

同步即确保在虚拟控制器上运行的系统的 RAPID 程序与 RobotStudio 内的程序相符。

2）工作站与虚拟示教器的数据同步作用

在 RobotStudio 工作站中，机器人的位置和运动通过目标和路径中的移动指令定义。它们与 RAPID 程序模块中的数据声明和 RAPID 指令相对应。

通过使工作站与虚拟控制器同步，可在工作站中使用数据创建 RAPID 代码。

通过使虚拟控制器与工作站同步，可在虚拟控制器上运行的系统中使用 RAPID 程序创建路径和目标点。

3）将工作站同步至 RAPID 的情况和方法

要使工作站与虚拟控制器同步，可通过工作站内的最新更改来更新虚拟控制器的 RAPID 程序。需将工作站同步至 RAPID 的情况包括：

（1）执行仿真。

（2）将程序保存为 PC 中的文件。

（3）复制或加载 RobotWare 系统。

将工作站同步到 RAPID 的操作方法如下：

（1）打开"基本"功能选项卡。

（2）选择"同步"。

（3）选择"同步到 RAPID"，如图 4-56（a）所示。

（4）在弹出的对话框中勾选所有选项，点击"确定"，如图 4-56（b）所示。

4）将 RAPID 同步至工作站的情况和方法

要使虚拟控制器与工作站同步，可在虚拟控制器上运行的系统中创建与 RAPID 程序对应的路径、目标点和指令。需将 RAPID 同步至工作站的情况包括：

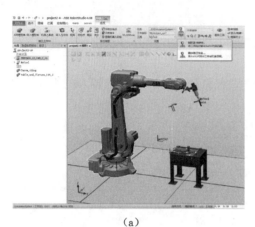 

(a)　　　　　　　　　　　　　(b)

图 4-56　将工作站同步到 RAPID

(a) 同步到 RAPID；(b) 同步数据

(1) 启动的系统包含现存的新虚拟控制器。

(2) 从文件加载了程序。

(3) 对程序进行了基于文本的编辑。

将 RAPID 同步至工作站的操作方法如下：

(1) 打开"基本"功能选项卡。

(2) 选择"同步"。

(3) 选择"同步到工作站"，如图 4-57(a)所示。

(4) 在弹出的对话框中勾选所有选项，点击"确定"，如图 4-57(b)所示。

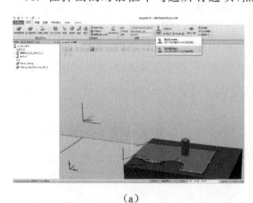 

(a)　　　　　　　　　　　　　(b)

图 4-57　将 RAPID 同步至工作站

(a) 同步到工作站；(b) 同步数据

3. 仿真运行轨迹

(1) 在"基本"功能选项卡下单击"同步"，选择"同步到 RAPID"，如图 4-58 所示。

(2) 将需要同步的项目都勾选后，单击"确定"，一般全部勾选，如图 4-59 所示。

(3) 在"仿真"功能选项卡下单击"仿真设定"。在仿真对象列表里，选择"T_ROB1"，进入点设为"Path_10"，然后单击"刷新"，最后关闭仿真设定窗口，如图 4-60 所示。

(4) 设定完成后，在"仿真"功能选项卡下单击"播放"，如图 4-61 所示。这时机器人就按之前所示教的轨迹运动，最后保存整个工作站。

图 4-58 同步到 RAPID

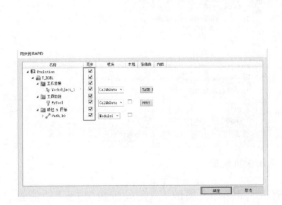

图 4-59 同步数据

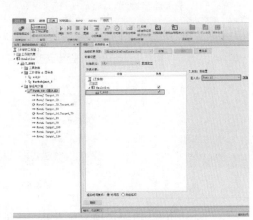

图 4-60 仿真设定

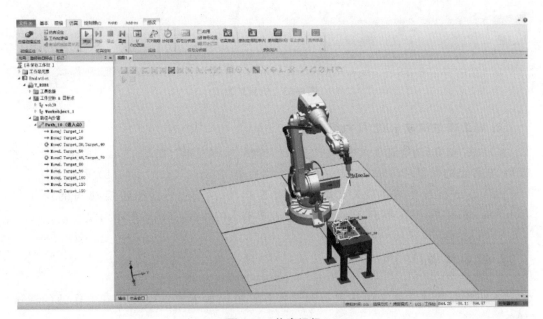

图 4-61 仿真运行

4.4.2 仿真视频录制

1. 将工作站中工业机器人的运行过程录制成视频

（1）选择"文件"功能选项卡中的"选项"，单击"屏幕录像机"，对录像的参数进行设定，单击"确定"，如图 4-62 所示。

图 4-62　屏幕录像机设置

（2）在"仿真"功能选项卡中单击"仿真录像"，再单击"播放"。完成后在"仿真"功能选项卡中单击"查看录像"就可以查到视频。如图 4-63 所示。

图 4-63　仿真录像

2. 将工作站制成 EXE 可执行文件

（1）在"仿真"功能选项卡中单击"播放"，选择"录制视图"，如图 4-64（a）所示。录制完成后，在弹出的保存对话框中指定保存位置，然后单击"Save"，如图 4-64（b）所示。

（2）双击打开生成的 EXE 文件，在此窗口中，缩放、平移和转换视角的操作与 RobotStudio 中的一样，单击"Play"，开始工业机器人的运行，如图 4-65 所示。

　任务实施

本任务需要对仿真工作站进行调试操作。根据如下要求完成仿真工作站的调试任务：

（1）对创建好的轨迹程序进行自动配置和路径运动操作。

（2）完成工作站与虚拟示教器的数据同步，将工作站数据同步到 RAPID。

（3）完成基础设置，播放仿真运行轨迹。

（4）录制可执行的仿真视频。

通过任务的阶段性实施，学生应掌握工作站程序的仿真和录制。

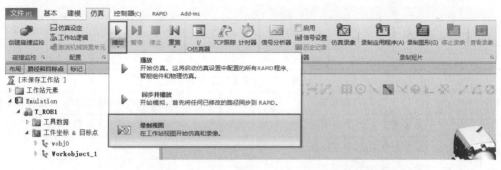

(a)

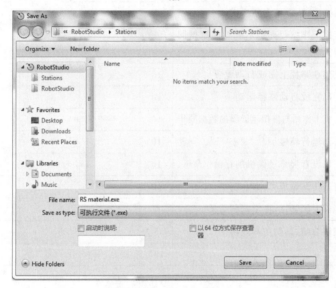

(b)

图 4-64 录制视图并保存

(a) 录制视图；(b) 保存路径

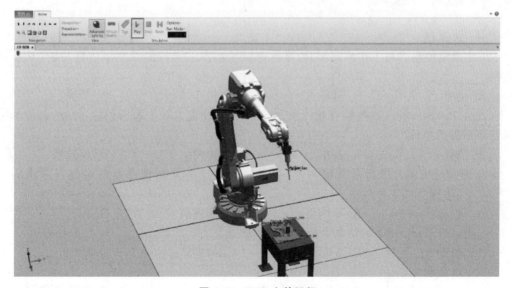

图 4-65 EXE 文件运行

任务评价

任务 4.4　调试仿真工作站

序号	考核要素	考核要求	配分	自评(20%)	互评(20%)	师评(60%)	得分小计
一	职业素养 20分	遵守课堂纪律,主动学习	5				
		遵守操作规范,安全操作	5				
		敢于试错,求真务实	5				
		精益求精,具备创新意识	5				
二	知识掌握能力 10分	掌握工作站与虚拟示教器的数据同步方法	10				
三	专业技术能力 60分	正确在路径上完成自动配置	10				
		正确完成自动路径运动	10				
		完成工作站与虚拟示教器的数据同步	10				
		仿真运行轨迹	10				
		正确设置屏幕录像机的存储位置	10				
		将工作站制成可执行文件	10				
四	拓展能力 10分	能够大胆尝试,稳定调试结果	5				
		能够总结、归纳仿真效果	5				
合计			100				
学生签字		年　月　日	任课教师签字			年　月　日	

 思考与练习

一、选择题

1.将虚拟控制器与工作站同步时,可在虚拟控制器上运行的系统中创建与 RAPID 对应的_____。

A. 程序　　　　　B. 目标点　　　　　C. 指令　　　　　D. 系统

2. 在 RobotStudio 离线编程软件中,"_____"功能选项卡包含创建、控制、监控和记录仿真所需的控件。

A. 仿真　　　　　B. 基本　　　　　C. 建模　　　　　D. 控制器

3. 通常对机器人进行示教编程时,要求轨迹设定的最初程序点与最终程序点应为_____,可以提高工作效率。

A. 同一点　　　　　B. 不同点　　　　　C. 远离点　　　　　D. 相近点

4. RobotStudio6.01 的仿真录像文件的后缀通常有_____、_____两种格式。

A. MVP　　　　　B. AVI　　　　　C. MWV　　　　　D. MP4

二、填空题

1. 仿真设定完成后,在"仿真"菜单中,单击_____,这时机器人就按添加路径的顺序运动。

2. 在 RobotStudio 软件中"仿真"的功能有_____、_____。

3. I/O 信号的监控操作是指对 I/O 信号的_____或_____进行仿真和强制的操作，以便在机器人调试和检修时使用。

4. 如果 gi1 占用地址 1～5，那么对 gi1 进行仿真操作时，输入的最小值是_____，最大值是_____。

三、简答题

在 RobotStudio 软件中，如何进行工作站与虚拟示教器的数据同步？

科技是第一生产力，人才是第一资源，创新是第一动力。

从本任务的学习中我们掌握了如何调试运行工作站，在调试过程中，大家要敢于试错，全身投入，创新方式方法。

中国电磁弹射之父

作为一位科技精英，马伟明在中国电磁弹射方面作出了卓越的贡献。

在二十世纪八九十年代，潜艇的发动机系统存在固有振荡问题。为了解决这一隐患，马伟明自筹资金，建设实验场地，带领自己的科研团队，向着技术瓶颈发起了冲刺，由他发明的多项整流发电机，最终解决了此项问题，打破了国外技术垄断。

在二十世纪九十年代之前，世界通用的航母弹射系统是蒸汽弹射，但稳定性较差，反应时间较长，无法适应日益严苛的需要。为了取代这种落后的技术，马伟明决定研发电磁弹射系统，又是漫长的 5 年，马伟明再一次成功攻破难关，他所研发的电磁弹射系统采用了中压直流的方式，在性能上更为高级，也更为平稳。马伟明让我国成为第二个拥有电磁弹射技术的国家。

他不仅是一位淡泊名利的科技工作者，同样也是一位非常谦虚的人，一直在自己的岗位上发光发热。

项目拓展

一、虚拟示教器中的快捷手动

在虚拟示教器中，单击右下角快捷菜单，然后单击"手动操纵"，再单击"显示详情"，如图 4-66 所示。

如图 4-67 所示，快捷手动参数能够快捷地修改各项手动参数，具体解释如下：

A：选择当前使用的工具数据。

B：选择当前使用的工件坐标。

C：操纵杆速率。

D：增量开/关。

E：坐标系选择。

F：动作模式选择。

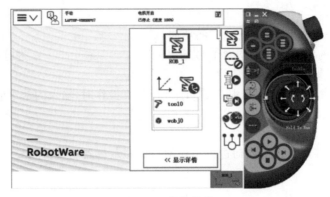

图 4-66　快捷菜单

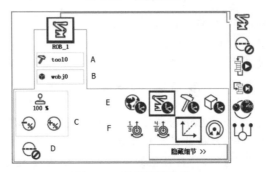

图 4-67　快捷手动参数

二、工业机器人的位姿

　　工业机器人的位姿包含两个方面内容,一个是机器人末端位置,另一个就是机器人末端姿态。位置(position)与姿态(pose)的合称为位姿。位置指的是空间点在坐标系中的坐标,姿态是指机器人在当前参考坐标系下的姿态。姿态的概念用在工业机器人领域的六轴机器人上。

　　六轴机器人有 6 个自由度,即 X、Y、Z、RX、RY、RZ,前 3 个表示位置,也就是空间三维的坐标,后 3 个表示姿态,就是在当前位置下绕着 X、Y、Z 轴的旋转,如图 4-68 所示。

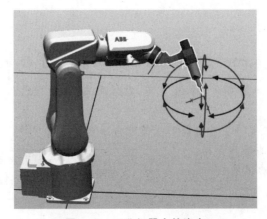

图 4-68　工业机器人的姿态

第
三
篇

综合实战篇

工业机器人装配工作站

用工业机器人替代人工操作,不仅可保障人身安全,改善劳动环境,减轻劳动强度,提高劳动生产率,而且还能够起到提高产品质量、节约原材料及降低生产成本等多方面作用,因而,工业机器人在工业生产各领域的应用也越来越广泛。根据工业机器人的功能与用途,其主要产品大致可分为加工、装配、搬运、包装四大类。其中,装配机器人(ass robot)是将不同的零件或材料组合成组件或成品的工业机器人,常用的有组装和涂装两大类。本项目介绍由工业机器人来完成电机与底座的装配的过程。

》》》 任务 5.1 创建工作站的装配工件

知识目标

◆ 掌握 RobotStudio 中建模功能的应用。
◆ 掌握 RobotStudio 中测量功能的应用。
◆ 掌握 RobotStudio 中捕捉方式的运用和对模型的 CAD 操作。

能力目标

◆ 能够利用建模、测量、CAD 操作等完成简单模型的创建。
◆ 能够熟练运用各种捕捉方式来捕捉关键几何元素。

素养目标

◆ 培养学生勤于动脑、善于思考的习惯。
◆ 培养学生不畏困难、拼搏进取的精神。

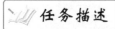

工业机器人装配工作站中有工业机器人 IRB120、两个待装配工件(电机和底座)、机器人用工具(夹爪)和工作桌台等。本任务要求工业机器人用工具夹爪,从立体仓库上的指定位置夹取电机,搬运到装配平台上,并将电机装配到底座中,完成电机的装配。本任务利用建模功能来完成电机和底座的模型创建。

5.1.1 建模功能的应用

下面我们在 RobotStudio 中对两个待装配的工件即电机和底座进行造型。

使用 RobotStudio 进行机器人的仿真验证时,如果对周边模型要求不是非常细致,例如矩形体、圆柱体、锥体、球体等模型,可以使用 ABB RobotStudio 建立基本的模型来满足需求,以提高仿真验证的效率,节约一定的时间。

如果对周边模型的要求很高,可以通过专业的第三方软件进行建模,并转换成特定格式(如.sat 格式)再导入 RobotStudio 中,来完成工作站的布局。

RobotStudio 中机器人建模功能有"固体""表面"和"曲线",其中最常用的就是"固体",在"固体"中可以创建以下模型:矩形体(含立方体)、圆锥体、圆柱体、锥体、球体,如图 5-1 所示。

使用 RobotStudio 建模功能创建 3D 模型的过程如下。

图 5-1　固体

1. 创建一个矩形体

(1) 在"建模"功能选项卡中,单击"创建"组中的"固体"菜单,选择"矩形体"。

(2) 按照桌面的数据输入参数:长度 400 mm,宽度 300 mm,高度 50 mm。然后单击"创建",如图 5-2 所示。

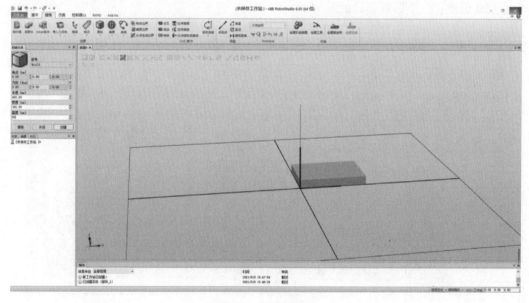

图 5-2　创建矩形体

(3) 选中刚创建好的对象,单击鼠标右键,在弹出的快捷菜单中可以进行重命名、颜色修改等相关的设定,如图 5-3 所示。设置完成后,单击"导出几何体",选择保存位置和保存格式,就可将对象导出并保存。

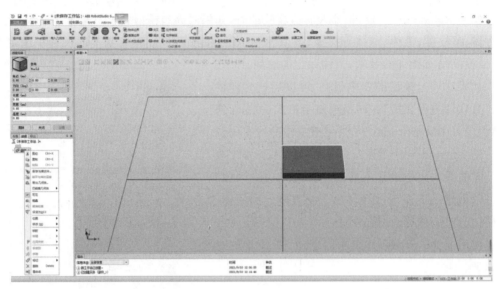

图 5-3 设置并导出几何体

2. 创建一个圆柱体

(1) 在"建模"功能选项卡中,单击"创建"组中的"固体"菜单,选择"圆柱体"。

(2) 按照圆柱体的数据进行参数输入:半径 50 mm,高度 200 mm。选择基座中心点时,打开捕捉方式"中心",将基座中心点设置在矩形体顶面中心,单击"创建",则在矩形体中心处就创建了一个圆柱体,如图 5-4。

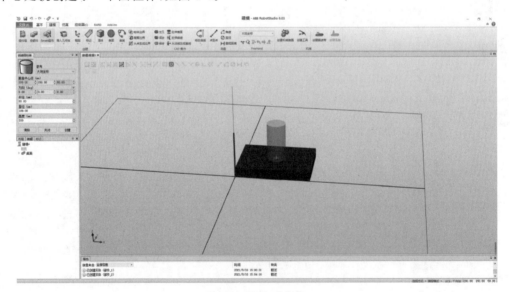

图 5-4 创建圆柱体

(3) 对圆柱体进行颜色、名称等属性的修改,以提高模型的辨识度,同时使整体显示效果更加美观。

3. 创建一个圆锥体

(1) 在"建模"功能选项卡中,单击"创建"组中的"固体"菜单,选择"圆锥体"。

（2）按照圆锥体的数据进行参数输入：在"基座中心点"的 X 轴中输入"－300"，半径 200 mm，高度 300 mm，单击"创建"，如图 5-5。

（3）对圆锥体进行颜色、名称等属性的修改。

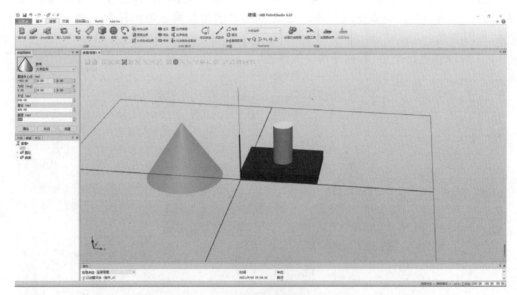

图 5-5　创建圆锥体

4. 创建一个锥体

（1）在"建模"功能选项卡中，单击"创建"组中的"固体"菜单，选择"锥体"。

（2）按照锥体的数据进行参数输入：在"基座中心点"的 Y 轴中输入"－300"，中心到角点的距离为 200 mm，高度为 300 mm，侧面的数量为 4，单击"创建"，如图 5-6 所示。

（3）对锥体进行颜色、名称等属性的修改。

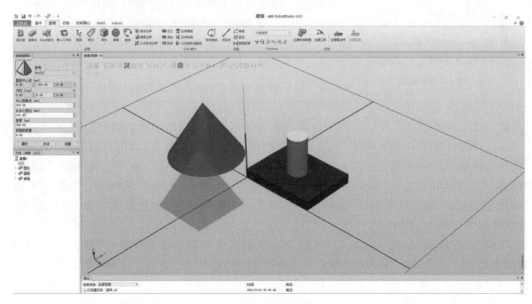

图 5-6　创建锥体

5. 创建一个球体

（1）在"建模"功能选项卡中，单击"创建"组中的"固体"菜单，选择"球体"。

（2）按照球体的数据进行参数输入：半径 50 mm。选择"中心点"时，打开捕捉方式"末端捕捉"，将中心点设置在圆锥体顶点处，单击"创建"，则在圆锥体顶上就创建了一个球体，如图 5-7。

（3）对球体进行颜色、名称等属性的修改。

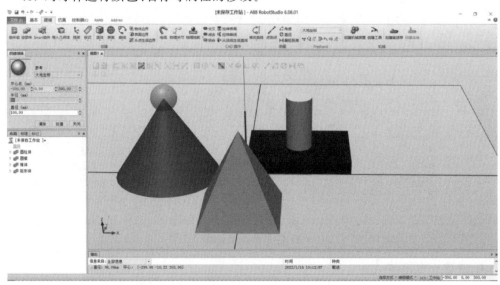

图 5-7　创建球体

6. 对模型的 CAD 操作

RobotStudio 软件中对模型的 CAD 操作主要有交叉、减去、结合等，如图 5-8 所示。下面以前面所创建的圆锥体和球体为例，说明其基本操作。

图 5-8　CAD 操作

（1）结合：将物体 A 与物体 B 相结合，结果是生成新的物体。单击"建模"功能选项卡下 CAD 操作中的"结合"，出现"结合"对话框。取消勾选"保留初始位置"，选择结合体 1 为"球"（可以在窗口中直接选中实物，也可在"布局"下单击"球—物体"），选择结合体 2 为"圆锥"，如图 5-9 所示，单击"创建"，则二者结合为一个部件，颜色恢复为初始颜色。结合后的部件如图 5-10 所示。

（2）减去：物体 A 减去物体 B，结果是在物体 A 的基础上减去两者的公共部分。单击"撤销"，撤销前述结合操作。之后单击"建模"功能选项卡下 CAD 操作中的"减去"，出现"减去"对话框，取消勾选"保留初始位置"，"减去"选择圆锥，"…与"选择球，如图 5-11 所示，单击"创建"，则可以看到减去的效果，生成了一个新的部件，颜色恢复为初始颜色。减去后的部件如图 5-12 所示。

（3）交叉：物体 A 与物体 B 交叉，结果是保留两者的公共部分。单击"撤销"，撤销前述减去操作。之后单击"建模"功能选项卡下 CAD 操作中的"交叉"，出现"交叉"对话框，取消勾选"保留初始位置"，"交叉…"选择球，"…和"选择圆锥，如图 5-13 所示，单击"创建"，则可以看到交叉的效果，生成了一个新的部件，颜色恢复为初始颜色。交叉后的部件如图 5-14 所示。

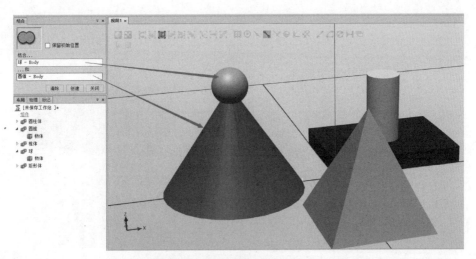

图 5-9　圆锥体与球体"结合"

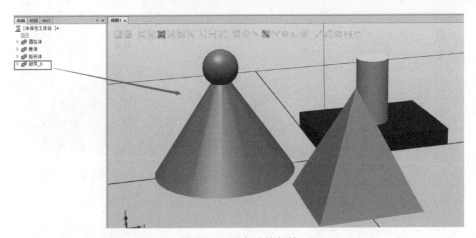

图 5-10　结合后的部件

图 5-11　圆锥体与球体"减去"

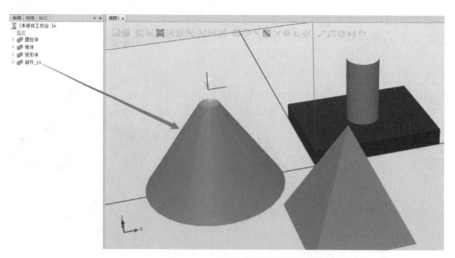

图 5-12　减去后的部件

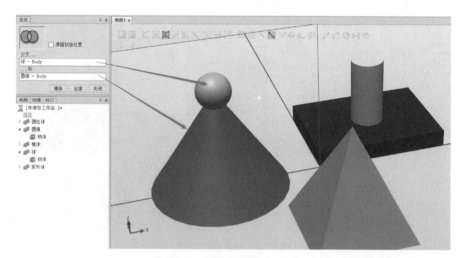

图 5-13　圆锥体与球体"交叉"

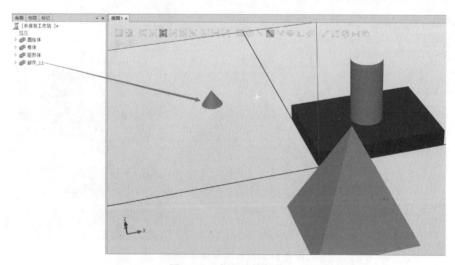

图 5-14　交叉后的部件

5.1.2 测量功能的应用

RobotStudio 软件中的测量功能包括：点到点、角度、直径、最短距离，如图 5-15 所示。其测量数据及含义如表 5-1 所示。

图 5-15　测量功能

表 5-1　测量数据及含义

测量功能名称	测量数据及含义
点到点	测量图形窗口中两点间的距离
角度	在图形窗口中选择三个点确定角度，并测出该角度大小 第一个点为聚点，然后在每行选择一个点
直径	在图形窗口中选择三点来定义圆周，并测出该圆直径值
最短距离	测量在图形窗口中选择的两个对象之间的最近距离

1. 测量桌面长度

单击"选择部件"，在"建模"功能选项卡中，单击"点到点"，选择捕捉方式为捕捉末端。单击桌面的一个角点，再单击另一个角点，则桌面长度的测量结果就显示在图中，如图 5-16 所示。

2. 测量锥体顶角角度

单击"测量"中的"角度"，选择捕捉方式为捕捉末端，依次单击 A 角点、B 角点、C 角点，则锥体顶角角度的测量结果就会显示在图中，如图 5-17 所示。

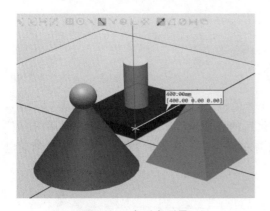

图 5-16　点到点测量

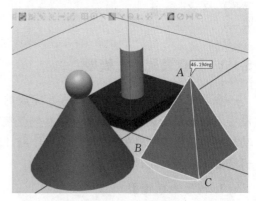

图 5-17　角度测量

3. 测量圆柱直径

单击"测量"中的"直径"，选择捕捉方式为捕捉边缘点，依次在圆柱顶面圆上点击三个不同的边缘点，则圆柱直径就会显示在图中，如图 5-18 所示。

4. 测量两个物体间的最短距离

在"建模"功能选项卡中单击"最短距离"，测量锥体与矩形体之间的最短距离，单击 A

点，然后单击 B 点。最短距离的测量结果就显示在图中，如图 5-19 所示。

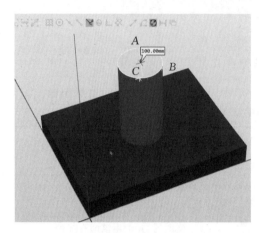

图 5-18　直径测量

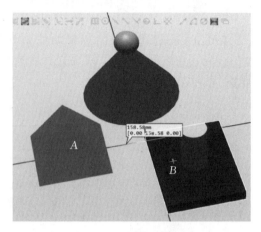

图 5-19　最短距离测量

5. 测量技巧

测量技巧主要体现在能够运用各种选择部件、捕捉模式、测量方式正确地进行测量，要多加练习，才能掌握。主要的选择部件、捕捉模式、测量方式图标如图 5-20 所示。

图 5-20　测量相关图标

5.1.3　建立装配工件模型

在装配工作站中，工业机器人要完成的任务是将电机装配在底座中，如图 5-21 所示。图中左侧是简化后的电机模型，右侧是简化后的底座模型。本次任务就是利用"建模"功能创建电机和底座的模型，并将其导出，以备布局装配工作站时调用。下面开始创建电机和底座这两个工件的模型。

1. 创建电机模型

（1）首先，新建一个空工作站，然后在"建模"功能选项卡下，单击"固体"，选择"圆柱体"，输入直径"40"，高"60"，单击"创建—关闭"。

（2）继续单击"固体"，创建一个矩形体。矩形体的角点输入 X 为"−18"，Y 为"−20"，输入长度"36"、宽度"40"、高度"60"。这样矩形体和圆柱体二者的中心就处于重合的位置，如图 5-22 所示，单击"创建—关闭"。

（3）下面对圆柱体和矩形体进行交叉计算。单击"CAD 操作"中的"交叉"，将圆柱体和矩形体进行交叉，如图 5-23 所示，单击"创建—关闭"。这样二者交叉的部位就保留了下

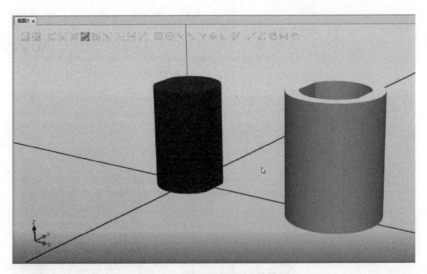

图 5-21　装配工作站工件模型

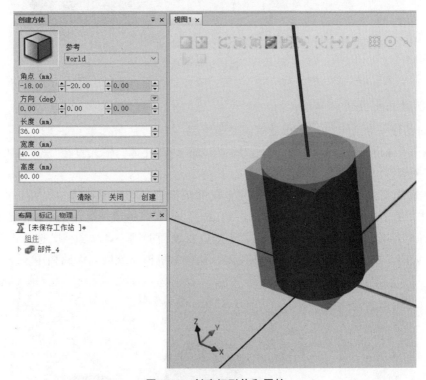

图 5-22　创建矩形体和圆柱

来，这就是电机模型。

（4）可以对电机模型进行重命名和修改颜色等属性的设定。选中电机部件，单击鼠标右键，将部件重命名为"电机"，继续修改，设定颜色为蓝色。

（5）最后，可以将电机模型导出为几何体，并保存下来，方便后续布局装配工作站时调用。选中电机，单击鼠标右键，选择"导出几何体"，任选一种格式，选择存储位置，单击"导出"，则电机模型导出为几何体模型。

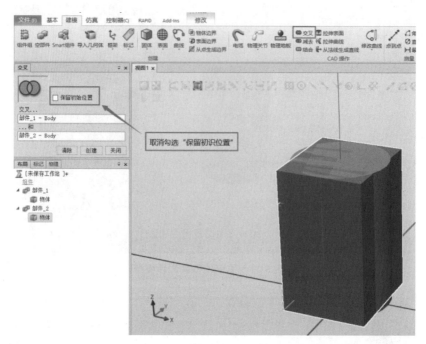

图 5-23 圆柱与矩形体"交叉"

2. 创建底座模型

下面创建一个与电机尺寸相适应的底座模型。

（1）在"建模"功能选项卡下，单击"固体"，选择"圆柱体"，输入直径"55"，高"70"，单击"创建—关闭"。

（2）将电机放到大圆柱内，也就是使电机的顶面圆心与大圆柱体顶面圆心重合，以便进行减去的操作。选中电机，单击鼠标右键，选择"位置—放置——个点"，将捕捉方式改为"捕捉中心"，如图 5-24 所示。"主点-从"选择电机顶面的圆心，"主点-到"选择大圆柱顶面的圆心，如图 5-25 所示。单击"应用—关闭"，这样电机模型就嵌入大圆柱中了。

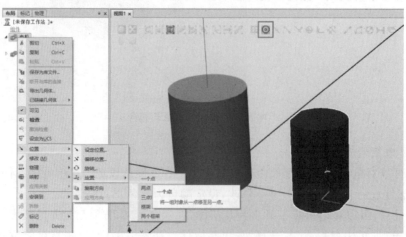

图 5-24 "一个点"放置电机

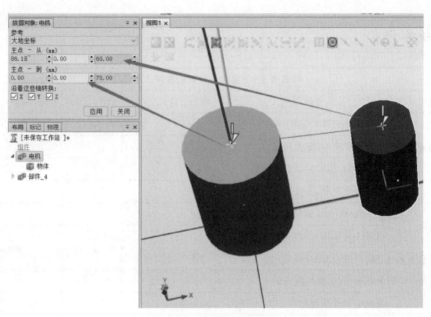

图 5-25　放置对象：电机

（3）单击"CAD 操作"中的"减去"，用圆柱体模型减去电机模型，如图 5-26 所示。单击"创建—关闭"，就得到了一个与电机尺寸相适应的底座模型，将其重命名为"底座"，颜色修改为黄色。

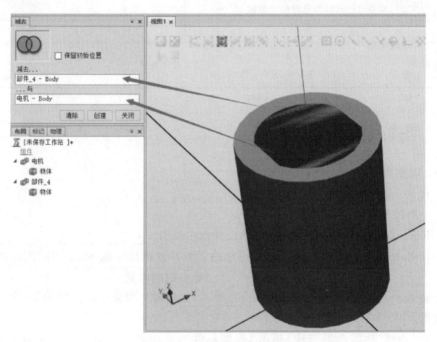

图 5-26　圆柱体与电机"减去"

（4）将底座模型导出为几何体，以备后面装配工作站布局时调用。

任务评价

任务5.1 创建工作站的装配工件

序号	考核要素	考核要求	配分	自评(20%)	互评(20%)	师评(60%)	得分小计
一	职业素养 20分	遵守课堂纪律,主动学习	5				
		遵守操作规范,安全操作	5				
		善于动脑,能够主动思考问题	5				
		具备锐意进取、不畏困难的勇气	5				
二	知识掌握 能力60分	在RobotStudio软件中完成建模	10				
		在RobotStudio软件中完成测量	10				
		对模型进行CAD操作	10				
		熟练运用、切换捕捉方式	10				
		完成电机模型创建	10				
		完成底座模型创建	10				
三	专业技术 能力10分	能够熟练创建其他简单模型	5				
		能够修改模型属性,并将模型导出	5				
四	拓展能力 10分	能够触类旁通,创建其他模型	5				
		能够对已有模型进行尺寸测量	5				
	合计		100				
学生签字		年 月 日		任课教师签字		年 月 日	

思考与练习

一、填空题

1. 在RobotStudio软件中可以创建_____、_____、_____、_____、_____、_____六种不同的基本固体。

2. RobotStudio软件中对模型的CAD操作主要有_____、_____、_____。

3. RobotStuidio软件中,可以建立简单的模型并进行尺寸测量,常用的测量功能可以实现_____、_____、_____、_____等参数的测量。

4. RobotStudio软件中测量物体间的_____距离与测量点的位置无关,它是一个固定的数据。

5. 在"建模"功能选项卡中,单击"选择部件",选中部件并单击鼠标右键,可以设置_____、_____、_____、_____、_____五种放置方式。

二、简答题

在本装配工作站中,添加了哪些设备?请一一列举出来。

探索故事

本任务中我们学习了 RobotStudio 软件中的建模、测量、CAD 操作等基本功能,并利用这些功能创建了装配工作站的工件电机和底座。同学们可以根据所学知识创建模型。该任务培养了学生善于思考、拼搏进取的精神。我们在学习中,务必不忘初心、牢记使命。

李贵成:电工大拿"临危受命"确保设备安全"零"事故

从物料进厂到贴片焊接、部件检测,再到组装和整机检测,最终包装与交付出厂,生产一台手机的整个过程都离不开产线强电电路的精心设计和质量管控。

在武汉产业基地有这样一位被大伙熟知的设备安全守护者,他叫李贵成。他一直保持着 289 台设备线路安全"零"事故的纪录。在过去 9 年时间里,李贵成参与了 15 个厂级改善项目,也因此积累了丰富的电工专业知识。

"因为我是搞设备服务的,搞设备这一行,我喜欢钻研。"采访伊始,李贵成就亮明了自己的制胜法宝。

据他回忆,建厂初期,整个厂区里没有桥架,一片空白。没有桥架意味着生产过程中设备线路完全暴露在外,极易造成安全隐患。上级把他叫到办公室,要求两周内一次性架起 24 个桥架,这样才能满足生产需要。

"当时条件极其有限,最大的难题就是没有合适的材料,技术方面也很短缺。"临危受命之际,李贵成很快组建了一个 6 人小组"突击队",夜以继日地作业,一项一项地去解决困难,没有材料他们就利用原来供应商不要、剩下来的旧材料进行加工处理,研究出了一系列方便、快捷和安全的新方法。

"整整两个星期我们把所有原供应商不要的材料进行手工打造,最终 24 个桥架按时按点完成交付。"每当回想这段往事,李贵成心里就自豪满满。多年来正是凭借着这股子拼劲和闯劲,他才成为大家公认的电工大拿。

▶▶▶ 任务 5.2　创建机器人用工具

知识目标

◆ 掌握 RobotStudio 软件中机械装置的创建方法。
◆ 理解机械装置的创建思路与步骤。

能力目标

◆ 能够创建典型的设备、工具类的机械装置。
◆ 能够利用 Freehand 功能验证机械装置的各关节。

素养目标

◆ 培养学生融会贯通、触类旁通的学习能力。
◆ 培养学生严谨求真、在实践中不断总结反思的精神。

任务描述

　　装配工作站所用到的工具是夹爪，夹爪抓取电机需要进行开合动作，本任务利用建模功能来完成工具夹爪模型的创建，并将其创建成工具类的机械装置，要求其手指可以按照一定行程进行往复移动，从而实现开合动作，并且工具的坐标系在两手指中间，为后续配置工具的事件管理器奠定基础。

知识准备

5.2.1　建立夹爪模型

　　工业机器人装配工作站中所使用的工具是如图 5-27 所示的夹爪。该夹爪主要由三部分组成：手掌、左手指和右手指。下面利用建模功能创建夹爪的模型。

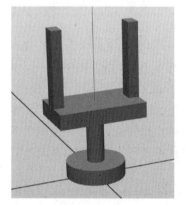

图 5-27　夹爪

　　（1）新建一个空工作站，在"建模"功能选项卡下，单击"固体"，选择"圆柱体"，创建直径为 40 mm、高为 10 mm 的圆柱体，单击"创建"。继续创建直径为12 mm、高为 30 mm 的圆柱体，单击"创建—关闭"。

　　（2）单击"固体"，选择"矩形体"，设定长、宽、高分别为 60 mm、35 mm、10 mm，单击"创建"，继续创建矩形体，长、宽、高分别为 7 mm、10 mm 和 50 mm，单击"创建—关闭"。四个部件如图 5-28 所示。

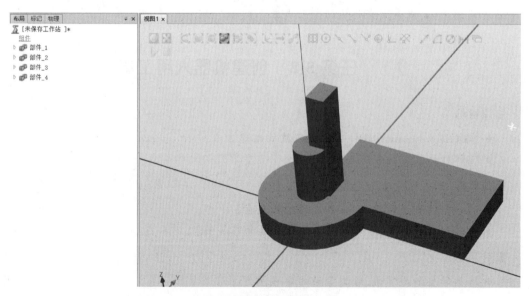

图 5-28　创建夹爪的基本体

下面对所创建的四个部件进行放置及组合。

（1）选中部件_2，单击鼠标右键，选择"位置—设定位置"，将 Z 值改为 10，单击"应用—关闭"。

（2）选中部件_3，单击鼠标右键，选择"位置—放置——点法"，捕捉方式为捕捉中心。"主点-从"选择矩形体底面的中心，"主点-到"选择圆柱体顶面中心，如图 5-29，单击"应用—关闭"。

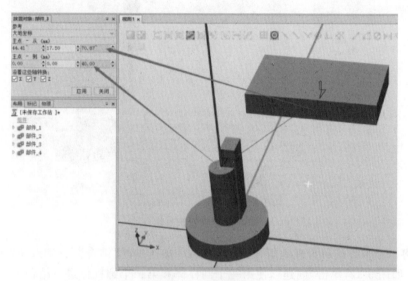

图 5-29　放置部件_3

（3）选中部件_4，单击鼠标右键，选择"位置—放置——点法"，捕捉方式为捕捉中点。"主点-从"选部件_4 矩形体左边的中点，"主点-到"选择部件_3 矩形体左下棱线的中点，如图 5-30 所示，单击"应用—关闭"。这样，就创建了一根手指放置到手掌上的模型。

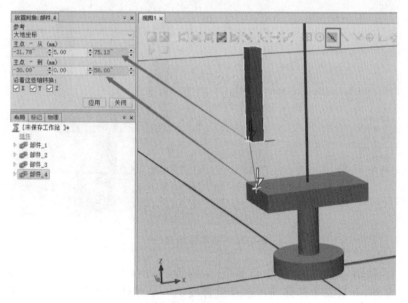

图 5-30　放置部件_4

（4）选中左手指模型，单击鼠标右键，选择"映射—镜像YZ"，如图5-31所示，就得到了右手指模型。

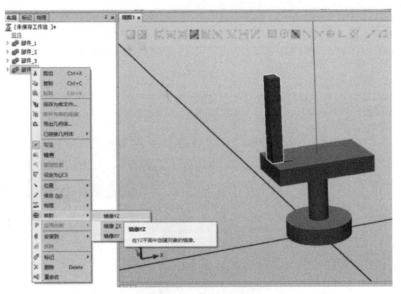

图 5-31　映射左手指

（5）将以上部件进行合理地组合。单击CAD操作中的"结合"，分别选中"部件_1"和"部件_2"，如图5-32，单击"创建"，使第一个圆柱体和第二个圆柱体进行结合。

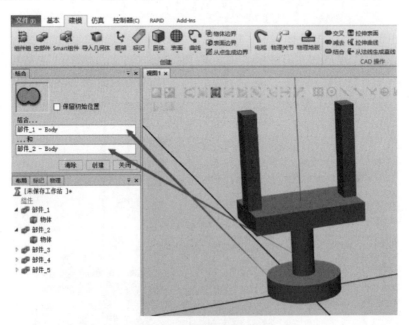

图 5-32　基本体结合（一）

（6）同上，将结合所得部件_6与部件_3矩形体进行结合，如图5-33所示，单击"创建—关闭"，这样，下面三个部件通过结合组合成了一个整体即部件_7。选中部件_7，单击鼠标右键，重命名为"手掌"，再分别对左、右手指进行重命名，结果如图5-34所示。

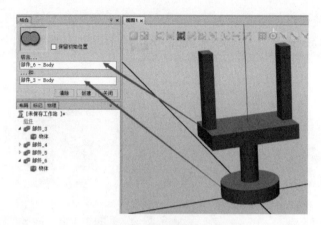

图 5-33　基本体结合（二）

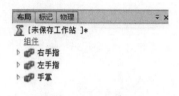

图 5-34　重命名各部件

至此，工业机器人夹爪模型创建完成。

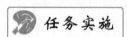

5.2.2　建立夹爪的机械装置

在前述过程中我们创建了夹爪的模型，并将夹爪分为手掌、左手指、右手指三部分。本次任务是在这个三维模型的基础上，利用创建机械装置的方法，将夹爪组件生成为能够在机器人末端使用的工具，该工具可以被保存为库文件，以便随时调用。该工具的要求如下：工具的 TCP 位于两个手指中间位置，且两个手指要能实现开、合的动作，开合的行程均为 5 mm，开合的时间为 3 s。下面按照要求开始创建这个机械装置。

（1）在"建模"功能选项卡下单击"创建机械装置"，机械装置名称设定为"JZ"。机械装置类型选择"工具"，如图 5-35 所示。

（2）双击"链接"，创建第一个链接 L1，所选组件设定为"手掌"，并勾选"设置为BaseLink"，单击添加部件按钮"▶"，再单击"应用"，如图 5-36 所示。

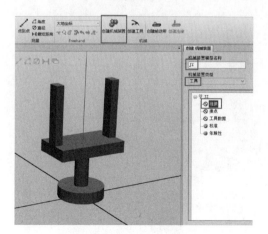

图 5-35　开始创建机械装置

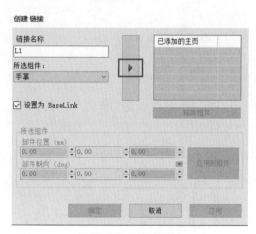

图 5-36　创建链接 L1

（3）继续创建第二个链接 L2，所选组件设定为"左手指"，单击添加部件按钮，如图 5-37，再点击"应用"；创建第三个链接 L3，所选组件设定为"右手指"，单击添加部件按钮，如图 5-38，点击"应用—确定"。

图 5-37　创建链接 L2　　　　　　　　　图 5-38　创建链接 L3

（4）双击"接点"，出现"创建接点"对话框。首先创建左手指和手掌的接点关节。关节名称为 J1，关节类型选择"往复的"，父链接选择 L1(BaseLink)，子链接选择 L2。捕捉方式设为"捕捉末端"。选择关节轴第一个位置和第二个位置，如图 5-39 所示。关节限值下，输入最小限值为 0，最大限值为 5。单击"应用"。

（5）继续创建右手指和手掌的接点关节。关节名称改为 J2，关节类型仍是"往复的"，父链接选择 L1(BaseLink)，子链接选择 L3。捕捉方式设为"捕捉末端"。选择关节轴第一个位置和第二个位置，如图 5-40 所示。关节限值下，输入最小限值为 0，最大限值为 5。单击"应用—取消"。

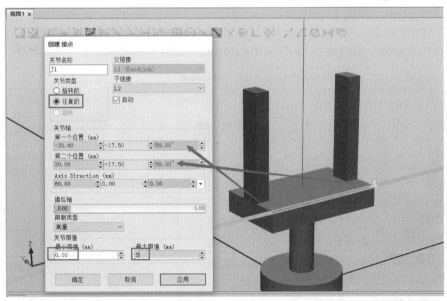

图 5-39　创建接点 J1

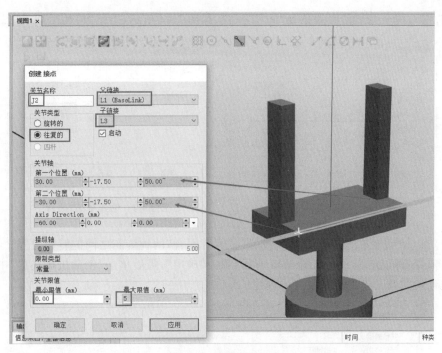

图 5-40　创建接点 J2

（6）双击"工具数据"，出现"创建工具数据"的对话框。"工具数据名称"设为"JZTool"（工具名称，不能用汉字），"属于链接"选择 L1（BaseLink），即手掌。下面"位置"指的是工具坐标系原点（TCP）的位置。这里 TCP 的空间位置在两个手指的中间，经过计算，该位置只是相对于夹爪模型的本地坐标系沿着 Z 轴正方向偏移了一定的距离，方向并没有变化。经过测量，该距离是 75 mm，因此在"位置"的 Z 轴文本框输入"75"即可，其他数值和方向均为 0；"工具数据"下将重量设置为"1"，在"重心"下 Z 轴文本框中输入"35"，如图 5-41 所示，单击"确定"。

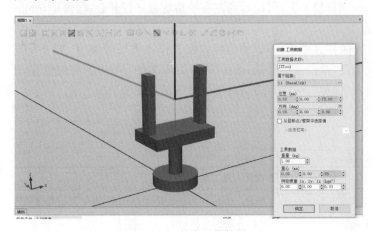

图 5-41　创建工具数据

图 5-42　姿态添加

（7）单击"编译机械装置"，如图 5-42，点击"添加"，出现"创建姿态"对话框。输入姿态名称"张开"，上下两个关节值均为 0，如图 5-43 所示，单击"应用"；再输入第二种姿态名称

"闭合",拖动两个关节值滑动条到"5.00"位置,如图5-44所示,单击"应用—取消"。

图 5-43 创建姿态"张开"　　　　　　图 5-44 创建姿态"闭合"

（8）单击"设置转换时间"按钮,设置"张开""闭合"两种姿态之间的转换时间。在对话框中,将时间都设定为 3 s,如图5-45所示,单击"确定",最后单击"创建机械装置"中的"关闭",这样就完成了夹爪机械装置的创建。

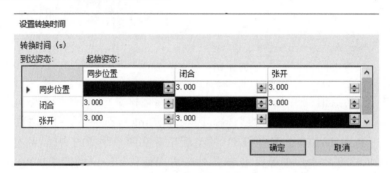

图 5-45 设置转换时间

（9）该夹爪机械装置是否创建成功,可以在 Freehand 中单击"手动关节"进行验证:用鼠标左键选中两个手指并拖住,分别移动一下,可以看到左右手指均能进行开合,行程是 5 mm,则证明夹爪机械装置创建成功。

（10）下面将这个机械装置保存为库文件,以便后续装配工作站布局时调用。在"布局"功能选项卡下,选中夹爪机械装置,单击鼠标右键,选择"保存为库文件",指定保存的位置,库文件名称可设为"JZ.rslib",单击"保存"。这样,夹爪机械装置就保存在模型库中了。

任务评价

任务 5.2 创建机器人用工具

序号	考核要素	考核要求	配分	自评(20%)	互评(20%)	师评(60%)	得分小计
一	职业素养 20分	遵守课堂纪律,主动学习	5				
		遵守操作规范,安全操作	5				
		求真务实,具有责任意识	5				
		具备总结反思的学习策略	5				

续表

序号	考核要素	考核要求	配分	自评(20%)	互评(20%)	师评(60%)	得分小计
二	知识掌握能力60分	建立夹爪模型	10				
		对夹爪手掌部分进行结合	10				
		创建夹爪机械装置	10				
		用 Freehand 验证手指的运动	10				
		理解工具坐标系的含义	10				
		将夹爪工具导出	10				
三	专业技术能力10分	能够熟练创建夹爪等模型	5				
		能够修改模型属性,并将模型导出	5				
四	拓展能力10分	能够举一反三,创建其他类型机械装置	5				
		能够修改编辑已有机械装置	5				
合计			100				
学生签字		年　月　日	任课教师签字			年　月　日	

 ## 思考与练习

一、填空题

1. 工业机器人装配工作站中创建的夹爪工具,由_____、_____、_____三部分组成。

2. 在 RobotStudio 软件的"建模"功能选项卡中,自行创建机械装置时,可以选择_____、_____、_____、_____等 4 种不同的类型。

3. 在创建机械装置的过程中,设置机械装置的链接参数时,必须至少为其创建_____个链接。

4. 在创建机械装置的过程中,设置机械装置的接点参数时,关节的类型有_____、_____、_____三种。

5. 在创建机械装置的过程中,设置机械装置的接点参数时,一个关节必须有_____和_____两个链接。

6. 在创建夹爪机械装置时,设置了_____个链接、_____个接点。

7. 在创建夹爪机械装置时,两个接点均为_____关节类型。

8. 成功创建夹爪机械装置后,我们可以点击 Freehand 下的_____,来验证机械装置的运动情况。

9. 在创建机械装置时我们需要对机械装置的_____、_____、_____、校准、依赖性等参数进行必要的设置。

10. 在 RobotStudio 软件中,要设置创建的机械装置的运动姿态,_____位置可以设置为原点位置。

二、判断题

1. 在创建机械装置的过程中，设置机械装置的链接参数时，只能有一个链接设置为 BaseLink。　　　　　　　　　　　　　　　　　　　　　　（　）

2. 在 RobotStudio 软件中，使用建模功能，可以创建任意复杂的模型来满足工作站的布局要求，无须从其他专业三维软件中导入模型。　　　　　　　　　（　）

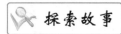 **探索故事**

本任务中我们利用前面学到的建模、CAD 操作等知识，创建了夹爪模型，并将其创建成了机械装置，利用 Freehand 下的关节运动可以验证夹爪的开合运动。该机械装置成为机器人的工具，可以直接安装到机器人法兰盘位置。同学们可以发挥想象，创建其他种类的机械装置；除了移动关节外，还可以试着创建一个旋转型夹爪。该任务培养了学生触类旁通、举一反三的学习能力，并使学生感受到在实践中不断总结、反思的职业精神。

鲁班造锯的故事

鲁班是我国古代一位著名的工匠，他发明过许多有用的工具，如磨面粉的石磨和攻城的云梯，还有锯木头的锯子。

当时，木匠的工具只有斧头。鲁班经常带着徒弟，上山砍伐树木，用斧头砍树非常吃力，常常累得满头大汗。一次，在上山的路上，他的手破了，鲜血流了出来。他一看，手不是被斧头碰破的，而是被野草的叶子割破的。野草的叶子怎么会这样厉害呢？他仔细一看，这叶子长长的，边缘上有许多锋利的小齿。

鲁班深受启发，便在一条铁片的边缘做出许多尖齿，发明了锯子。用锯子锯木头，比用斧头方便、省力多了。就这样鲁班在野草叶子的启发下发明了锯子。

》》》 任务 5.3　配置工具事件管理器

知识目标

◆ 掌握 RobotStudio 软件中建立系统 I/O 信号的方法。

◆ 理解 RobotStudio 软件中事件管理器的含义。

◆ 理解 RobotStudio 软件中配置事件管理器的方法。

能力目标

◆ 能够在系统中建立 I/O 信号并在 I/O 仿真器中进行验证。

◆ 能够熟练地在 RobotStudio 软件中创建新事件。

素养目标

◆ 培养学生主动思考、深度思考的能力。

◆ 培养学生求真务实、崇尚科学的精神。

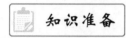 **任务描述**

在任务 5.2 中,我们将装配工作站的工具夹爪创建成了机械装置,但它不能实现自动开合的动作,该动作需要用系统 I/O 信号去触发;同理,夹爪对工件的抓放也是如此。本任务就将夹爪机械装置与系统 I/O 信号关联起来,在事件管理器中创建新事件,实现夹爪的开合以及对工件的抓放,为后续的编程做准备。

知识准备

5.3.1 建立系统 I/O 信号

DI/DO 分别是机器人的数字输入信号和数字输出信号,采用直流 24 V 电压。输入输出信号有两种状态:1(High)为接通,0(Low)为断开。特别需要注意的是输入输出信号必须在系统参数中定义。

本小节的学习任务是建立系统的 I/O 信号。在建立 I/O 信号之前,首先要布局该装配工作站,进而生成系统。在布局过程中,需要调入前面任务中所创建的工件模型、底座、电机以及夹爪的机械装置等,并需要导入机器人以及工作桌台等。下面首先对装配工作站进行布局,然后建立系统 I/O 信号。

(1)新建一个空工作站,在"基本"功能选项卡下单击 ABB 模型库,选择 IRB120 机器人,单击"确定"。选择"导入模型库—浏览库文件",找到之前创建的夹爪机械装置,单击"打开",如图 5-46 所示。

图 5-46 打开夹爪机械装置

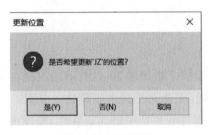

图 5-47　更新位置

（2）在"布局"下选中"JZ"，单击鼠标右键，选择"安装到—IRB120_3_58__01"，出现"更新位置"对话框，如图 5-47 所示，单击"是"，夹爪就安装到了机器人法兰盘上。

（3）选择"导入模型库—浏览库文件"，找到"工业机器人应用编程平台"，单击"打开"，如图 5-48 所示。

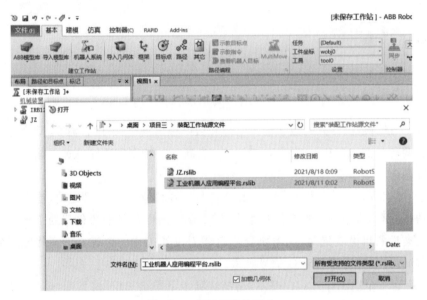

图 5-48　打开工作站平台

（4）这时需要对机器人的位置进行合理布局。选中机器人，单击移动按钮，首先将机器人移至桌台上方，然后在"布局"下选中 IRB120 机器人，单击鼠标右键，选择"位置—放置——个点"，将捕捉方式改为捕捉中心◎。"主点-从"选择机器人底面安装中心，"主点-到"选择工作桌台的安装中心，如图 5-49 所示，单击"应用—关闭"，这样机器人就安装到了工作桌台正确的位置。

（5）下面继续导入电机和底座这两个工件。在"基本"功能选项卡下单击"导入几何体—浏览几何体"，找到之前创建的电机和底座工件，按住 Ctrl 键将两个工件一起选中，单击"打开"。选中电机，单击移动按钮，首先将电机移至桌台上方，然后在"布局"下选中电机，单击鼠标右键，选择"位置—放置——个点"，将捕捉方式仍然设为捕捉中心◎。"主点-从"选择电机底面中心，"主点-到"选择仓库 2 的中心，如图 5-50 所示，单击"应用—关闭"，这样电机就安装到了正确的位置。

（6）下面，用同样的方法放置底座，将底座放置在装配平台上，并且底座的底面中心与装配平台的中心重合，如图 5-51 所示。安装效果如图 5-52 所示，这样就完成了装配工作站的布局。

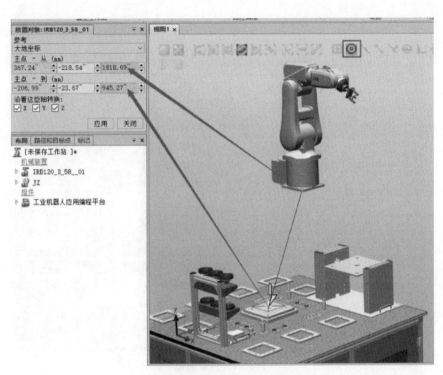

图 5-49　放置 IRB120 机器人

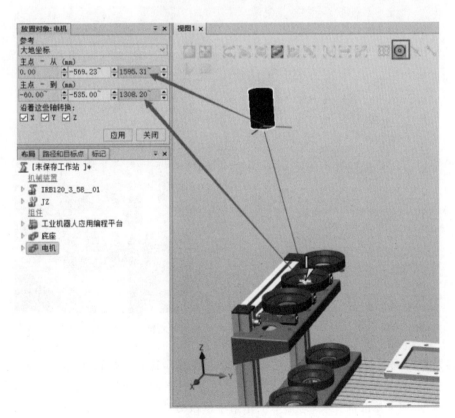

图 5-50　放置电机

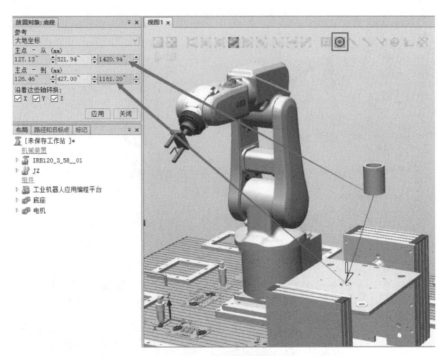

图 5-51　放置底座

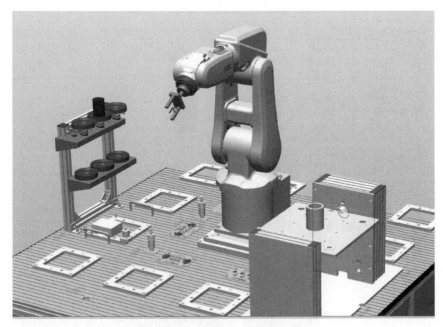

图 5-52　装配工作站的完整布局

（7）在"基本"功能选项卡下，单击"机器人系统"，选择"从布局"，将系统名称设为
"ZP"，选择保存系统的位置，然后单击"下一个"，机械装置选择"IRB120_3_58__01"，单击
"下一个"，选项卡修改前三项（与基本工作站中修改方法一致，不再赘述），单击"确定—完
成"，等待系统启动。

（8）生成系统之后，需要在系统中创建两个 I/O 信号，分别是 DOJZ 和 DOTool。DOJZ 控制夹爪的开合动作：当信号为 1 时，夹爪闭合；信号为 0 时，夹爪打开。DOTool 控制夹爪夹取电机以及放置电机的动作：当信号为 1 时，夹爪夹取电机；当信号为 0 时，夹爪放置电机。

下面在系统中创建这两个 I/O 信号：首先单击"控制器"功能选项卡，选择"配置—I/O System"，如图 5-53 所示。在弹出的对话框中，双击"Signal"，在出现的信号上单击鼠标右键，如图 5-54 所示，选择"新建 Signal"。在"实例编辑器"对话框中，设置信号 Name 为"DOJZ"，Type of Signal 为"Digital Output"，如图 5-55 所示，单击"确定"。这里需要重启控制器，该信号才能生效，如图 5-56 所示，单击"确定"。在信号上再次单击鼠标右键，选择"新建 Signal"，Name 设为"DOTool"，Type of Signal 仍为"Digital Output"，单击"确定—确定"。下面单击"控制器"功能选项卡下的"重启—重启动（热启动）"，如图 5-57 所示，单击"确定"，如图 5-58 所示，重启控制器。重启控制器之后，两个信号才会生效，系统中就增加了 DOJZ 和 DOTool 这两个信号。

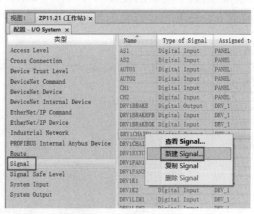

图 5-53　添加 I/O System

图 5-54　新建 Signal

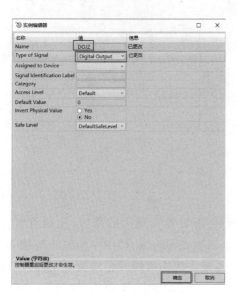

图 5-55　添加 DOJZ 信号

图 5-56　控制器重启

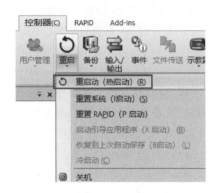

图 5-57　重启

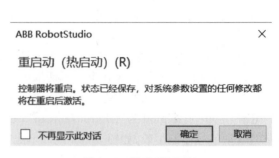

图 5-58　重启（热启动）

（9）在"仿真"功能选项卡下单击"I/O 仿真器"，过滤器选择"数字输出"，可以在下面的"输出"列表中看到刚设置的"DOJZ"和"DOTool"两个信号，如图 5-59 所示，这说明新建的两个 I/O 信号已经存在于系统之中。

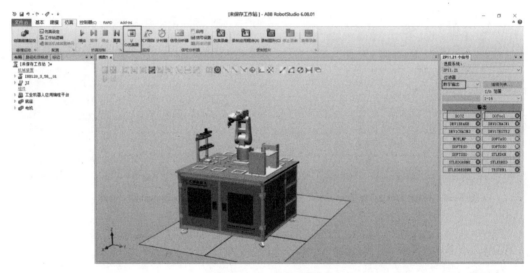

图 5-59　I/O 仿真器

5.3.2　配置工具的事件管理器

在工作站中，为了获得更好的展示效果，我们会为机器人周边的模型，比如滑台、滑块、活塞、夹爪等制作动画效果。事件管理器就是 RobotStudio 软件中专门用于连接 I/O 信号与设备动作的功能模块。下面利用事件管理器来实现夹爪的开合以及对工件的抓放动作。

在前面的任务中，我们已经设置了 DOJZ 和 DOTool 两个 I/O 信号，本任务将利用 DOJZ

信号来触发/控制夹爪的开合动作,利用 DOTool 信号来触发/控制夹爪的抓放动作。

（1）首先来设置夹爪的开合动作,通过事件管理器将信号 DOJZ 与夹爪机械装置的开合动作关联起来。方法如下:单击"仿真"功能选项卡,单击"配置"右方的小箭头,在事件管理器对话框中单击"添加…",如图 5-60 所示。

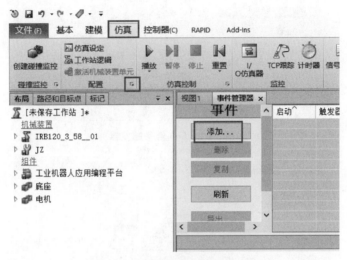

图 5-60　在事件管理器中添加事件

（2）在"创建新事件"对话框中,第一个界面"选择触发类型和启动"保持默认设置,单击"下一个",如图 5-61 所示。在"I/O 信号触发器"界面中,信号选择"DOJZ",信号源选择"当前控制器",触发器条件选择"信号是 True",单击"下一个",如图 5-62 所示。在"选择操作类型"界面中,设定动作类型为"将机械装置移至姿态",单击"下一个",如图 5-63 所示。在"将机械装置移至姿态"界面中,机械装置选择前面任务中的"JZ",姿态选择"闭合",单击"完成",如图 5-64 所示。

图 5-61　选择触发类型和启动

（3）再次单击"添加",步骤同上,不同之处:将触发器条件改为"信号是 False",机械装置 JZ 姿态选择"张开"。这样就完成了夹爪张开和闭合的控制事件管理器设置。

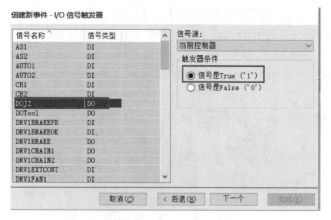

图 5-62　I/O 信号触发器

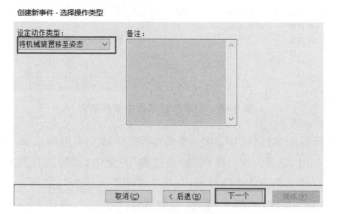

图 5-63　选择操作类型

图 5-64　将机械装置移至姿态

（4）继续设置夹爪的抓放动作。通过事件管理器将信号"DOTool"与机械装置夹爪的抓放动作关联起来。步骤同上：继续单击"添加"，第一个界面保持默认设置，单击"下一个"；在"I/O 信号触发器"界面中，信号选择"DOTool"，触发器条件选择"信号是 True"，如图 5-65 所示，单击"下一个"；在"选择操作类型"界面中，设定动作类型为"附加对象"（在这里附加对象就是指将电机附加到夹爪上,也就是要实现抓取动作),单击"下一个",如图 5-66 所示;在"附加对象"界面中,附加对象选择"电机",并选择"保持位置"选项,"安装到"选择 "JZ",单击"完成",如图 5-67 所示。这样就添加了一个将电机附加到夹爪上的动作,也就 是夹爪抓取电机的动作。

图 5-65　I/O 信号触发器

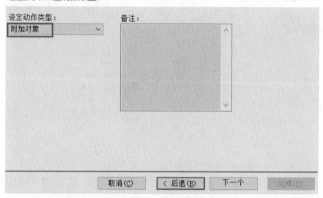

图 5-66　选择操作类型

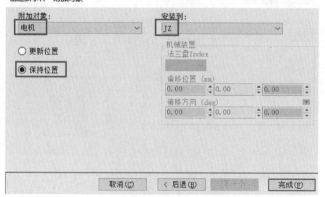

图 5-67　附加对象

（5）再次单击"添加"，继续添加夹爪放置电机的动作。步骤同上，不同之处：将触发器条件改为"信号是 False"，如图 5-68 所示；设置动作类型选择"提取对象"，如图 5-69 所示。在"提取对象"界面中，提取对象选择"电机"，"提取于"选择"JZ"，单击"完成"，如图 5-70 所示。这样就添加了一个夹爪放置电机的动作。

图 5-68　I/O 信号触发器

图 5-69　选择操作类型

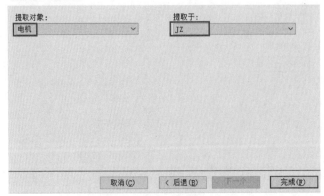

图 5-70　提取对象

（6）配置完成后的事件管理器如图 5-71 所示，通过添加四个事件，完成了夹爪开合以及抓取和放置电机的动作。然后单击"关闭"，关闭事件管理器。

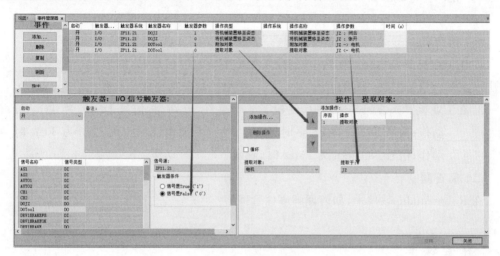

图 5-71　事件管理器

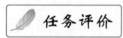 **任务评价**

任务 5.3　配置工具事件管理器

序号	考核要素	考核要求	配分	自评(20%)	互评(20%)	师评(60%)	得分小计
一	职业素养 20 分	遵守课堂纪律，主动学习	5				
		遵守操作规范，安全操作	5				
		具备主动思考问题的能力	5				
		崇尚科学，具有探索求真精神	5				
二	知识掌握能力 60 分	对装配工作站进行合理布局	10				
		创建两个系统 I/O 信号	10				
		在 I/O 仿真器中验证两个信号	10				
		将 DOJZ 与夹爪的开合动作关联，创建两个新事件	15				
		将 DOTool 与夹爪的抓放动作关联，创建两个新事件	15				
三	专业技术能力 10 分	能够熟练创建系统 I/O 信号	5				
		能够熟练创建夹爪的事件管理器	5				
四	拓展能力 10 分	能够建立系统 I/O 信号并验证	5				
		能够做到知识迁移，创建其他新事件	5				
		合计	100				
学生签字		年　月　日	任课教师签字			年　月　日	

思考与练习

一、填空题

1. 在工业机器人装配工作站中,创建了 2 个系统 I/O 信号,分别是_____和_____,其中_____信号控制夹爪的开合,_____信号控制夹爪夹取和放置电机。

2. 在工业机器人装配工作站中,创建了 4 个事件,分别为:信号 DOJZ 为 True 时,触发_____动作;信号 DOJZ 为 False 时,触发_____动作;信号 DOTool 为 True 时,触发_____动作;信号 DOTool 为 False 时,触发_____动作。

二、简答题

在 RobotStudio 软件中,如何理解事件管理器?

探索故事

本任务中我们利用前面创建的夹爪机械装置,创建了两个系统 I/O 信号,配置了该工具的事件管理器,实现了夹爪的开合、抓放动作。同学们可以利用事件管理器创建其他新事件,实现不同的动作。

该任务培养了学生求真务实、崇尚科学的学习精神。

李时珍的求真精神

明代的医药学家李时珍是一个富有求真精神的人。为了完成修改本草书的艰巨任务,他几乎走遍了名川大山,行程不下万里。同时,他又参阅了 800 多种书籍,经过 3 次改稿,终于在 61 岁那年,编成了《本草纲目》一书。

在撰写《本草纲目》一书的过程中,李时珍发现南朝宋时的医药学家陶弘景所著的《本草经集注》中记载,穿山甲是一种食蚁动物,它"能陆能水,日中出岸,张开鳞甲如死状,诱蚁入甲,即闭而入水,开甲蚁皆浮出,围接而食之"。穿山甲的生活习性果真是这样吗?李时珍有点怀疑。为了弄清事实,李时珍就跟随猎人进入深山老林,跟踪穿山甲的踪迹,进行实地考察,还捉来穿山甲亲自解剖,发现穿山甲的胃里确实装满了未经消化的蚂蚁,证明陶弘景《本草经集注》一书中的记载是正确的。不过,李时珍发现穿山甲不是通过张开鳞片来诱捕蚂蚁的,而是"常吐舌诱蚁食之",也就是张开嘴伸出长舌头置于地上,让嗅觉灵敏的蚂蚁爬满舌头,然后将舌头突然一缩,便将贪腥的蚂蚁全部吞入腹内。于是他修正了《本草经集注》中关于穿山甲捕食的错误记载。

人们常说"耳听为虚,眼见为实",李时珍的求真精神,促使他做事严谨细致、一丝不苟。正是有了这种求真精神,他才能抛弃臆断,获得正解,从而避免尴尬和错误。求真是一种良好的品质,是一种积极的态度;求真是一个人的修养,也是一个人走向成功的必备素养。

>>> 任务 5.4　装配工作站的编程与仿真运行

◆ 掌握在 RobotStudio 工作站中编写程序的方法。
◆ 掌握在 RobotStudio 工作站中仿真运行的方法。

◆ 能够在 RobotStudio 系统中熟练地示教目标点,生成路径和指令。
◆ 能够将系统中的程序同步到 RAPID,并仿真运行。
◆ 能够对仿真运行的动画进行视频录制。

◆ 培养学生编程的逻辑思维。
◆ 培养学生一丝不苟、精益求精的工匠精神。

📖 任务描述

经过以上几个任务的学习,我们就可以对装配工作站进行编程了。工业机器人装配工作站中要求机器人用工具夹爪,从立体仓库中的指定位置夹取电机,搬运到装配平台上,并将电机装配到底座中,完成电机的装配。下面就此任务进行程序的编写和仿真运行。

知识准备

5.4.1　常用信号控制指令

ABB 机器人的末端执行器可以是夹爪,可以是吸盘,也可以是喷枪,等等。机器人要控制这些工具动作,就是要控制机器人输出端口;同样,机器人如果与传感器连接,就要通过机器人输入端口。因此,通过指令控制机器人的输入输出端口,是编程的重要组成部分。下面简单介绍常用信号指令。

1. 输出信号置位指令 Set

输出信号置位指令 Set 用于将数字输出(digital output)信号置位为"1"。如图 5-72 所示,其含义为:将数字输出信号 do1 置位为"1"。

2. 输出信号复位指令 Reset

输出信号复位指令 Reset 用于将数字输出(digital output)信号置位为"0"。如图 5-73 所示,其含义为:将数字输出信号 do1 置位为"0"。

注:如果在 Set、Reset 指令前有运动指令 MoveJ、MoveL、MoveC、MoveAbsJ,则运动指令中转变区数据必须使用 fine,才可以使机器人准确到达目标点后,输出 I/O 信号状态的变化,如图 5-74 所示。

图 5-72　Set 指令实例

图 5-73　Reset 指令实例

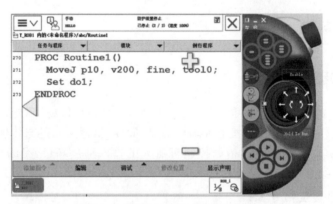

图 5-74　信号变化前转弯数据为 fine

3. 输入信号判断指令 WaitDI

输入信号判断指令 WaitDI 意为等待一个数字输入信号为指定状态。如图 5-75 所示，其含义为：等待 di1 的值为 1。若 di1 的值为 1，则程序继续往下执行；若到达最大等待时间 300 s（此时间可根据实际情况设定）以后，di1 的值还不为 1，则机器人报警或进入出错处理程序。

4. 输出信号判断指令 WaitDO

输出信号判断指令 WaitDO 意为等待一个数字输出信号为指定状态。如图 5-76 所

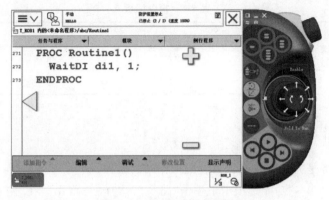

图 5-75 WaitDI 指令实例

示,当程序执行此指令时,等待 do1 的值为 1。若为 1,则程序继续往下执行;若到达最大等待时间 300 s(此时间可根据实际情况设定)以后,do1 的值还不为 1,则机器人报警或进入出错处理程序。

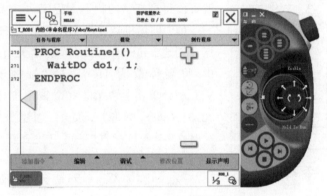

图 5-76 WaitDO 指令实例

5. 信号判断指令 WaitUntil

信号判断指令 WaitUntil 用于等待一个条件满足后,程序继续往下执行。如图 5-77 所示,该指令可用于布尔量、数字量和 I/O 信号值的判断(如表 5-2 所示)。如果条件到达指令中的设定值,则程序继续往下执行,否则就一直等待,除非设定了最大等待时间。

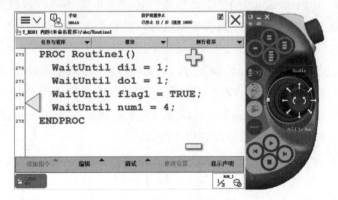

图 5-77 WaitUntil 指令实例

表 5-2　指令解析

参　数	含　义
flag1	布尔量
num1	数字量

5.4.2　装配工作站的编程

本小节的任务是完成工业机器人装配工作站的编程。

(1) 首先,在"基本"功能选项卡下单击"路径",选择"空路径",在"路径和目标点"处,生成一个名为 Path_10 的空路径。在"基本"功能选项卡下单击"工具",选择"JZTool"。

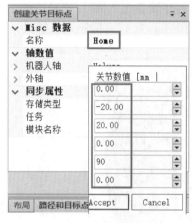

图 5-78　创建关节目标点

(2) 编程思路:在编程之前,可以先创建工具要经过的各目标点;然后将目标点逐个添加到 Path 路径下,并生成相应的指令;最后对指令进行修改和完善,就可以得到完整的机器人程序。

(3) 创建机器人的空闲等待点 Home:单击"目标点—创建 jointtarget",在"创建关节目标点"对话框中,将名称改为 Home,在"轴数值—机器人轴—Value"处单击箭头,将六个轴角度定义为(0,-20,20,0,90,0),单击"Accept—创建",如图 5-78 所示。这时在"接点目标点"下可以找到新建的空闲等待点 Home。

(4) 机器人在夹取和放置电机时,夹爪都需要保持水平姿态。所以在空闲等待点 Home 的两侧,再新建两个 jointtarget 类型的点——Home1 和 Home2,其作用就是保证夹爪水平。方法同上,创建目标点 Home1,六个轴角度定义为(0,0,0,-90,90,0);创建目标点 Home2,六个轴角度定义为(0,0,0,-90,-90,0)。

(5) 选中目标点 Home1,单击鼠标右键,选择"跳转到关节目标",使夹爪处于水平姿态,如图 5-79。单击 Freehand 中的"手动线性",拖动夹爪工具到合适的位置,单击"示教目标点",选择"是",展开工件坐标系 wobj0,就可以看到一个新生成的目标点 Target10,选择该目标点并将其重命名为"Gd1",如图 5-80 所示。

(6) 继续拖动线性运动箭头,将捕捉方式改为"捕捉中心",使工具 TCP 捕捉到电机顶面中心点,然后取消"捕捉中心",拖动 Z 方向的箭头至适合抓取的位置,单击"示教目标点",选择"是",在工件坐标系 wobj0 下可以看到新生成的目标点 Target10,该点就是电机的抓取点,将其重命名为"Zhua",如图 5-81 所示。

(7) 在抓取点上方还需要一个安全进入点。继续线性拖动夹爪向上移动到适当位置,单击"示教目标点",选择"是",在工件坐标系 wobj0 下可以看到新生成的目标点 Target10,该点就是抓取点之前的安全进入点,将其重命名为"Jr1",如图 5-82 所示。

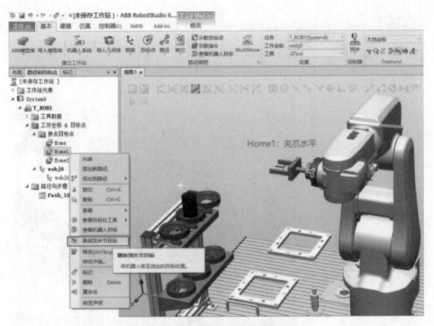

图 5-79 跳转到关节目标点 Home1

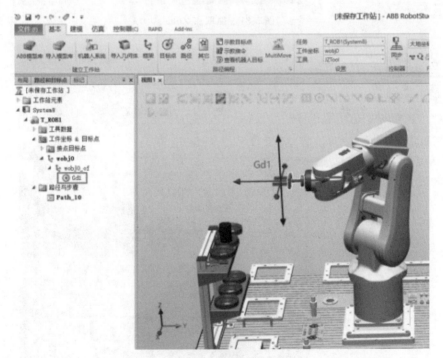

图 5-80 过渡点 Gd1

（8）下面示教放置电机时的目标点。首先让机器人跳转到目标点 Home2，接下来方法同上，利用线性拖动，分别示教过渡点 Gd2、电机的放置点 Fang 和放置电机上方的安全进入点 Jr2。如图 5-83 至图 5-85 所示。示教完毕后，使机器人跳转到空闲等待点 Home。

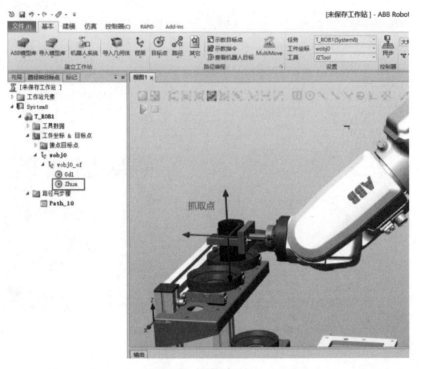

图 5-81　抓取点 Zhua

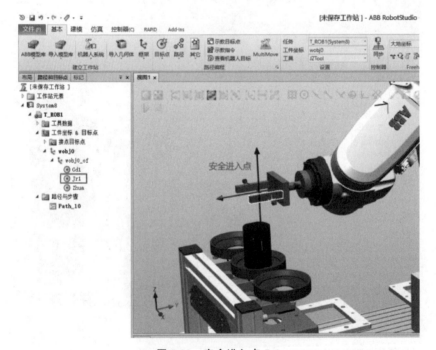

图 5-82　安全进入点 Jr1

（9）这时，机器人需要的目标点已示教完毕。下面将这些目标点添加到 Path_10 中，同时生成指令，从而得到完整的装配程序。首先，将 Home 添加到 Path_10 中，将运动指

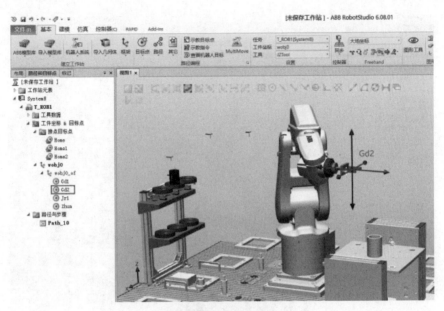

图 5-83　过渡点 Gd2

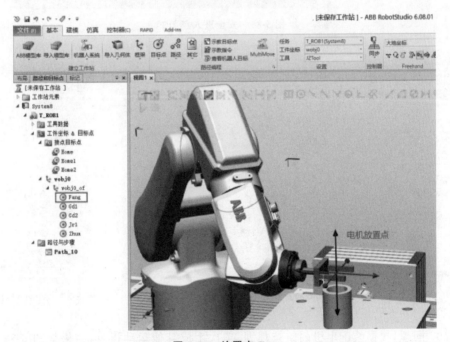

图 5-84　放置点 Fang

令修改为绝对位置运动指令 MoveAbsJ，速度设为 v300，转弯数据设为 z5。然后选中 Home，单击鼠标右键，选择"添加到路径—Path_10—第一"，如图 5-86 所示，单击"是"。展开 Path_10 可以看到该指令，如图 5-87 所示。用同样的方法，选中 Home1，单击鼠标右键，选择"添加到路径—Path_10—最后"。

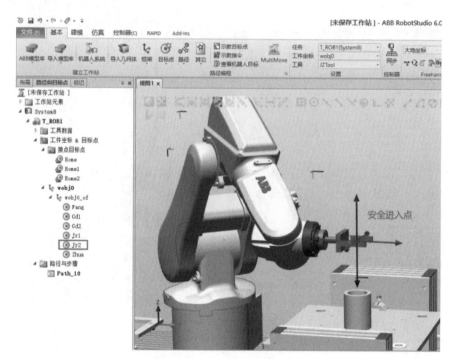

图 5-85　安全进入点 Jr2

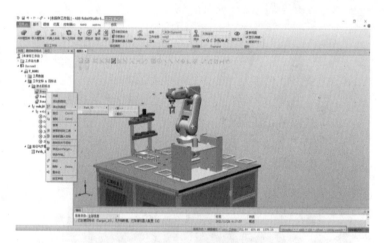

图 5-86　将 Home 添加到路径 Path_10

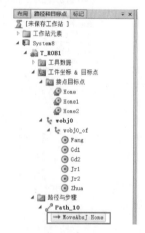

图 5-87　MoveAbsJ Home

（10）同理，根据装配电机的轨迹规划，依次生成其他运动指令，结果如图 5-88 所示。至此就完成了装配机器人路径的规划和运动指令的编制。

（11）为了完成完整的装配动作，夹爪应配合机器人运动，适时开合以及抓放电机。因此，还需将夹爪的开合控制信号 DOJZ、夹爪的抓放控制信号 DOTool 指令添加到运动程序中，以便实现对应的动作。首先，当夹爪运动到抓取点时，要执行夹爪闭合动作。因此选中 Path_10 下的"MoveL Zhua"，单击鼠标右键，选择"插入逻辑指令"，"指令模板"选择"Set"，"Signal"选择"DOJZ"，单击"创建"，如图 5-89 所示；继续操作，"指令模板"选择

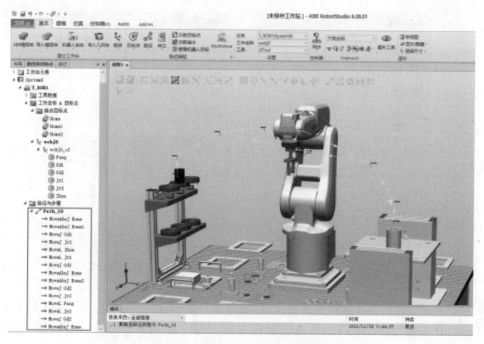

图 5-88 Path_10 下所有运动指令

"WaitTime","Time"设为"5",单击"创建",如图 5-90 所示。这两条指令含义为:夹爪闭合,等待 5 s。

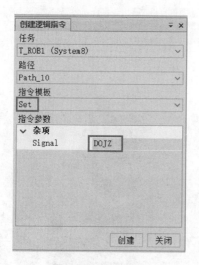

图 5-89 Set DOJZ

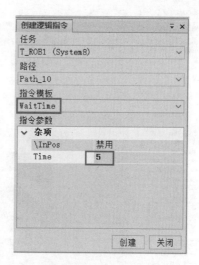

图 5-90 WaitTime 5

　　(12)夹爪闭合之后,要执行抓取电机的动作。采用同样的方法,"指令模板"下选择"Set","Signal"选择"DOTool",单击"创建",如图 5-91 所示;"指令模板"选择"WaitTime","Time"设为"2",单击"创建",如图 5-92 所示。这两条指令含义为:抓取电机,等待 2 s。

图 5-91　Set DOTool　　　　　图 5-92　WaitTime2

（13）同理，当机器人运动到放置点时，需要张开手爪，然后放置电机。用以上方法，选中 Path_10 下的"MoveL Fang"，单击鼠标右键，选择"插入逻辑指令"，依次插入"Reset DOJZ""WaitTime 5""Reset DOTool""WaitTime 2"四条逻辑指令。这时，Path_10 下的指令如图 5-93 所示。

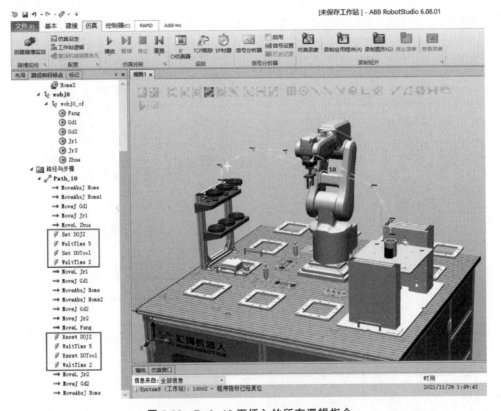

图 5-93　Path_10 下插入的所有逻辑指令

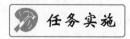

5.4.3 装配工作站的仿真运行

（1）完成装配工作站程序编制之后，单击"基本"功能选项卡下的"同步"，选择"同步到RAPID"，在出现的对话框中，勾选所有的选项，单击"确定"，如图5-94所示。

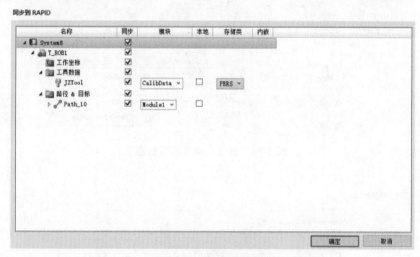

图5-94 同步到RAPID

（2）单击"仿真"功能选项卡，选择"仿真设定"，单击"T_ROB1"，将进入点修改为"Path_10"，如图5-95所示，然后关闭仿真设定。

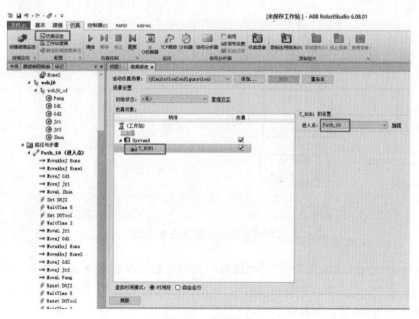

图5-95 仿真设定

（3）在进行第一次仿真运行之前，首先要保存工作站当前的状态，以便再次仿真运行时进行复位。单击"仿真—重置—保存当前状态"，如图 5-96 所示。状态的名称可设为"初始"，然后展开工作站，勾选所有选项，单击"确定"，如图 5-97 所示。再次查看"重置"，可以看到刚设置的"初始"状态，如图 5-98，这时就可以对装配工作站进行仿真运行了。

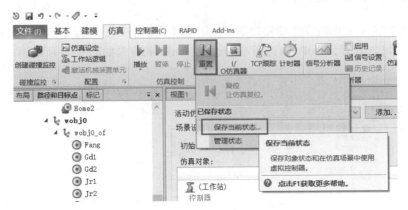

图 5-96　重置—保存当前状态

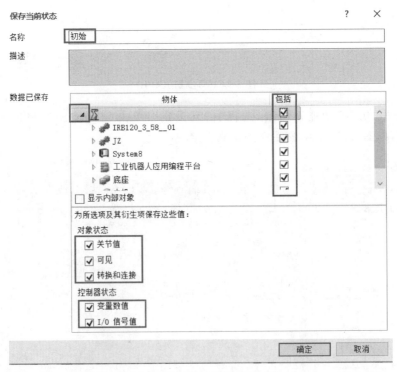

图 5-97　保存当前状态为"初始"

（4）单击"仿真"功能选项卡下的"播放"，查看装配工作站仿真运行效果，如图 5-99 所示。运行一次之后，工作站不会自动归位，这时，要单击"重置"下的"初始"状态，使工作站回到初始状态，然后才能再次仿真运行。

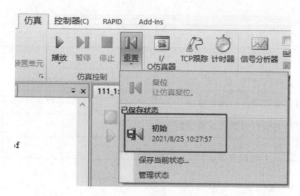

图 5-98　重置—初始

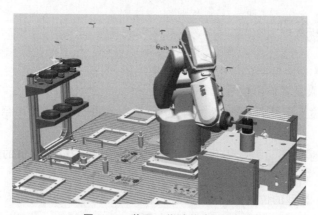

图 5-99　装配工作站仿真运行

任务评价

任务 5.4　装配工作站的编程与仿真运行

序号	考核要素	考核要求	配分	自评(20%)	互评(20%)	师评(60%)	得分小计
一	职业素养 20分	遵守课堂纪律,主动学习	5				
		遵守操作规范,安全操作	5				
		具备编程的逻辑思维	5				
		具备精益求精的工匠精神	5				
二	知识掌握 能力 60 分	熟练在系统中示教各目标点	20				
		将目标点添加到路径并生成相应的指令	10				
		对指令进行修改和完善,得到完整的机器人程序	10				
		将系统中的程序同步到 RAPID	10				
		对装配工作站进行仿真运行	10				

续表

序号	考核要素	考核要求	配分	自评(20%)	互评(20%)	师评(60%)	得分小计
三	专业技术能力 10 分	能够熟练地在软件中编制程序	5				
		能够仿真运行程序	5				
四	拓展能力 10 分	能够对已有程序进行编辑修改	5				
		能够在仿真运行时进行视频录制	5				
合计			100				
学生签字		年　月　日	任课教师签字			年　月　日	

思考与练习

一、填空题

1. ABB 机器人设置输出信号值的指令有_____、_____。

2. 用于数字输入信号判断的指令为_____；用于数字输出信号判断的指令为_____。

3. 信号判断的指令_____可用于布尔量、数字量和 I/O 信号值的判断。

二、选择题

1. jointtarget 类型的位置数据，以机器人各个关节值来记录机器人位置，常用于使机器人运动至特定的关节角，用于_____指令中。

A. MoveJ　　　　B. MoveL　　　　C. MoveC　　　　D. MoveAbsJ

2. 如果在 Set、Reset 指令前有运动指令，则运动指令中转弯数据必须使用_____，才可以使机器人准确到达目标点后，输出 I/O 信号状态的变化。

A. z5　　　　B. z10　　　　C. fine　　　　D. z0

探索故事

本任务中我们对装配工作站进行了程序编写、调试，并进行了仿真运行。同学们请思考：如何提高电机装配的精度呢？在工作中"提高精度，降低误差"就是精益求精的工匠精神的体现。

本任务旨在培养学生一丝不苟、精益求精的工匠精神。

航天"手艺人"胡双钱，一双手创造零次品神话

"学技术是其次，学做人是首位，干活要凭良心。"胡双钱喜欢把这句话挂在嘴边，这也是他技工生涯的注脚。

胡双钱是上海飞机制造有限公司的高级技师，一位坚守航空事业 35 年、加工的数十万飞机零件无一差错的普通钳工。对质量的坚守，已经是他融入血液的习惯。他心里清

楚,一次差错可能就意味着无可估量的损失甚至以生命为代价的事故。他用自己总结归纳的"对比复查法"和"反向验证法",在飞机零件制造岗位上创造了35年零差错的纪录,他的岗位连续12年被公司评为"质量信得过岗位",并授予产品免检荣誉证书。

他不仅工作无差错,还特别能攻坚。在ARJ21新支线飞机项目和大型客机项目的研制和试飞阶段,设计定型及各项试验的过程中会产生许多特制件,这些零件无法大批量、规模化生产,钳工加工是进行零件加工最直接的手段。胡双钱几十年的积累和沉淀开始发挥作用。他攻坚克难,创新工作方法,圆满完成了ARJ21-700飞机起落架钛合金作动筒结构特制件制孔、C919大型科技项目平尾零件制孔等各种特制件的加工工作。胡双钱先后获得全国五一劳动奖章、全国劳动模范、全国道德模范等荣誉和称号。

胡双钱说,"工匠精神"是一种努力将99%提高到99.99%的极致,要传承这样的精神,不仅要"传帮带"青年技工,更要激发他们创新的积极性和主动性。从2014年开始设立的胡双钱"大国工匠"工作室,成立一年内即完成各类精益项目127项,每年可节约工时6832小时,为公司节约成本382万元。

因为长期接触漆色、铝屑,胡双钱的手已经有些发青,而经这双手制造出来的零件被安装在近千架飞机上,飞往世界各地。胡双钱现在最大的愿望是"最好再干10年、20年,为中国大飞机多做一点贡献。"

任务 5.5　创建自定义的机器人工具

知识目标

◆ 掌握将自定义工具模型创建为机器人工具的方法。
◆ 掌握对机器人工具进行验证的方法。

能力目标

◆ 能够熟练设定工具的本地原点。
◆ 能够正确创建工具坐标系框架。
◆ 能够创建机器人工具并进行验证。

素养目标

◆ 培养学生对三维空间的立体思维和想象力。
◆ 培养学生推陈出新、与时俱进的工匠品质。

任务描述

创建工业机器人工作站时,RobotStudio模型库自带的工具有时无法满足用户的需求。因此需要用户自行创建机器人所用的自定义的工具,正如装配工作站中的工具PenTool。我们希望用户自定义的工具能够像RobotStudio模型库中自带的工具一样,即安装时能够自动安装到机器人法兰盘末端,并保证坐标方向一致,并且能够在工具末端自动生成工具坐标系,从而避免工具方面的误差。

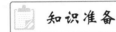 **知识准备**

工具安装的原理：工具模型的本地坐标系与机器人法兰盘坐标系 Tool0 重合，工具末端自动生成工具坐标系，如图 5-100 所示。

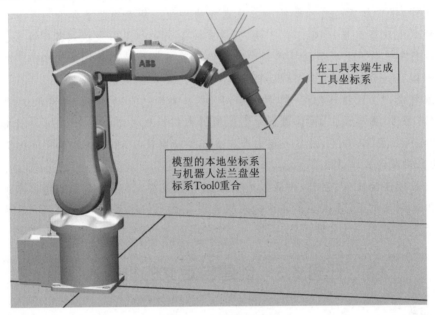

图 5-100　工具安装原理

创建用户自定义的机器人工具大致分为三个步骤：设定工具的本地原点；创建工具坐标系框架；创建工具。

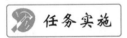 **任务实施**

首先导入用户自定义的 3D 工具模型 UserTool：在"基本"或"建模"功能选项卡下，单击"导入几何体"，选择"浏览几何体"，找到所需的模型"UserTool.prt"，单击"打开"，将模型导入。如图 5-101 所示，导入后的模型的属性为"部件"，并不具备工具的特性，因此我们需要将该"部件"创建为具有模型库中工具一样属性的机器人的工具。

5.5.1　设定工具的本地原点

（1）利用"三点法"重新放置工具模型，使工具法兰盘端面与大地坐标系的 XY 平面重合。在"布局"下先右键单击"UserTool"，选择"位置—放置—三个点"，如图 5-102 所示。出现"放置对象 UserTool"对话框。单击"捕捉中心"，"主点-从"选择图 5-103 中的 A 点，"主点-到"设置为"0，0，0"，如图 5-104 所示；同理，"X 轴上的点-从"设置为图 5-103 中的 B 点，"X 轴上的点-到"设置为"100，0，0"；"Y 轴上的点-从"设置为图 5-103 中的 C 点，"Y 轴上的点-到"设置为"0，100，0"。单击"应用"完成放置。放置后的工具如图 5-105 所示。

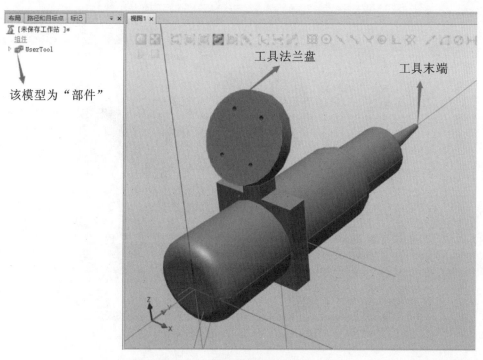

图 5-101　导入后的模型 UserTool

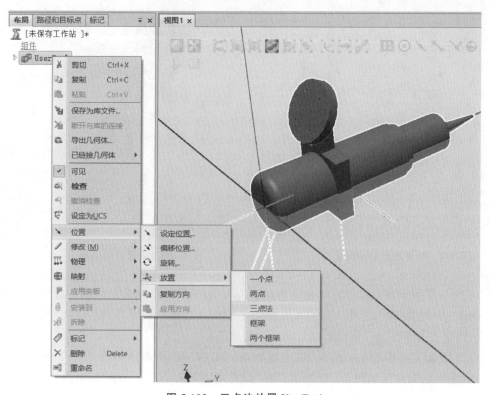

图 5-102　三点法放置 UserTool

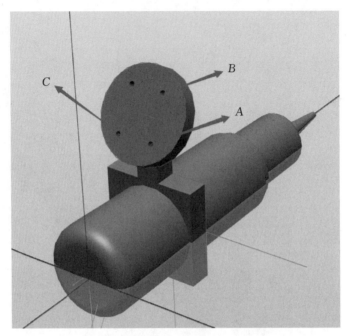

图 5-103　"三点法"中的三个点

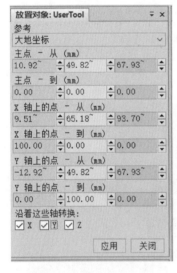

图 5-104　放置对象 UserTool

图 5-105　放置后的工具

（2）为了便于观察和设定本地原点，将 UserTool 沿着 Z 轴向上移动一段距离。单击 Freehand 中的"移动"，选中 UserTool，选中 Z 轴向上拖动一段距离，使其法兰盘位于地板之上，如图 5-106 所示。拖动到位后，关闭"移动"。

（3）设定工具模型 UserTool 的本地原点。在"布局"下右键单击 UserTool，选择"修改—设定本地原点"，如图 5-107 所示。在"设置本地原点：UserTool"对话框中，"位置"选择法兰盘中心，"方向"设为"180,0,0"，单击"应用—关闭"，如图 5-108 所示，设置结果如图 5-109 所示。

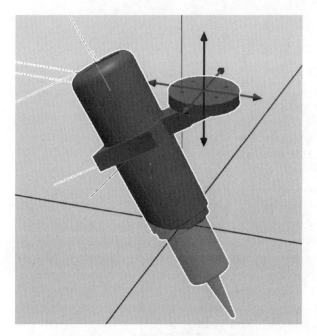

图 5-106 将 UserTool 向上拖动一段距离

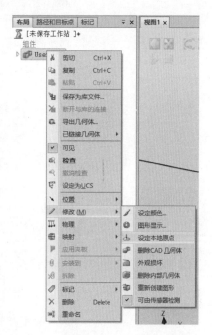

图 5-107 设置 UserTool 的本地原点

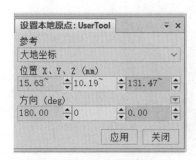

图 5-108 设置本地原点参数

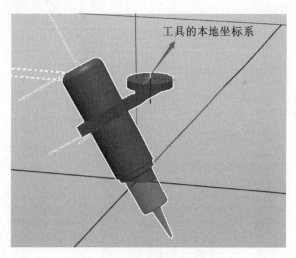

图 5-109 设置本地坐标系的效果

（4）设定工具模型 UserTool 的位置，使其本地原点与大地坐标原点重合。在"布局"下右键单击 UserTool，选择"位置—设定位置"，如图 5-110 所示，在出现的"设定位置：UserTool"对话框中，"位置"设为"0，0，0"，方向设为"0，0，0"，如图 5-111 所示，单击"应用—关闭"，设置效果如图 5-112 所示。

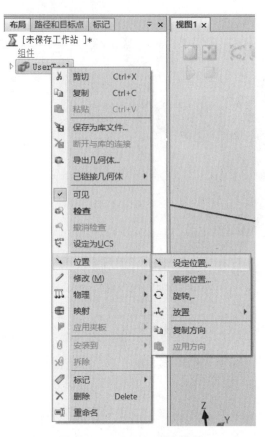

图 5-110　UserTool 设定位置

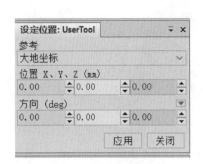

图 5-111　设定位置对话框

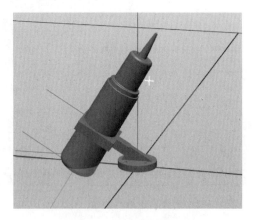

图 5-112　设定位置后的效果

5.5.2　创建工具坐标系

（1）工具 UserTool 的本地坐标系创建完成之后，需要在工具末端创建工具坐标系，如图 5-113 所示。在"基本"功能选项卡下，单击"框架—创建框架"；在"创建框架"对话框中，"框架位置"选择 UserTool 末端的圆心，"框架方向"设为"0,0,0"，如图 5-114 所示；单击

"创建—关闭",结果如图 5-115 所示。

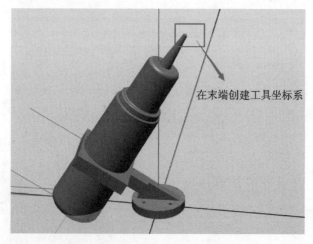

图 5-113 在工具末端创建工具坐标系

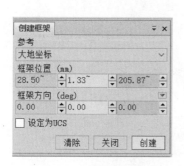

图 5-114 创建框架

图 5-115 框架_1

(2)可以看出,创建的坐标系方向与大地坐标系方向保持一致,而在实际情况中,一般期望的坐标系的 Z 轴是与工具末端表面垂直的,因此还需要调整坐标系方向。在"布局"选项卡下,右键单击"框架_1",选择"设定为表面的法线方向",如图 5-116 所示;在"设定表面法线方向:框架_1"对话框中,首先打开"选择表面"的捕捉方式,然后将"表面或部分"设置为 UserTool 末端表面,如图 5-117 所示,单击"应用—关闭"。

在 RobotStudio 软件中的坐标系,红色表示 X 轴正方向,绿色表示 Y 轴正方向,蓝色表示 Z 轴正方向。经过调整后的工具坐标系如图 5-118 所示,可以看出工具坐标系 Z 轴已经垂直于工具末端表面。工具坐标系的 X 轴、Y 轴的方向一般按照经验设定,只要保证前面设定的模型本地坐标系是正确的,X 轴、Y 轴的方向采用默认方向即可。

图 5-116　设定为表面的法线方向

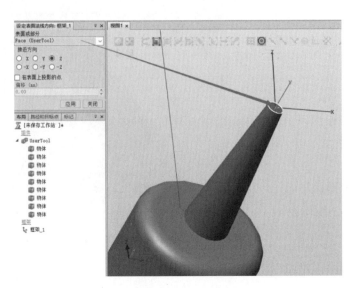

图 5-117　设定表面法线方向:框架_1

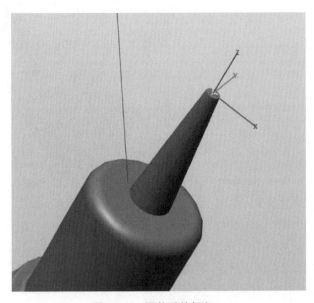

图 5-118　调整后的框架_1

（3）在实际应用过程中,工具末端与所加工工件的表面往往保持一段距离,如焊枪中焊丝伸出的距离,激光切割枪、涂胶枪与加工表面保持一段距离等,因此,工具坐标系一般要沿工具末端方向,即 Z 轴正方向偏移一段距离,以满足实际应用需求。

在"布局"选项卡下,右键单击"框架_1",选择"设定位置",如图 5-119 所示。在"设定位置:框架_1"对话框中,"参考"选择"本地","位置"修改为"0,0,5","方向"不变,仍为"0,0,0",单击"应用—关闭",结果如图 5-120 所示。

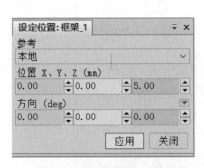

图 5-119 设定框架_1 位置

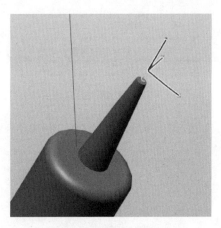

图 5-120 设定后的效果

5.5.3 创建外部工具

在"建模"功能选项卡下,单击"创建工具",出现"工具信息"对话框,"Tool 名称"使用默认的"MyNewTool","选择组件"选择"使用已有部件",选择"UserTool",其他参数保持默认设置,单击"下一个",如图 5-121 所示;在"TCP 信息"对话框中,"TCP 名称"使用默认的"MyNewTool","数值来自目标点/框架"选择"框架_1",单击添加按钮"—〉",最后单击"完成",如图 5-122 所示。如果要在一个工具上面创建多个工具坐标系,那就可根据实际情况创建多个坐标系框架,然后按图 5-122 所示将所有的 TCP 依次添加到右侧窗口。

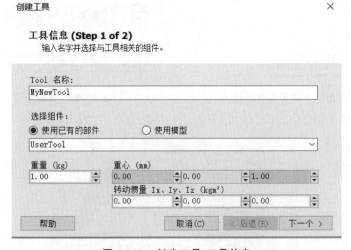

图 5-121 创建工具-工具信息

这样就完成了工具的创建过程。在"布局"选项卡下可以看出,之前的 UserTool 模型已变成工具图标,且工具模型 UserTool 已更名为"MyNewTool",如图 5-123 所示。下面右键单击"框架_1",选择"删除",删除该坐标系。

下面对工具 MyNewTool 进行安装验证。用户工具创建完成后,可以借助于机器人来验证其是否能正确安装到机器人法兰盘上,从而检验该工具的设置是否正确。

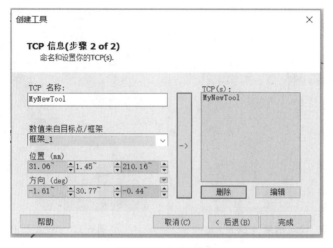

图 5-122   TCP 信息

在"基本"功能选项卡下，单击"ABB 模型库"，选择"IRB120"机器人模型，单击"确定"，导入机器人。在左侧"布局"下，选中 MyNewTool，将它拖动到 IRB120 上后松开；在弹出的"更新位置"窗口中，单击"是（Y）"，如图 5-124 所示，完成工具的安装。由图 5-125 可以看出，创建的机器人工具已经正确安装到了机器人法兰盘上，其位置和姿态都是正确的。至此完成了创建机器人工具的整个过程。

图 5-123   模型图标变成了工具图标

图 5-124   更新位置

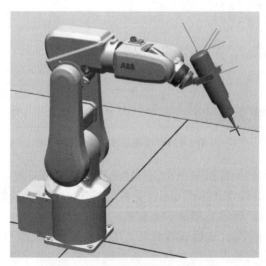

图 5-125   工具安装到了机器人上

任务评价

		任务 5.5 创建自定义的机器人工具					
序号	考核要素	考核要求	配分	自评(20%)	互评(20%)	师评(60%)	得分小计
一	职业素养 20分	遵守课堂纪律,主动学习	5				
		遵守操作规范,安全操作	5				
		具备三维空间的立体思维	5				
		具备与时俱进的工匠品质	5				
二	知识掌握 能力60分	熟练为工具模型设置本地坐标系	20				
		在工具模型末端设置工具坐标系, 并修改其方向	10				
		正确创建工具,使模型成为机器人 工具	10				
		利用导入的机器人验证机器人工具	10				
		理解 RobotStudio 软件中机器人工 具的属性	10				
三	专业技术 能力10分	能够理解 RobotStudio 模型库中工 具的特性	5				
		能够熟练将外部工具模型创建为机 器人工具	5				
四	拓展能力 10分	比较机械装置创建的工具和外部模 型创建的工具	5				
		理解 RobotStudio 软件中模型本地 原点的作用	5				
		合计	100				

学生签字	年 月 日	任课教师签字	年 月 日

思考与练习

一、填空题

1. RobotStudio 软件中的工具模型要真正成为机器人工具,需要满足以下特点:安装时能够自动安装到机器人_____,并保证坐标系方向_____,并且能够在工具末端自动生成_____,从而避免工具方面的误差。

2. RobotStudio 软件中机器人工具安装的原理：工具模型的_____与机器人法兰盘坐标系_____重合，工具末端自动生成_____。

二、判断题

外部模型导入 RobotStudio 软件后，其属性为"部件"，并不具备机器人工具的特性，因此我们需要将该"部件"创建为机器人的工具。 （　　）

三、简答题

创建用户自定义的机器人工具大致有哪几个步骤？

探索故事

本任务中，同学们可以利用三维软件绘制各种各样的机器人工具，导入 RobotStudio 软件，反复练习创建机器人工具的步骤，加强对机器人工具的认知，拓展机器人工具的结构和类型，从而创建更为丰富的工作站，完成相应机器人编程与仿真运行。

该任务能够培养学生推陈出新、与时俱进的工匠品质。

与时俱进　与时代同步前行

历史的车轮滚滚向前，它不会因任何人的消极缓慢而停止。随着时代的发展，与时俱进已成为世界上每个个体和群体应具备的素质。

2017 年，大润发被阿里巴巴收购。大润发创始人离职时说：战胜了所有对手，却输给了时代。这句话不无道理，他们除了输给了时代，也输给了自己，输给了没有选择与时俱进的自我，也没有勇敢地拥抱改革。

时代并不总是无情地消灭一切，它带来了巨大的挑战，也提供了无限的机会。有人被时代潮流打败，也有人勇敢地掀起浪潮，成为时代潮流的引领者。惨淡退出的大润发与做出正确选择的英特尔形成鲜明对比。在激烈的竞争中，即将惨败的英特尔重振元气，是因为 CEO 选择了创新。因此，自满的人会被时代抛弃，与时俱进的人会受到时代的青睐。

与时俱进，始终保持先进性，才不会被时代淘汰。很多企业不惜代价地研究尝试新技术，目的是走到科技前沿，跟上时代脉搏，保持企业生产力和文化先进性。对个人来讲，没有"一招鲜，吃遍天"、一劳永逸的方法，我们需要不断学习进步。很多年纪大的人感叹跟不上时代，其实是没有持续学习，没有与时俱进，没有跟上先进生产力的发展。

作为新时代的青年，我们要铭记历史的使命，敢于担当，做一个与时俱进的青年，与国家、社会、时代同步前进。

事件管理器

事件管理器可以连接机械装置和系统 I/O 信号，可以实现制作简单的动画。如往复动作和旋转动作的动画。装配工作站中夹爪的开合是往复运动,再利用事件管理器制作一个可实现旋转动作的工具夹爪,实现夹爪的开合,如图 5-126 所示。

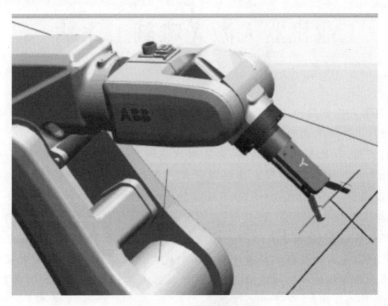

图 5-126 夹爪的旋转效果

工业机器人激光雕刻工作站

在工业机器人工作站加工过程中,如激光雕刻、切割、焊接、涂胶、喷涂等场合,经常会遇到各种曲线,尤其是复杂的不规则曲线。如果采用传统的方法,即示教许多个点去逼近不规则曲线,显然,示教点的个数越多,曲线形状越逼真,但要投入的精力也越大,时间也越长;而示教点的个数少,则精度无法得到保证。总之,传统的逐个示教点的方法工作效率低而且精度欠佳。

对于外部三维软件建立的3D模型,在RobotStudio软件中可以直接使用其模型的曲线特征,捕捉轨迹曲线,自动生成路径。这样生成的轨迹稍加修正即可满足轨迹和工艺精度要求,大大提高了工作效率。本项目将根据曲线工件三维模型,通过自动获取路径的方法,形成机器人的离线轨迹曲线及路径,从而让机器人完成激光雕刻轨迹离线仿真加工,并在线调试运行工作站,在实景中验证程序。

》》》 任务6.1 创建工作站的离线轨迹

知识目标

◆ 掌握 RobotStudio 软件中创建离线轨迹的方法。
◆ 掌握 RobotStudio 软件中生成自动路径的方法。

能力目标

◆ 能够熟练在 RobotStudio 软件中提取离线曲线。
◆ 能够熟练地通过自动路径生成轨迹程序。

素养目标

◆ 培养学生分析问题、解决问题的能力。
◆ 培养学生专心致志的良好习惯。

任务描述

工业机器人激光雕刻工作站中有工业机器人 IRB120、机器人用工具激光雕刻笔 PenTool、带有"专"字样的激光雕刻板以及机器人工作桌台,如图6-1所示。该工作站要求:机器人用激光雕刻笔 PenTool,加工雕刻板上的"专"字曲线轨迹,完成离线轨迹编程并在软件中仿真运行,然后通过 RobotStudio 与机器人控制器的连接实现在线调试运行程序,在实景中验证程序。本任务首先创建离线轨迹曲线,然后通过"自动路径"方法,初步生成激光雕刻的基本程序。

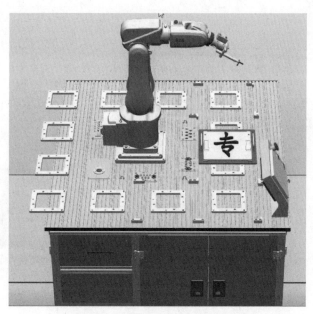

图 6-1　工业机器人激光雕刻工作站

知识准备

　　激光雕刻加工以数控技术为基础，以激光为加工媒介，利用加工材料在激光照射下瞬间熔化和气化的物理特性，达到加工的目的。其特点是工具与材料表面没有接触，不受机械运动影响，表面不会变形，一般无须固定；不受材料的弹性、柔韧性的影响，方便对软质材料进行加工；加工精度高，速度快，应用领域广泛。

　　激光几乎可以对任何材料进行加工，包括：有机玻璃、塑料、双色板、玻璃、泡沫塑料、布料、皮革、橡胶板、石材、人造石 PVC 板、木制品、金属板、水晶、可丽耐、纸张、氧化铝、树脂、喷塑金属等。激光加工各种材料的成品如图 6-2 所示。

　　激光加工的常见方式有激光切割、激光雕刻、激光打标、玻璃（水晶）内雕等几种。其工艺通过激光雕刻机、激光打标机、激光切割机等设备来实现。

　　激光雕刻和激光切割作为激光加工常见的两种方式，其加工工艺有很大区别。

　　激光雕刻是利用高能量、高密度的激光束作用于目标，使目标表面发生物理或化学变化，从而获得可见图案的标记方法。高能激光束聚焦在材料表面，使材料迅速气化，形成凹坑。当激光束在材料表面上规则地移动时，控制激光器的开和关，激光束便在材料表面上加工出特定的图案。

　　激光切割用隐形光束代替传统的机械刀，具有精度高、切割速度快、不受切割图案限制、自动排版节省材料、切割平滑、加工成本低等特点，将逐步改进或取代传统的金属切割工艺。激光刀头机械部分与工件无接触，工作时不会划伤工件表面；激光切割速度快，切口光滑平整，一般不需要后续加工；切削热影响区小，板材变形小，切削缝窄（0.1～0.3 mm）；切口无机械应力和剪切毛刺；加工精度高，重复性好，不损伤材料表面；数控编程可以实现任何加工方案，可以大宽度切割整板，省时经济。

　　激光雕刻过程非常简单，如同使用电脑和打印机在纸张上打印，如图 6-3 所示。用户

图 6-2　激光加工各种材料的成品

可以在 Windows 环境下利用多种图形处理软件，如 CorelDRAW 等进行设计、扫描，所得图形、矢量化的图文集等多种 CAD 文件都可由雕刻机轻松地"打印"出来。唯一的不同之处是，打印是将墨粉涂到纸上，而激光雕刻是将激光照射到木制品、亚克力、塑料板、金属板、石材等几乎所有材料之上。

图 6-3　激光加工过程

激光雕刻机的应用领域广泛：

（1）广告礼品制造业，用于雕刻各种双色板、有机玻璃、立体广告牌、双色的人物雕塑、浮雕、有机板金牌立体头词等。

（2）新型产业、房地产业、建筑业等。如售楼处的销售模型、建筑设计的展示模型、车辆模型、船模纪念品和收藏品、工业模型等。雕刻机已成为模型辅助生产工具。

（3）木器工艺行业，用于设计和生产浮雕图案。雕刻机可以打孔、镂边，尤其在新型装饰材料、波浪板上应用较多。雕刻机在提高重复性的同时也提高了产品标准，使生产效率大幅提高。

（4）标志行业。随着中国经济的不断发展，城市公共基础设施迅速变化，街道指示牌，现代住宅小区、星级酒店、办公楼等建筑及设施的标志既标准又潮流，表达准确清晰，其中雕刻机制作的牌匾标志、标牌占据了相当大的部分。

（5）工艺品行业。伴随着旅游市场的不断发展，游客对能展现当地风俗的礼品很是喜欢。雕刻机在这方面也发挥了很大的作用。

（6）机械加工业。激光雕刻用于刻度盘字轮及标尺刻度加工，刻度既准确又清晰。

随着装饰材料的新类型不断出现，可用于激光雕刻的材料越来越多，激光雕刻机也就有了更大的发挥空间。因此，激光雕刻机的应用范围将在人们的生活生产中继续扩大。

工业机器人和光纤激光所组成的机器人激光切割系统一方面具有工业机器人的特点，能够自由、灵活地实现各种复杂三维曲线轨迹加工，另一方面采用柔韧性好、能够远距离传输激光的光纤作为传输介质，不会对机器人的运动路径产生限制作用。

6.1.1　创建机器人激光雕刻曲线

1. 工业机器人激光雕刻工作站的布局

（1）新建空工作站，保存为"6-1工作站"。在"基本"功能选项卡中，导入IRB120机器人，单击"导入模型库—设备"，导入PenTool，并将工具PenTool安装到机器人末端法兰盘上。

（2）单击"导入几何体"，导入机器人工作桌台、激光雕刻版和三维模型"专"字。

（3）选中机器人，单击鼠标右键，选择"位置—设定位置"，将机器人位置设为（0，0，950），如图6-4和图6-5所示。用同样方法，将激光雕刻板位置设为（450，0，910），如图6-6所示；将"专"字位置设为（380，−80，930），如图6-7所示。工作站布局结果如图6-8所示。

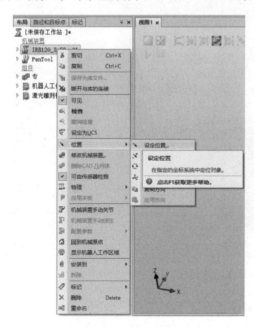

图6-4　设定位置

图6-5　设定IRB120位置

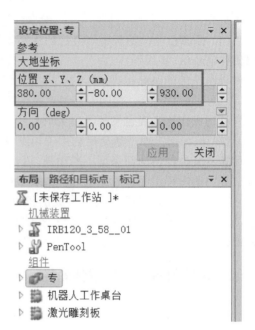

图 6-6　设定激光雕刻板位置　　　　　　　　图 6-7　设定"专"字位置

图 6-8　工作站完整的布局

（4）工作站布局完成后，从"布局"生成机器人系统。将系统命名为"JGDK"，如图 6-9
所示。在"系统选项"对话框中，单击"选项"，如图 6-10 所示；修改前 3 项，如图 6-11 所示；
单击"完成"，等待系统启动。

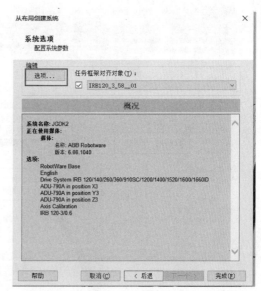

图 6-9　系统名字和位置　　　　　　　图 6-10　系统选项

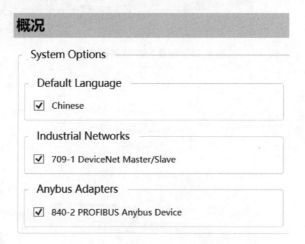

图 6-11　修改系统的 3 个选项

2. 提取激光雕刻曲线轨迹

（1）为了便于观察，可以将机器人工作桌台暂时隐藏，在"布局"选项卡下选中机器人工作桌台，右键单击"可见"。

（2）在"建模"功能选项卡中，选择"表面边界"，捕捉工具设置为"表面"，单击选择表面输入框，选择"专"字上表面，然后单击"创建"，如图 6-12 所示。将三维模型"专"字隐藏，可以看到待加工的白色激光雕刻曲线，如图 6-13 所示。

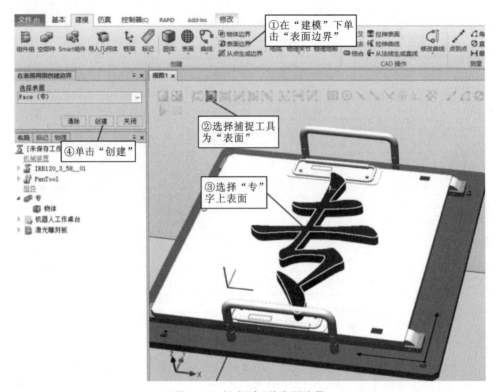

图 6-12　创建"专"的表面边界

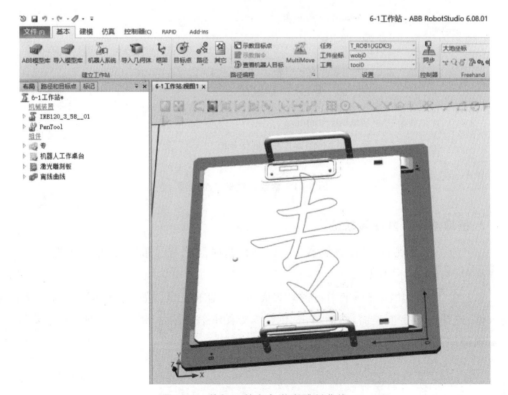

图 6-13　待加工的白色激光雕刻曲线

6.1.2 生成激光雕刻离线路径

下面根据由三维模型"专"字提取的曲线,自动生成机器人的运行轨迹。

1. 创建工件坐标系

在轨迹应用过程中,需要创建工件坐标系,即用户坐标系,以方便编制程序和修改路径。工件坐标系的创建一般以加工工件的固定装置的特征点为基准,本任务以激光雕刻板的一个角点作为工件坐标系的原点,创建工件坐标系。

(1)在"基本"功能选项卡中单击"其它"按钮,在下拉菜单中单击"创建工件坐标";在"创建工件坐标"对话框中,名称就用默认的"Workobject_1",如图 6-14 所示。

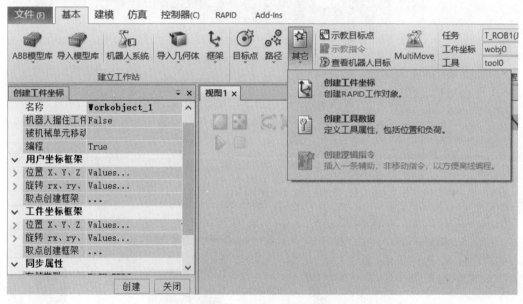

图 6-14 创建工件坐标系

(2)单击"用户坐标框架"中的"取点创建框架",选择"三点"法,依次捕捉激光雕刻板上表面 1、2、3 三个点,如图 6-15 所示。然后单击"Accept",再单击"创建",完成工件坐标系的创建,结果如图 6-16 所示。

2. 自动生成激光雕刻路径

利用自动路径功能,可以根据曲线或者沿着某个表面的边缘创建路径。要沿着一个表面创建路径,可使用选择级别"Surface"(表面);要沿着曲线创建路径,则使用选择级别"Curve"(曲线)。

(1)在"基本"功能选项卡中,将"设置"中的"工件坐标"设为"Workobject_1","工具"设为"PenTool";右下角运动指令设定栏也要进行设置,主要修改指令速度、转角半径等,设置为"MoveL * v100 z5 Mytool\WObj:=Workobject_1",如图 6-17 所示。

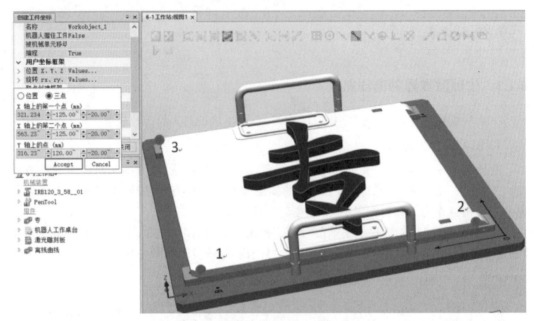

图 6-15　三点法创建工件坐标系

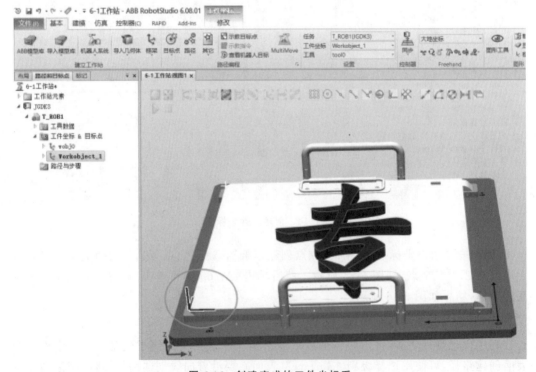

图 6-16　创建完成的工件坐标系

（2）如图 6-17 所示，在"基本"功能选项卡中单击"路径"，选择"自动路径"，在对话框中设置相关参数。

① 捕捉之前创建的曲线为路径，方法如图 6-18 所示。

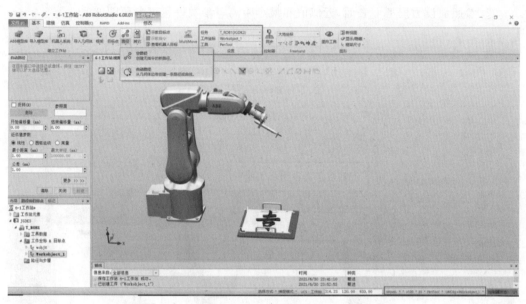

图 6-17　设置工件坐标和工具、运动指令

图 6-18　捕捉曲线

② 参照面设为模型上表面，近似值和最小距离等参数设置可参照图 6-19。

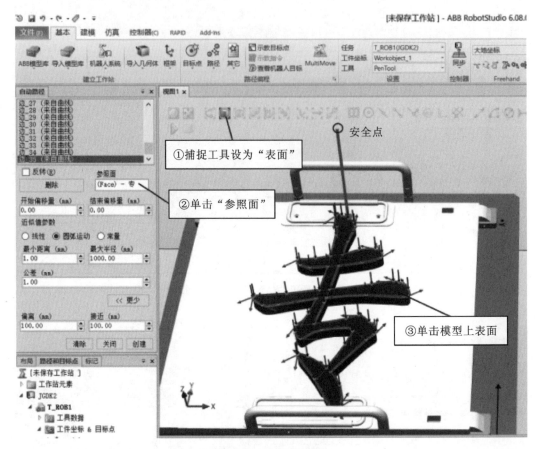

图 6-19　参照面设置

在实际应用中，需要根据不同的曲线特征选择不同类型的近似值参数。通常情况下选择"圆弧运动"，即在处理曲线时，线性部分执行线性运动，圆弧部分执行圆弧运动，不规则曲线部分则执行分段式线性运动。而"线性"和"常量"都是固定的模式，用于处理曲线时有可能产生大量多余点位或导致路径精度不佳等。本任务中我们选择"圆弧运动"（同学们也可自行尝试"线性"和"常量"模式）。

③ 单击"更多"，添加轨迹安全进入点和安全退出点，以起到保护作用。一般情况下，安全进入点和安全退出点在加工轨迹点的正上方，这里设置为 100 mm，然后单击"创建"，完成离线轨迹路径的创建。

在 RobotStudio 选项中定义的 Approach（接近）和 Travel（行进）方向用于定义所创建目标的朝向，"自动路径"对话框中相关参数的含义说明如下：

反转：运行轨迹方向置反，默认方向为顺时针运行，反转后则为逆时针运行。

参照面：生成的目标点 Z 轴方向与参照面垂直。

近似值参数说明如表 6-1 所示。

表 6-1　近似值参数说明

选　项	解　释　说　明
线性	为每个目标生成线性指令,圆弧做分段线性处理
圆弧运动	在曲线的圆弧特征处生成圆弧指令,在线性特征处生成线性指令
常量	生成具有恒定间距的点

属性值/mm	解　释　说　明
最小距离	设置两生成点之间的最小距离,即小于该距离的点将被过滤掉
最大半径	在将圆弧视为直线前确定圆的半径大小,将直线视为半径无限大的圆
公差	设置生成点所允许的几何描述的最大偏差

以上设置完成后,则机器人路径 Path_10 便会自动生成。

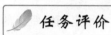 任务评价

任务 6.1　创建工作站的离线轨迹

序号	考核要素	考核要求	配分	自评(20%)	互评(20%)	师评(60%)	得分小计
一	职业素养 20分	遵守课堂纪律,主动学习	5				
		遵守操作规范,安全操作	5				
		具备分析问题、解决问题的能力	5				
		具备专心致志的工匠精神	5				
二	知识掌握 能力60分	对激光雕刻工作站进行正确布局	15				
		创建工件的待加工曲线	15				
		生成激光雕刻的离线路径	15				
		理解自动路径中各参数的含义	15				
三	专业技术 能力10分	能够熟练地创建离线曲线	5				
		能够熟练地创建自动路径	5				
四	拓展能力 10分	能够对不规则曲线进行轨迹提取	5				
		能通过自动获取路径得到基本程序	5				
合计			100				
学生签字		年　　月　　日	任课教师签字			年　　月　　日	

 思考与练习

一、选择题

1. 在 RobotStudio 软件中为机器人创建路径的基本方法有_____和_____两种。在该激光雕刻工作站中,完成雕刻路径的方法是_____。

2. 在 RobotStudio 软件中为机器人创建自动路径时，近似值参数有_____、_____和_____三种参数可以选择。

3. 在创建自动路径的设置中，"近似值参数说明"一项若选择"线性"，则意味着为每个目标生成_____指令，曲线上的圆弧做分段_____处理；如果选择"圆弧运动"，则意味着在曲线的圆弧特征处生成_____指令，在线性特征处生成_____指令。

4. 激光雕刻工作站的雕刻任务是，机器人用工具 PenTool 完成一个汉字_____的绘制。

二、判断题

1. "自动路径"选项中的"反转"就是将运行轨迹方向置反，默认方向为逆时针运行，反转后则为顺时针运行。 （ ）

2. "自动路径"选项中的"参照面"就是与运行轨迹的目标点 Z 轴方向垂直的表面。 （ ）

3. "自动路径"选项中"近似值参数"中的"常量"即在轨迹上生成具有恒定间隔距离的点。 （ ）

4. 根据工件边缘曲线自动生成机器人运行轨迹 Path_10 后，机器人可直接按照此轨迹运动。 （ ）

三、简答题

工业机器人激光雕刻工作站布局时都有哪些设备？

探索故事

本任务首先提取了工业机器人激光雕刻工作站的离线轨迹即"专"字的外围曲线，然后通过"自动路径"的方法，初步生成了激光雕刻的基本程序。同学们还可以对其他复杂、不规则的三维模型进行曲线的提取。通过"自动路径"生成程序方便而快捷。

通过本任务的学习，学生重识博大精深的中华优秀传统文化，感怀中华文明的智慧结晶，培养专心致志的职业素养和工匠精神。

"书圣"王羲之

"敬业者，专心致志，以事其业也。"专心是一种踏实认真的工作态度，也是一个人安身立业的重要法宝。古往今来，凡是在专业领域追求卓越、达到至臻境界之人，无一不是锚定目标后方向不移，初心不改，奋进不懈。

"书圣"王羲之为了练好书法，经常废寝忘食。每游历到一个地方，王羲之总是跋山涉水，四下临摹历代碑刻，积累了大量的书法资料。他在书房内、院子里、大门边甚至厕所外，都摆放着笔、墨、纸、砚，每想到一个结构好的字就马上写到纸上。经过几十年来锲而不舍的刻苦练习，他的书法艺术水平达到了超逸绝伦的境界，他也被人们誉为"书圣"。

无论从事何种职业，只要执着于一个目标，倾心投入，专心致志，日日精进，就能达到极高境界，成就不凡人生。

任务 6.2　调整工作站的离线程序

◆ 掌握 RobotStudio 软件中目标点调整的方法。
◆ 掌握 RobotStudio 软件中轴参数配置的方法。

能力目标

◆ 能够熟练在 RobotStudio 软件中进行目标点调整与轴参数配置。
◆ 能够综合分析工作站的离线程序,并对其进行修改完善。

素养目标

◆ 培养学生科技创新的意识。
◆ 培养学生恪守职业道德规范的态度。

任务描述

在任务 6.1 中,我们在 RobotStudio 软件中根据待加工工件"专"字的边缘曲线自动生成了机器人路径 Path_10,但是此时机器人还不能直接按照这个路径运动,因为可能对于部分目标点姿态机器人难以到达;此外,机器人到达某目标点,需要各关节轴配合运动,即存在多种关节轴配置。这就需要我们选择合适的轴配置参数,以保证机器人能够以最优的姿态到达目标点。本任务就目标点的调整和轴参数的配置进行介绍,并对程序进行修改和完善。

知识准备

6.2.1　调整目标点与轴参数配置

1. 调整目标点

下面将介绍如何调整机器人目标点的姿态,从而让机器人能以合理的姿态达到各个目标点。

(1)在"基本"功能选项卡中,单击"路径和目标点",依次展开,可以看到生成的各个目标点 Target_10 至 Target_660,如图 6-20 所示。

(2)选择要查看的任一目标点,单击鼠标右键,选择"查看目标处工具",勾选工具"PenTool",可以查看该点处的工具姿态,如图 6-21 所示。依次查看多个目标点处的工具,我们可以发现,各点工具姿态不尽相同。显然,部分目标点处的工具姿态是机器

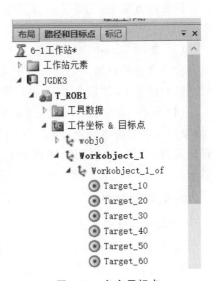

图 6-20　各个目标点

人难以到达的，因此需要进行适当调整，以便机器人能够顺利到达每一个点。

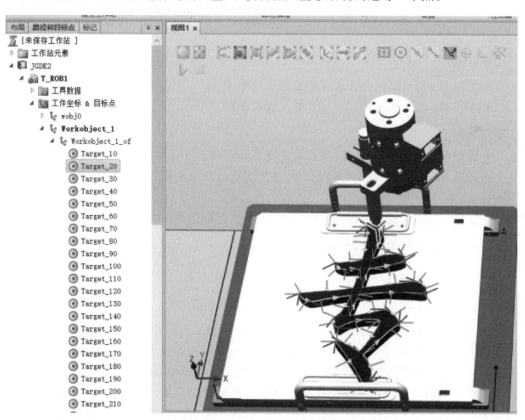

图 6-21　查看 Target_20 工具姿态

调整姿态的原则是：将所有目标点处的工具批量调整到姿态一致，该一致的姿态应是机器人便于到达的姿态。

调整的方法是：先将某一点姿态调整到较为理想位置，然后让所有其他点都对准该姿态。

（3）查看 Target_20 处的工具姿态，如图 6-21 所示。修改该目标点处工具姿态，使其成为较为合适的机器人姿态。选中 Target_20，单击鼠标右键，选择"修改目标—旋转"，在"旋转"对话框中，按照图 6-22 进行设置，则可见该点处工具姿态调整完毕。

（4）按住 Shift 和 Ctrl 键，选中除 Target_20 之外的其余目标点。单击鼠标右键，选择"修改目标—对准目标点方向"，如图 6-23 所示。在"对准目标点"对话框中，按图 6-24 进行设置，然后单击"应用"，则各目标点的姿态调整完毕。调整后的工具姿态如图 6-25所示。

2. 配置轴参数

1）轴参数配置定义

定义目标点并将其存储为 WorkObject 坐标系内的坐标。控制器计算出当机器人到达目标点时轴的位置，它一般会找到多个配置机器人轴的解决方案。为了区分不同配置，所有目标点都有一个配置值，即用于指定每个轴所在位置的四元数。

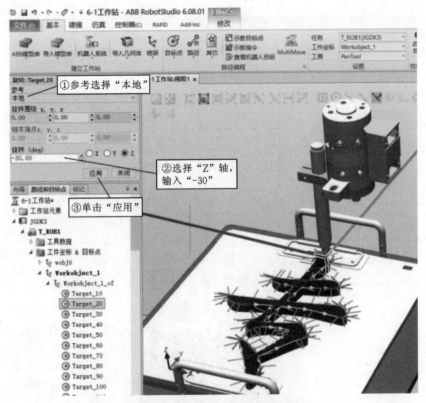

图 6-22　修改 Target_20 工具姿态

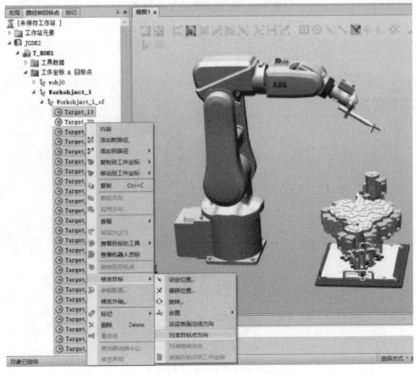

图 6-23　选中其他目标点

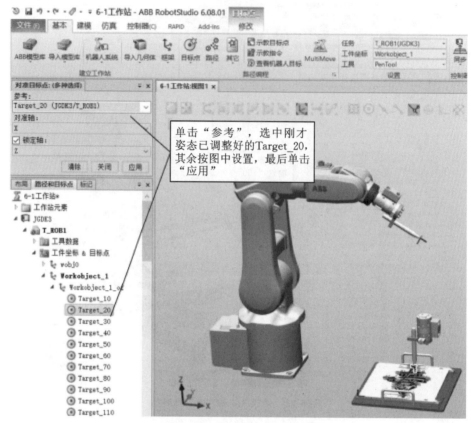

图 6-24　修改其他点工具姿态

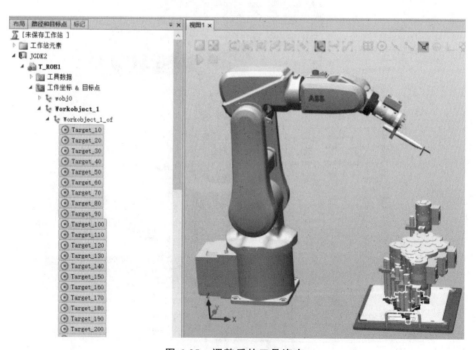

图 6-25　调整后的工具姿态

机器人的轴配置使用四个整数表示,用来指定整转式有效轴所在的象限。象限的编号从0开始为正旋转(逆时针),从－1开始为负旋转(顺时针)。对于线性轴,整数可以指定距轴所在的中心位置的范围(以米为单位)。

以 IRB 140 六轴工业机器人的配置为例,如下所示:

第一个整数(0)指定轴1的位置:位于第一个正象限内(介于0°~90°的旋转)。

第二个整数(－1)指定轴4的位置:位于第一个负象限内(介于－90°~0°的旋转)。

第三个整数(2)指定轴6的位置:位于第三个正象限内(介于180°~270°的旋转)。

第四个整数(1)指定轴 X 的位置:这是用于指定与其他轴关联的手腕中心的虚拟轴。

2) 存储轴配置

(1) 对于那些将机器人手动调整到所需位置之后示教的目标点,所使用的配置值将存储在目标中。

(2) 凡是通过指定或计算位置和方位创建的目标点,都会获得一个默认的配置值(0,0,0,0),该值可能对机器人到达目标点无效。

3) 轴配置的常用解决方案

在多数情况下,如果创建目标点使用的方法不是手动控制,则无法获得这些目标点的默认配置。即便路径中的所有目标点都有可达配置,但如果机器人无法在设定的配置之间移动,那么在运行该路径时机器人仍可能会遇到问题。这种情况可能会出现在轴在线性移动或圆周移动期间移位幅度超过90°时。

为此,常用的解决方案有:

(1) 为每个目标点指定一个有效配置,并确定机器人可沿各条路径移动。

(2) 关闭配置控制,也就是忽略存储的配置,使机器人在运行时找到有效配置。但如果该操作不当,则可能无法获得预期结果。

(3) 如果不存在有效配置,可重新定位工件,重新定位目标点,或者添加外轴以移动工件或机器人,从而提高可到达性。

4) 轴配置控制

在执行机器人程序时,可选择是否控制配置值。如果关闭配置控制,则机器人将忽略目标点存储的配置值,而使用最接近其当前配置的配置值移动到目标点。如果打开配置控制,则机器人只使用指定的配置值到达目标点。ConfJ 和 ConfL 动作指令用于控制关闭和开启关节移动配置控制和线性移动配置控制。

(1) 关闭配置控制。

在不使用配置控制的情况下运行程序,可能会导致每执行一个周期,就产生不同的配置。也就是说,机器人在完成一个周期运动后返回起始位置时,可选择与原始配置不同的配置。

对于使用线性移动指令的程序,可能会出现机器人运动参数逐步接近关节限值,但是最终无法伸展到目标点的情况。

对于使用关节移动指令的程序,可能会出现完全无法预测的移动情况。

(2) 开启配置控制。

在使用配置控制的情况下运行程序,会迫使机器人使用目标点存储的配置值。这样一来，就可以预测周期和运动。但是，在某些情况下，比如机器人从未知位置移动到目标点时，使用配置控制就可能会限制机器人的可到达性。

在离线编程时，如果要使用配置控制执行程序，则必须为每个目标点指定一个配置值。

5）轴配置的操作

选择 Target_10，单击鼠标右键，在弹出的菜单中选择"参数配置"，在"配置参数"对话框中只有一种轴参数配置，因此该点无须配置，如图 6-26 所示。继续查看其余各点，发现有些目标点有两种或多种配置，如图 6-27 所示。选择不同配置，则"关节值"有不同的组合。一般选择角度绝对值较小的配置。本任务使用默认的第一种轴配置参数，选择"Cfg（0,0,0,0）"，单击"应用"。

因机器人某些关节运动范围超过 360°，若详细设定机器人到达该目标点时各关节轴角度，可以勾选"包含转数"复选框，如图 6-28 所示；若机器人能到达该目标点，则在列表中可以看到更多的配置参数，选择合适的轴配置参数，单击"应用"即可。

图 6-26　配置参数 Target_10

图 6-27　配置参数 Target_160

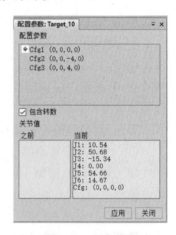

图 6-28　包含转数

如图 6-26 和图 6-27 所示，单个配置轴参数效率低，若要一次性配置所有目标点的轴参数，可以在路径属性中一次完成。选中"Path_10"，单击鼠标右键，在弹出的菜单中选择"配置参数—自动配置—所有移动指令"，如图 6-29 所示，则机器人沿轨迹自动运行一次即可完成所有目标点轴参数配置，同时所有指令前的黄色叹号消失。

配置完轴参数后，选中"Path_10"，单击鼠标右键，在弹出的菜单中选择"沿路径运动"，如图 6-30 所示，机器人就沿着自动生成的路径以轴配置参数设定的姿态运动。

任务实施

6.2.2　完善离线程序

以上任务中，我们在软件中自动生成了机器人激光雕刻曲线轨迹，并对路径上的目标点处工具进行了姿态调整，保证了机器人能够到达自动路径的每一个目标点。但是在实

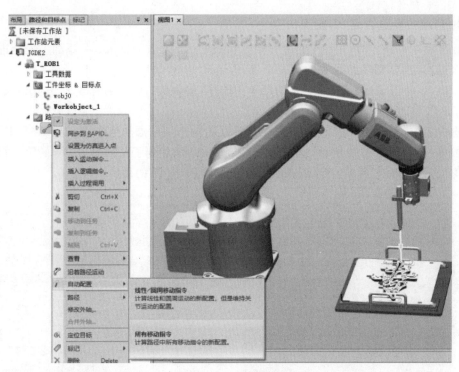

图 6-29 自动配置

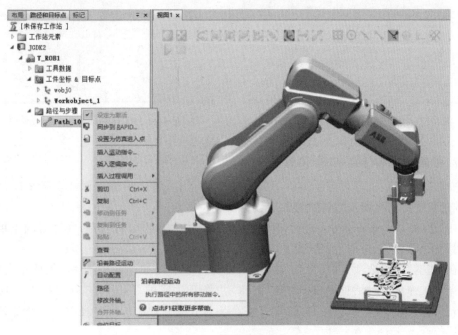

图 6-30 沿着路径运动

际应用中,为确保安全生产和工作质量,往往还需要对机器人路径进行优化,加入安全进入点、安全退出点(已在自动路径中设置)以及空闲等待点 Home(也叫安全位置点)。下面我们将对路径进行优化和完善,并在软件中仿真运行。

1. 创建安全进入点、安全退出点

在自动生成路径时，在加工路径开始点和结束点正上方 100 mm 处添加了安全进入点和安全退出点，分别是路径中的第一个点 Target_10 和最后一个点 Target_660。分别选中这两个点，单击鼠标右键，在弹出的菜单中选择"重命名"，将其名称改为"pApproach"和"pDepart"。

选中"pApproach"，单击鼠标右键，在弹出的菜单中选择"添加至路径"，选择路径 Path_10 中的"〈第一〉"，如图 6-31 所示，这样就将 pApproach 添加到了路径 Path_10 的第一行。用同样方法，如图 6-32 所示，将 pDepart 添加到路径 Path_10 的最后一行。

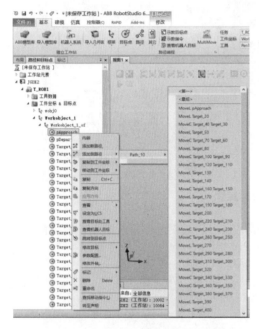 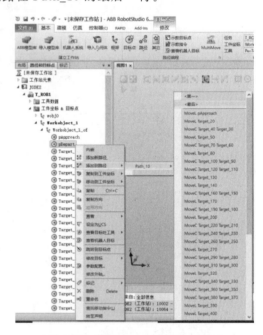

图 6-31　将 pApproach 添加到 Path10 　　　　图 6-32　将 pDepart 添加到 Path10

2. 创建空闲等待点（安全位置点）Home

安全位置点是机器人运行过程中的安全过渡位置，可以根据工作站实际情况进行设置，本任务中可将机器人默认机械原点设为安全位置点。

在"布局"功能选项卡中，选中"IRB120_3_58__01"，单击鼠标右键，在弹出的菜单中选择"回到机械原点"，机器人回到默认的原始位置。

在"基本"功能选项卡中，将"工件坐标"设为"wobj0"，如图 6-33 所示，然后单击"示教目标点"，在弹出的对话框中选择"是"按钮，并将新生成的 Target_660 目标点重命名为"Home"，如图 6-34 所示。然后，将安全位置点 Home 分别添加到路径 Path_10 的第一行和最后一行。

3. 修改相应的运动指令

展开"Path_10"，选中"MoveL Home"，单击鼠标右键，在弹出的菜单中选择"编辑指令"选项，在"编辑指令"对话框中，对动作类型、速度和转弯数据等进行适当修改，如图 6-35 所示，然后单击"应用"。

图 6-34　生成 Home 点

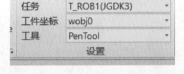

图 6-33　"工件坐标"设为"wobj0"

图 6-35　编辑指令 MoveL Home

利用以上方法和步骤修改安全进入点 pApproach 和安全退出点 pDepart 的运动指令。可以参考如下设定：

```
MoveJ Home,v300,z20,PenTool\WObj:=wobj0;
MoveJ pApproach,v100,z5,PenTool\WObj:=Workobject_1;
MoveL Target_20,v100,fine,PenTool\WObj:=Workobject_1;
MoveC Target_30,Target_40,v100,z5,PenTool\WObj:=Workobject_1;
……
MoveL Target_650,v100,fine,PenTool\WObj:=Workobject_1;
MoveL pDepart,v100,z5,PenTool\WObj:=Workobject_1;
MoveJ Home,v300,fine,PenTool\WObj:=wobj0;
```

修改完成后再次选中"Path_10"，单击鼠标右键，对轴参数进行自动配置，路径即能正常运行。

4. 工业机器人激光雕刻工作站仿真运行

若要对工作站进行仿真运行调试，必须先将工作站同步到 RAPID，生成 RAPID 代码。反之，若 RAPID 程序有改变，也需要执行"同步到工作站"操作。

在"基本"功能选项卡中，单击"同步"，选择"同步到 RAPID"，如图 6-36 所示，在弹出的对话框中，勾选所有同步内容，如图 6-37 所示，单击"确定"。

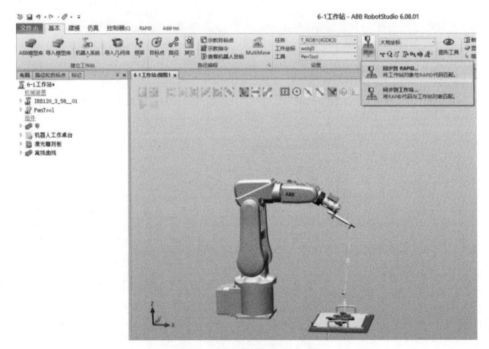

图 6-36　同步

图 6-37　同步到 RAPID

在"仿真"功能选项卡中，单击"仿真设定"，选择"T_ROB1—进入点"，选择"Path_10"，之后关闭"仿真设定"窗口，如图 6-38 所示。

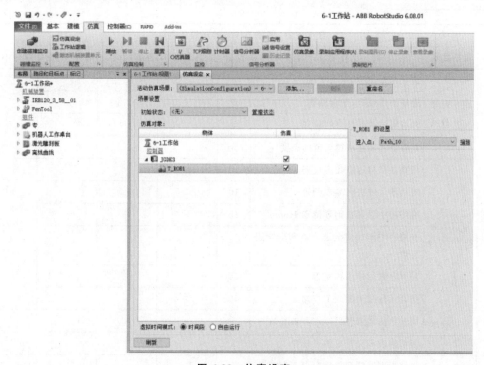

图 6-38　仿真设定

在"布局"功能选项卡下，选中"机器人工作桌台"，单击鼠标右键，将其设为"可见"，恢复完整的布局。

在"仿真"功能选项卡中，单击"播放"，机器人开始对路径进行仿真。在仿真过程中可以查看机器人运行情况，如图 6-39 所示。

图 6-39　仿真运行

🖋 任务评价

任务 6.2　调整工作站的离线程序

序号	考核要素	考核要求	配分	自评(20%)	互评(20%)	师评(60%)	得分小计
一	职业素养 20分	遵守课堂纪律，主动学习	5				
		遵守操作规范，安全操作	5				
		具有科技改变世界的认知	5				
		具备恪守职业道德规范的态度	5				
二	知识掌握 能力60分	调整各个目标点处工具姿态	10				
		对机器人轴进行参数配置	10				
		在路径中添加空闲等待点 Home	10				
		在路径中添加安全进入点和安全退出点	10				
		对程序进行修改和完善	10				
		仿真运行激光雕刻工作站	10				
三	专业技术 能力10分	能够熟练地调整目标点和轴参数	5				
		能够修改和完善机器人程序	5				
四	拓展能力 10分	能够根据需要调整目标点姿态	5				
		理解目标点处轴参数的不同配置	5				
合计			100				
学生签字		年　月　日	任课教师签字		、年　月　日		

👊 思考与练习

一、填空题

1. 为机器人目标点进行轴参数配置主要有_____和_____两种方法。

2. 选择要查看的某一目标点处的工具姿态时，选中该点，单击鼠标右键，选择"_____"，勾选工具"PenTool"，即可以查看该点处工具姿态。

3. 处理目标点时可以批量进行，_____＋鼠标左键选中剩余的所有目标点，然后再统一调整。

4. 进行轴参数配置时，若要详细设定机器人达到该目标点时各关节轴的偏转度数，可勾选_____。

5. 机器人路径创建完成后，为保证路径正确，还必须对路径的_____进行验证。

6. 机器人路径创建完成后，为保证路径正确，可以先选中路径，然后单击鼠标右键，选择_____进行验证。

7. 通过自动获取路径的方法得到程序后,往往还需要对机器人路径进行优化,加入_____、_____以及_____三个关键点。

8. 一般情况下机器人安全位置点可以选择其_____。在"布局"功能选项卡中,选中机器人,单击鼠标右键,选择_____,设置相应的"工件坐标",然后单击_____,并将新的目标点命名为 Home。

9. 机器人路径优化完成后,还需在"基本"功能选项卡中,单击_____,选择_____,完成相应的同步工作。

二、判断题

1. 机器人要想到达目标点,可能需要多个关节轴配合运动。因此,需要为多个关节轴配置参数,也就是说要为自动生成的目标点调整轴配置参数。 ( )

2. 在路径属性中,可以为所有目标点自动调整轴配置参数,选中路径,单击鼠标右键,选择"配置参数"中的"自动配置"即可。 ( )

3. 选择相应的目标点,单击鼠标左键,选择"查看目标处工具",就可以查看该处工具的姿态。 ( )

4. 机器人要想到达某个目标点,需要多个关节轴配合运动,且各个关节轴的配置参数是唯一的。 ( )

5. RobotStudio 6.01 中目标点可以单个调整,也可以批量调整,但批量调整时必须有参考目标点。 ( )

6. 当机器人难以到达目标点时,有必要适当调整目标点处工具姿态,使机器人能够顺利达到该处。 ( )

7. 机器人路径创建完毕后,还要根据实际需求进行 Speed、Zone、Tool 等参数的设置,这些参数可以通过单个指令设置也可以批量设置。 ( )

三、简答题

为什么要进行目标点的调整和轴参数的配置?

探索故事

本任务中我们对路径上目标点处的工具姿态进行了调整,并对各目标点处机器人轴参数进行了配置,完善了工作站的程序。同学们需要反复练习和思考,加深对目标点姿态和轴参数的理解并熟练其调整和配置操作,理解程序的流程。通过本任务的学习,学生应培养科技创新、科技强国的意识。

造芯、筑魂、创"天河"——天河高性能计算创新团队

"科技兴则民族兴,科技强则国家强。"在国际舞台上,科技水平是衡量国家综合国力的重要因素。

国防科技大学天河高性能计算创新团队于 2014 年获得极具影响力的"科技创新团队"称号。该团队持续开展高性能计算应用研究开发工作,其成果多次登上世界超级计算机榜首,为国家多领域重大科学研究和多行业应用做出巨大贡献。

在德国莱比锡召开的 2013 国际超级计算大会上,该团队计算机以峰值计算速度每秒

5.49亿亿次、持续计算速度每秒3.39亿亿次的优异性能，位居全球超级计算机500强排行榜之首。

为了创造新的"中国速度"，该团队科研人员夜以继日地奋力攻关，"周周5加2，天天白加黑"，成为"天河人"的工作常态。

在天河二号的研制过程中，每当遇到技术瓶颈时，大家总是群策群力，集智攻关，以至于很多设计理念、创新点子说不清到底该属于谁，成果即便获奖，也只能署少数人的名字。面对荣誉得失，大家总是胸怀坦荡："能参与这样大的国家工程，我们感到无比自豪。"这就是"天河人"的使命感与责任心。正是凭着这种精神，他们在天河二号研制中，自主创新，实现了新型异构多态体系结构，取得了一系列技术创新和进步，使天河二号具有性能高、能耗低、应用广、易使用等特点。

》》》 任务 6.3 　验证机器人轨迹

知识目标

◆ 掌握 RobotStudio 软件中碰撞检测功能的应用。
◆ 掌握 RobotStudio 软件中 TCP 跟踪功能的应用。

能力目标

◆ 能够熟练在 RobotStudio 软件中进行碰撞检测的设置和仿真运行验证。
◆ 能够熟练在 RobotStudio 软件仿真运行工作站时进行 TCP 跟踪。

素养目标

◆ 培养学生的安全工作意识和安全生产技术能力。
◆ 培养学生爱岗敬业、忠于职守的职业精神。

任务描述

在工作站仿真过程中，规划好机器人运行轨迹后，一般需要验证当前机器人轨迹是否会与周边设备发生干涉，可使用碰撞监控功能进行检测；此外，工业机器人执行运动后，可通过 TCP 跟踪功能将工业机器人运行轨迹记录下来，用作后续分析资料。

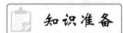

6.3.1　机器人碰撞监控功能

RobotStudio 软件模拟仿真的一个重要任务就是验证轨迹可行性，即验证机器人在运行过程中是否会与周边设备发生碰撞。在实际应用中，如焊接、激光切割等过程中，机器人工具实体尖端与工作表面的距离应处在合理的范围内，既不能与工件发生碰撞也不能距离工件过远，从而保证满足工艺要求。

在 RobotStudio 软件的"仿真"功能选项卡中有专门用于检测碰撞的功能，即碰撞监控。本任务将使用碰撞监控功能对工业机器人激光雕刻工作站进行碰撞检测。

（1）在"仿真"功能选项卡中，单击"创建碰撞监控"按钮，创建"碰撞检测设定_1"。

（2）展开"碰撞检测设定_1"，显示 ObjectsA 和 ObjectsB 两组对象，如图 6-40 所示。

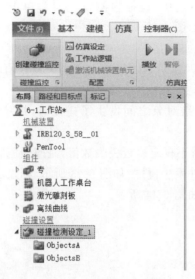

图 6-40　创建碰撞检测集

（3）将需要检测的对象放入碰撞集 ObjectsA 和 ObjectsB 中。本任务中需要检测待加工工件、机器人工作桌台、激光雕刻板与工具 PenTool 是否发生碰撞。具体操作如图 6-41所示。

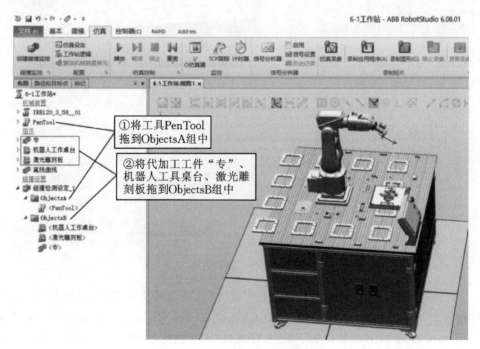

图 6-41　添加需要检测的部件

ObjectsA 中的任何对象与 ObjectsB 中的对象发生碰撞,碰撞信息都将显示在图形视图里并记录在输出窗口中,从而实现碰撞监控。可在工作站内设置多个碰撞集,但每一碰撞集仅能包含两组对象。

（4）设定碰撞监控属性:选中"碰撞检测设定_1",单击鼠标右键,选择"修改碰撞监控",进行碰撞检测集设定,如图 6-42 所示。

碰撞设置有关参数说明如下:

① 接近丢失:当选择的两组对象之间的距离小于该数值时,提示设置颜色（这里定的是黄色）。

② 碰撞颜色:选择的两组对象之间发生了碰撞时,提示设置的颜色（这里定的是红色）。

（5）手动碰撞监控:暂时不设定接近丢失数值,碰撞颜色默认为红色,利用手动拖动的方式,拖动机器人工具与工件发生碰撞,如图 6-43 所示,则显示设定的颜色警报;同时在信息输出框中提示碰撞信息,如图 6-44 所示。

图 6-42　碰撞检测集的设定

图 6-43　手动碰撞监控

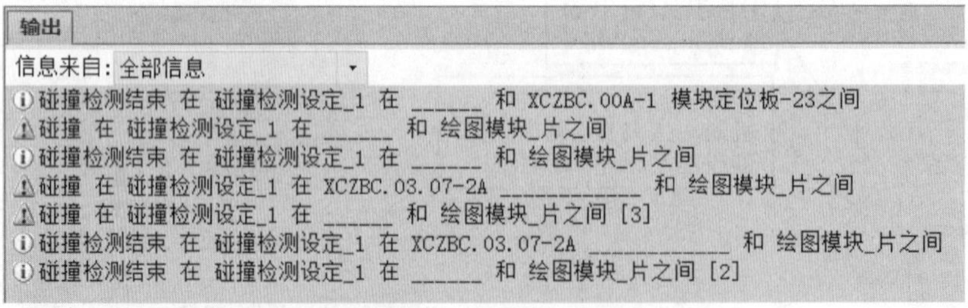

图 6-44　信息提示

（6）设定接近丢失。任务中激光雕刻工具 TCP 与实体尖端重合,这样在仿真工件加工过程中,工具与工件处于接触的状态,也就是碰撞的状态。为了更好地验证碰撞监控功能,我们将工具的 TCP 位置做如下改变:让工具 TCP 相对于实体尖端沿着 Z 轴正方向偏移 5 mm,这样将"接近丢失"设为 7 mm,则机器人在执行轨迹过程中,可以监控机器人工具与工件之间的距离是否在设定的范围内,若超过了设定的距离,则不显示接近丢失颜色;同时可监控工具与工件之间是否发生碰撞,若碰撞则显示碰撞颜色。

任务实施

经过以上设置,单击"仿真"中的"播放",机器人开始仿真运行,如图 6-45 所示。在仿真过程中可以观察到,接近和远离工件过程中,工具和工件都是初始颜色,而当开始执行工件表面轨迹时,工具和工件显示接近丢失颜色。此颜色证明机器人在运行过程中,工具既未与工件距离过远,也未与工件发生碰撞,达到了碰撞监控的目的。

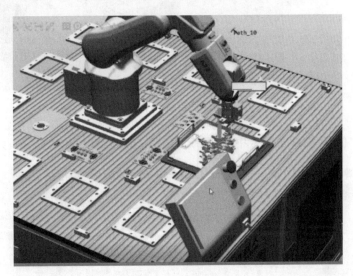

图 6-45　仿真运行

6.3.2　机器人 TCP 跟踪功能

为完成各种作业任务,工业机器人末端需要安装各种不同的工具,如喷枪、抓手、焊枪等。由于工具的形状、大小各不相同,在更换或者调整工具之后,机器人的实际工作点相对于机器人末端的位置会发生变化。目前普遍采用的方法是在机器人工具上建立一个工具坐标系,其原点即为工具中心点 TCP。当采用手动或者编程的方式让机器人接近某一目标点时,其本质是让工具中心点 TCP 去接近该点。因此可以说机器人的轨迹运动,就是工具中心点 TCP 的运动。

RobotStudio 软件中的 TCP 跟踪功能用于在仿真时通过画一条跟踪 TCP 的彩线而目测机器人的关键运动。

（1）为了便于观察,先将之前的碰撞监控功能关闭,如图 6-46 所示。

（2）为便于观察和记录 TCP 轨迹,先隐藏工作站中的所有目标点/框架和路径。在"基本"功能选项卡中,单击

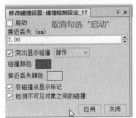

图 6-46　取消勾选"启动"

"显示/隐藏"，取消勾选"全部目标点/框架"和"全部路径"，如图 6-47 所示。

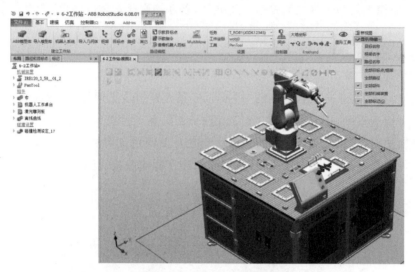

图 6-47　设定显示/隐藏内容

（3）单击"仿真"功能选项卡中的"TCP 跟踪"，勾选"启用 TCP 跟踪"，如图 6-48 所示。

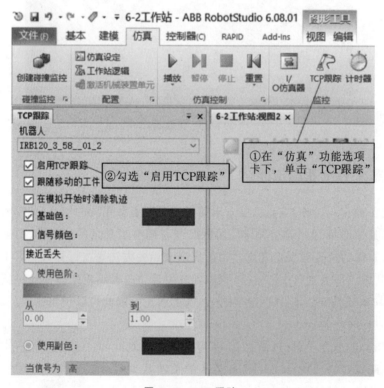

图 6-48　TCP 跟踪

TCP 跟踪参数说明如表 6-2 所示。

表 6-2　TCP 跟踪参数说明

参　数	说　明
启用 TCP 跟踪	选中此复选框可对选定机器人的 TCP 路径启动跟踪。 注意：为使 TCP 跟踪正常进行，应确保工作对象及本程序所用工具均同步至工作站
跟随移动的工件	选择此框可激活对移动工件的跟踪
在模拟开始时清除轨迹	选择此复选框可在仿真开始时清除当前轨迹
基础色	可以在此设置跟踪的颜色
信号颜色	选中此复选框可对所选型号的 TCP 路径分配特定颜色
使用色阶	选择此按钮可定义跟踪上色的方式。当信号在 From(从)和 To(到)框中定义的值之间变化时，跟踪的颜色根据色阶变化
使用副色	可以指定当信号值达到指定条件时跟踪显示的颜色
显示事件	选择此框以沿着跟踪路线查看事件
清除 TCP 轨迹	单击此按钮可从图形窗口中删除当前跟踪

实际应用中可以根据需要对以上参数进行选择和设置。在此，为了便于区分 TCP 轨迹颜色，设置基础色为红色。

（4）设置完成后，在"仿真"功能选项卡中，单击"播放"，记录工业机器人运行轨迹。运行完成后，可根据记录的轨迹进行分析。机器人完整的轨迹如图 6-49 所示。

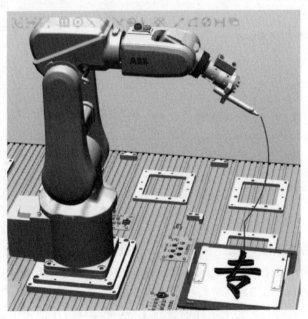

图 6-49　TCP 跟踪的轨迹

（5）若想清除记录的轨迹，可在"TCP 跟踪"对话框中，单击"清除 TCP 轨迹"，即可以清除本次记录的 TCP 轨迹。

任务评价

任务 6.3　验证机器人轨迹

序号	考核要素	考核要求	配分	自评(20%)	互评(20%)	师评(60%)	得分小计
一	职业素养 20 分	遵守课堂纪律,主动学习	5				
		遵守操作规范,安全操作	5				
		具备安全生产、安全第一的工作意识	5				
		爱岗敬业,具有严谨的科学态度	5				
二	知识掌握能力 60 分	创建碰撞检测集	10				
		设置修改碰撞检测属性	10				
		手动进行碰撞检测	10				
		将 TCP 移至实体尖端之外,并合理设置接近丢失的值	10				
		仿真运行时进行碰撞检测	10				
		仿真运行时进行 TCP 跟踪	10				
三	专业技术能力 10 分	能够熟练地运用碰撞检测功能	5				
		能够熟练运用 TCP 跟踪功能	5				
四	拓展能力 10 分	能够利用仿真软件解决实践中的碰撞问题	5				
		能够利用仿真软件分析 TCP 运行轨迹	5				
	合计		100				
学生签字		年　　月　　日	任课教师签字			年　　月　　日	

 思考与练习

一、填空题

1. 在激光雕刻工作站中,为了验证机器人轨迹是否安全可行,需要进行碰撞监测。将需要监测的对象放入碰撞集 ObjectsA 和 ObjectsB 中。其中 ObjectsA 中放入_____,而 ObjectsB 中放入待加工工件"专"、机器人工作桌台、激光雕刻板。

2. 为确保工具末端与所加工工件的表面保持一段距离,在创建工具坐标系时,一般要沿_____正方向偏移坐标系。

3. 接近丢失值的含义是:当选择的两组对象之间的距离_____该数值时,提示设置颜色。

二、判断题

1. 使用"碰撞监控"功能时,一个工作站可以设置多个碰撞集,每一个碰撞集可以包含多组对象。 （ ）

2. "修改碰撞设置"中"碰撞颜色"参数的含义:选择的两组对象之间发生了碰撞,则提示设置的颜色。 （ ）

3. RobotStudio 软件仿真的一个重要任务就是验证轨迹可行性,即验证机器人在运行过程中是否会与周边设备发生碰撞。 （ ）

4. 在实际应用中,如焊接、激光切割等过程中,由于加工过程中工具尖端不能直接接触工件,因此机器人的工具 TCP 通常不与实体尖端重合,而是偏离尖端一段距离。 （ ）

5. 在实际应用中,如焊接、激光切割等过程中,机器人工具实体尖端与工件表面的距离应处在合理的范围内,既不能与工件发生碰撞也不能距离工件太远,从而保证满足工艺要求。 （ ）

6. TCP 追踪参数设置完成后,在"基本"功能选项卡中,单击"播放",开始记录机器人运行轨迹并监控机器人运行速度是否超出限值。 （ ）

探索故事

本任务验证了激光雕刻工作站程序运行时机器人是否与周边设备发生碰撞的问题,并对机器人的 TCP 运行轨迹进行了跟踪记录。这种仿真的验证对实际安全生产有重大意义。通过本任务的学习,学生应培养爱岗敬业、严谨求学的职业态度。

"氢弹之父"于敏

视科学为生命的中国著名核物理学家于敏是中国氢弹的设计者之一。他热爱科学,具有强烈的追求真理的科学精神和严肃的科学态度。人们评价他:"科学几乎就是他生命的全部。"

他有一股韧劲和钻劲,工作不分昼夜,常常半夜产生灵感,便起床伏案工作。氢弹的理论设计至关重要,数据非常复杂,即使借助计算机运算,也是一项庞大的工程。为了保证计算数据的绝对准确,他常常整夜待在机房。对一些关键数据,他都亲自一一检验复核。

有一次,核试验即将开始,于敏忽然发现原设计中有个理论因素可能有问题,便立即暂停试验,验证无误后才重新开始试验。为了攻克氢弹的理论尖端问题,他废寝忘食、夜以继日地奋战,终于完成了氢弹的设计。

▶▶▶ 任务6.4 在线调试运行工作站

知识目标

◆ 掌握 RobotStudio 与机器人连接并获取权限的方法。
◆ 掌握在线编辑 RAPID 程序的方法。

能力目标

◆ 能够在线调试运行工作站。

◆ 能够在线监控机器人和示教器。

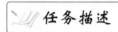
素养目标

◆ 培养学生理论来源于实践，反过来又为实践服务的辩证思维。
◆ 培养学生保持终身学习的良好习惯。

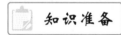

仿真验证机器人轨迹的正确性后，通过连接真实机器人获取权限，实现在线调试运行程序，方便而快捷。这样，通过 RobotStudio 软件中"自动获取路径"得到的离线轨迹程序，在真实环境中便得以验证，体现了 RobotStuido 软件高效、便捷的特点。本任务介绍如何使 RobotStudio 与机器人连接并获取权限，并完成在线编程、监控、传送文件等操作。

6.4.1　RobotStudio 与机器人连接并获取权限

1. RobotStudio 与机器人连接

通过 RobotStudio 与机器人的连接，可利用 RobotStudio 的在线功能对机器人进行监控、设置、编程与管理。将网线一端连接到计算机的网络端口，并设置为自动获取 IP 地址，另一端与机器人的专用网线端口进行连接。

在"控制器"功能选项卡中，建立 RobotStudio 与机器人的连接，过程如图 6-50 至图 6-52 所示。

图 6-50　添加控制器

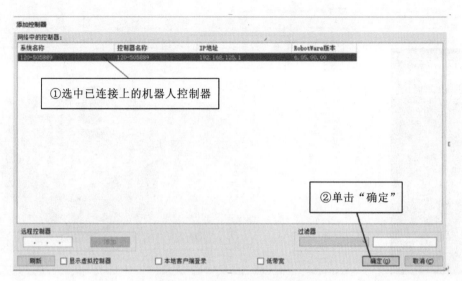

图 6-51　添加机器人的控制器

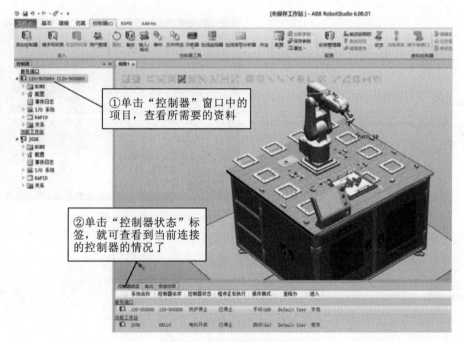

图 6-52　查看控制器状态

2. RobotStudio 获取在线控制权限

除了能通过 RobotStudio 在线对机器人进行监控与查看以外，还可以通过 RobotStudio 在线对机器人进行程序的编写、参数的设定与修改等操作。为了保证较高的安全性，在对机器人控制器数据进行写操作之前，要首先在示教器中进行请求写权限的操作，以防止在 RobotStudio 中错误修改数据，造成不必要的损失。获取在线控制权限的过程如图 6-53 至图 6-61 所示。

图 6-53 切换到"手动"状态

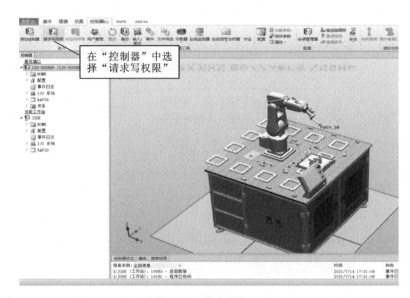

图 6-54 请求写权限

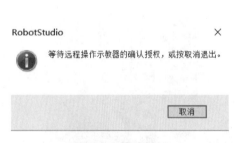

图 6-55 等待授权

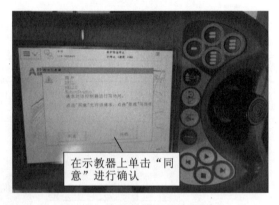

图 6-56 在示教器上单击"同意"

图 6-57 选择"创建关系"

创建关系	? ×
关系名称：	Robot
第一控制器	JGDK（工作站） ∨
第二控制器	120-505889（120-505889） ∨
	确定 取消

图 6-58 "创建关系"对话框

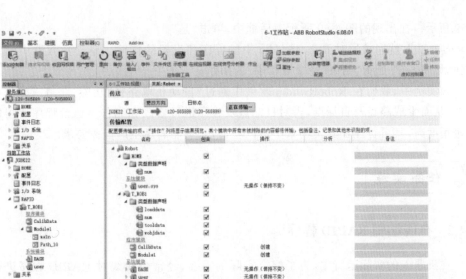

图 6-59　单击"正在传输"

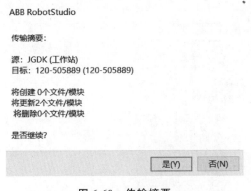

ABB RobotStudio

传输摘要：

源：JGDK (工作站)
目标：120-505889 (120-505889)

将创建 0个文件/模块
将更新 2个文件/模块
将删除 0个文件/模块

是否继续？

是(Y)　　否(N)

图 6-60　传输摘要

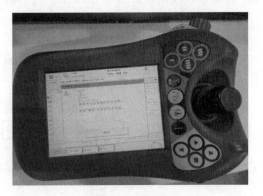

图 6-61　撤回

（1）首先将机器人的状态钥匙开关切换到"手动"状态，如图 6-53 所示。单击"控制器"功能选项卡，选中机器人控制器，然后单击"请求写权限"，如图 6-54 所示。

（2）这时，RobotStudio 中出现如图 6-55 所示的提示。在示教器上单击"同意"进行确认，如图 6-56 所示。

（3）下面将 RobotStudio 中创建的程序和设置等传输到机器人控制器上，方法如下：在"控制器"选项卡下，单击"创建关系"，如图 6-57 所示。在"创建关系"对话框中，输入关系名称"Robot"，并选择第一控制器为虚拟控制器，第二控制器为机器人控制器，单击"确定"，如图 6-58 所示。在"传送"对话框中，传输方向默认的是从第一控制器向第二控制器传输，这里应该是从虚拟控制器向机器人控制器传输，如若方向相反，需单击"更改方向"按钮；在"传输配置"下，展开关系"Robot"，勾选所有选项，然后单击"正在传输"按钮，如图

6-59 所示。在出现的图 6-60 所示对话框中,单击"是"。

（4）以上就完成了对 RobotStudio 中的程序和设置的传输。单击示教器中的"撤回"按钮,如图 6-61 所示,结束"请求写权限"的操作。

该实例中,我们在 RobotStudio 软件中通过"自动获取路径"功能,获得三维模型复杂曲线,从而生成路径及目标点,再对目标点及程序进行修改和完善。运行程序所得的运行轨迹精度高,其可行性在真实场景中得以验证,完全能满足生产任务要求。

6.4.2 在线编辑 RAPID 程序

在机器人的实际运行中,为了配合实际的需要,经常会在线对 RAPID 程序进行微小的调整,包括修剪或增减程序指令。下面介绍这两方面的操作。

1. 在线修改程序指令

将程序中的运行速度从"v100"调整为"v300",修改过程如下：

（1）首先建立 RobotSdudio 与机器人的连接,并进行"请求写权限"的操作(具体操作方法请参考6.4.1 小节的详细说明)。在"RAPID"功能选项卡下,选中机器人控制器,然后单击"请求写权限",如图 6-62 所示。在示教器中单击"同意"进行确认。

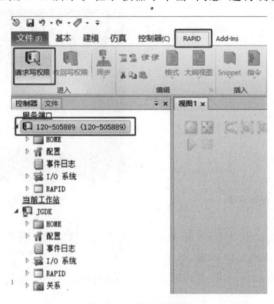

图 6-62　请求写权限

（2）展开机器人"控制器"下的"RAPID",双击"Module1",找到"Path_10",找到要修改的指令,将速度"v100"调整为"v300"；修改完以后,单击"RAPID"下的"应用",如图 6-63 所示,选择"是"。

（3）单击"RAPID"功能选项卡下的"收回写权限",如图 6-64 所示。这时机器人控制器中的该条指令速度已经改为"v300"了,如图 6-65 所示。

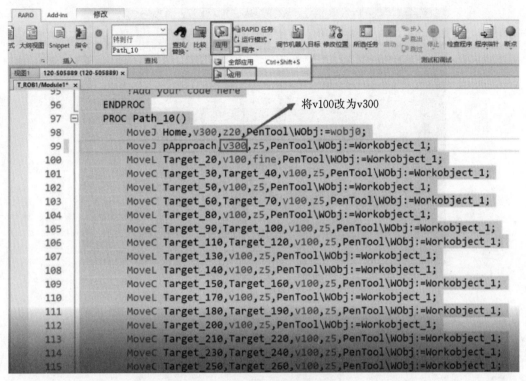

图 6-63　将速度"v100"调整为"v300"

图 6-64　收回写权限

2. 在线增减程序指令

下面我们在程序中增加速度设定指令 VelSet。

为了将机器人最高速度限制在 1000 mm/s,要在一个程序中移动指令的开始位置之前添加一条速度设定指令。操作过程如下:

(1) 单击"RAPID"功能选项卡,选中机器人控制器,然后单击"请求写权限"。在示教器中单击"同意"进行确认。

(2) 在 Path_10 程序开始之前空一行,然后单击"指令",在菜单中选择"Settings"中的"VelSet",如图 6-66 所示。该指令要设定两个参数:最大倍率和最大速度,如图 6-67 所示。将指令修改为"VelSet 100,1000;",修改完以后,单击"RAPID"下的"应用",选择"是"。

(3) 单击"收回写权限",这时在机器人控制器中可以看到程序中已经增加了这条指令,如图 6-68 所示。

修改完程序后,在机器人上运行改后的程序,机器人末端工具 PenTool 开始雕刻"专"字,效果如图 6-69 所示。

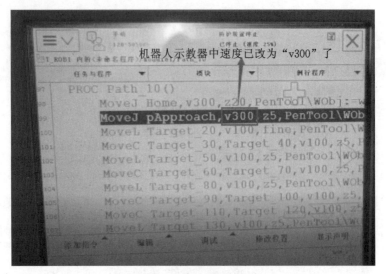

图 6-65　修改程序速度

图 6-66　添加"Settings"中的"VelSet"

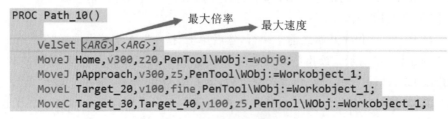

图 6-67　VelSet 指令的用法

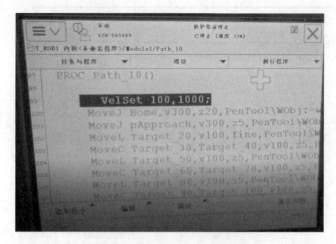

图 6-68　添加了 VelSet 指令

图 6-69　雕刻的"专"字

6.4.3　在线监控机器人和示教器状态

1. 在线监控机器人状态

我们可以通过 RobotStudio 的在线功能监控机器人和示教器状态。操作过程如下：

打开"控制器"功能选项卡下的"在线监视器"，这时窗口显示的就是机器人的实时状态，如图 6-70 所示。

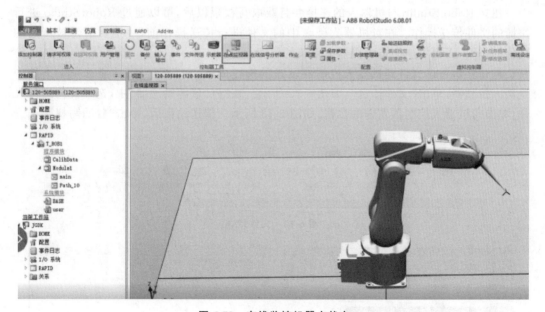

图 6-70　在线监控机器人状态

2. 在线监控示教器状态

打开"控制器"功能选项卡下的"示教器"，可以看到示教器的实时状态，如图 6-71 所示。

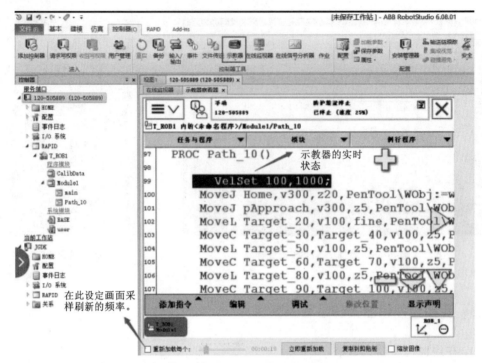

图 6-71　在线监控示教器实时状态

6.4.4　在线传送文件

　　建立 RobotStudio 与机器人的连接并且获取写权限以后，可以通过 RobotStudio 进行快捷的文件传送操作。在对机器人硬盘中的文件进行传送操作前，一定要清楚被传送的文件的作用，否则可能会造成机器人系统的崩溃。

　　从计算机发送文件到机器人控制器硬盘的操作如下：在"控制器"功能选项卡下选中机器人控制器，单击"文件传送"，如图 6-72 所示。在"PC 资源管理器"中，选择要传送的文件，单击向机器人控制器发送的按钮，如图 6-73 所示。传送结束后，单击"收回写权限"。

图 6-72　文件传送

图 6-73　选择要传送的文件

任务评价

任务 6.4 在线调试运行工作站

序号	考核要素	考核要求	配分	自评(20%)	互评(20%)	师评(60%)	得分小计
一	职业素养 20分	遵守课堂纪律,主动学习	5				
		遵守操作规范,安全操作	5				
		具备理论联系实践的意识	5				
		具备终身学习、学无止境的思维	5				
二	知识掌握 能力50分	RobotStudio 与机器人连接并获取权限	15				
		在线编辑 RAPID 程序	15				
		在线监控机器人和示教器状态	10				
		在线传送文件	10				
三	专业技术 能力20分	能够在线调试运行工作站	10				
		能够在线传送文件	10				
四	拓展能力 10分	能够在 RobotStudio 中在线编辑I/O信号	5				
		能够在 RobotStudio 中进行备份与恢复	5				
合计			100				
学生签字		年 月 日		任课教师签字		年 月 日	

 思考与练习

一、填空题

1. 通过 RobotStudio 与机器人的连接,可利用 RobotStudio 的在线功能对机器人进行_____、_____、_____与_____。方法是将网线一端连接到计算机的网络端口,并设置为_____,另一端与机器人的专用网线端口进行连接。

2. 除了能通过 RobotStudio 在线对机器人进行监控与查看以外,还可以通过 RobotStudio 在线对机器人进行程序的_____、参数的_____与_____等操作。

3. 为了保证较高的安全性,在对机器人控制器数据进行写操作之前,要首先在示教器中进行_____的操作,以防止在 RobotStudio 中错误修改数据,造成不必要的损失。

4. 建立 RobotStudio 与机器人的连接并且获取写权限以后,可以通过 RobotStudio 进行快捷的文件传送操作。在对机器人硬盘中的文件进行传送操作前,一定要清楚被传送的文件的作用,否则可能会造成_____。

5. 为了限制机器人的最高速度,需要在一个程序中移动指令的开始位置之前添加一条速度设定指令"_____"。

6. 通过 RobotStudio 的在线功能可以对_____和_____状态进行监控。

二、操作题

利用自动获取路径的方法,使机器人完成绘图模块上"片"字的激光雕刻,如图 6-74 所示。试完成离线轨迹编程并在软件中仿真运行。

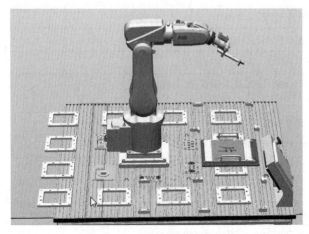

图 6-74 激光雕刻"片"字工作站

探索故事

从本任务中我们学习了如何将 RobotStudio 与现场机器人进行连接并获取权限,通过在线方式完成了对 RAPID 程序的编辑、监控机器人和示教器状态、传送文件等操作。该任务体现了理论联系实践的科学思维,旨在培养学生实践出真知、知行合一的职业精神,激发学生敢于斗争、善于斗争,与个人享乐主义思想作斗争。

时代楷模刘永坦

刘永坦是我国对海探测新体制雷达理论和技术的奠基人。2021 年 9 月 29 日,中央宣传部向全社会宣传发布刘永坦同志的先进事迹,授予他"时代楷模"称号。

新体制雷达是海防战线上决胜千里之外的"火眼金睛",因为它能突破传统雷达探测"盲区"来发现目标。20 世纪 80 年代初,少数几个掌握该技术的国家牢牢把持着对海探测的信息优势,在这方面中国始终难有突破。

从海外留学进修归来后,刘永坦的心中萌生出一个宏愿——开创中国的新体制雷达研究之路。为了迅速形成我国新体制雷达发展的整体方案,刘永坦带领团队,在几个月的时间内,手写出一份 20 多万字的对海探测报告。凭着这股执着的劲头,刘永坦带着团队从零起步,系统突破基础理论问题,创建了新体制探测理论体系,实现了中国海防预警科技的重大原始创新。

1989 年,新体制雷达实验系统建成,已是两院院士的刘永坦并没有停下脚步,随后他带领团队从实验场转战到应用场,着力解决新体制雷达实验系统的实际应用转化问题。

历经上千次实验和多次重大改进,他们攻克了一个个技术难题。2011 年,我国具有全天时、全天候、远距离探测能力的新体制雷达研制成功,我国成为极少数掌握远距离实装雷达研制技术的国家之一。如今,这些雷达矗立在我国的海岸线上,对航天、航海、渔业、沿海石油开发、海洋气候预报、海岸经济区发展等都发挥着重要作用。

从教 60 余年,刘永坦一直致力于电子工程领域的教学工作,在他的凝聚和引领下,科研团队由最初的 6 人发展到几十人,成为新体制雷达领域老中青齐全的人才梯队,建立起一支专注海防科技创新的"雷达铁军"。2020 年 8 月 3 日,刘永坦把 2018 年度获得的国家最高科学技术奖的 800 万元奖金全部捐出,设立永瑞基金,用于学校人才培养。

从孩童时期萌发报国志向到学成归来打造"海防长城",刘永坦把一生都奉献给我国的雷达事业,85 岁仍初心未改,他说:"只要国家有需求,我的前行就没有终点。"

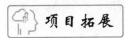 项目拓展

一、运动控制常用指令

1. 运动速度控制指令 VelSet

格式:VelSet Override,Max;

解读:Override——机器人运行速率(%),数据类型是 num;

　　　Max——机器人最大速度(mm/s),数据类型是 num。

例如:VelSet 50,1000;

其中:50——机器人运行速率为 50%,数据类型是 num;

　　　1000——机器人最大速度为 1000 mm/s,数据类型是 num。

每个机器人运动指令均有一个运行速度,在执行运动速度控制指令 VelSet 后,机器人实际运行速度为运行指令规定运行速度乘以机器人运行速率,并且不超过机器人最大运行速度。系统默认值为 VelSet 100,5000。

注意:

(1) 机器人冷启动、新程序载入或是程序重置后,系统自动恢复默认值;

(2) 机器人使用参变量[\T]时,最大运行速度指令将不起作用;

(3) Override 对速度数据(Speeddata)内的所有项都起作用,例如 TCP、方位及外轴,但是对焊接参数 Welddata 与 Seamdata 内的参数不起作用;

(4) Max 只对速度数据(Speeddata)内 TCP 这项起作用;

实例:

```
Velset 50,800;
MoveL p1,v1000,z10,tool1;          //运动速度为 500 mm/s
MoveL p2,v1000\v:=2000,z10,tool1;  //运动速度为 800 mm/s
MoveL p3,v1000\T:=5,z10,tool1;     //运动时间为 10 s
Velset 80,1000;
MoveL p1,v1000,z10,tool1;          //运动速度为 800 mm/s
```

```
MoveL p2,v5000,z10,tool1;                    //运动速度为 1000 mm/s
MoveL p3,v1000\v:=2000,z10,tool1;            //运动速度为 1000 mm/s
MoveL p4,v1000\T:=5,z10,tool1;               //运动时间为 6.25 s
```

2. 运动加速度控制指令 AccSet

格式：AccSet Acc,Ramp;

解读：Acc——机器人加速百分率（％），数据类型是 num。

　　　Ram——机器人加速度坡度，数据类型是 num。

例如：AccSet 50,100;

其中：50——机器人加速度百分率为 50％，数据类型是 num。

　　　100——机器人加速度坡度为 100，数据类型是 num。

当机器人运行速度改变时，对所产生的相应加速度进行限制，可使机器人高速运行时更平缓，但会延长循环时间。系统默认值为 AccSet 100,100。图 6-75 是不同 AccSet 参数下的"时间-加速度"曲线图。

图 6-75　不同 AccSet 参数下的"时间-加速度"曲线图

注意：

（1）机器人加速度百分率最小值是 20％，设定值小于 20％时还是以 20％来计算；

（2）机器人加速度坡度最小值是 10，设定值小于 10 时还是以 10 来计算；

（3）机器人冷启动、新程序载入或程序重置后，系统自动恢复默认值。

3. 运动姿态控制指令 ConfJ 和 ConfL

对机器人运动姿态进行限制与调整，在程序运行时，可使机器人运行姿态得以控制。系统默认值为 ConfJ\ON 和 ConfL\ON。

（1）ConfJ\ON：启用轴配置数据。关节运动时，机器人移动至绝对 ModPos 点，如果无法到达该点，程序将停止运行。

（2）ConfJ\OFF：默认轴配置数据。关节运动时，机器人移动至 ModPos 点，轴配置数据默认为当前最接近值。

（3）ConfL\ON：启用轴配置数据。直线运动时，机器人移动至绝对 ModPos 点，如果无法到达该点，程序将停止运行。

（4）ConfL\OFF：默认轴配置数据。直线运动时，机器人移动至 ModPos 点，轴配置数据默认为当前最接近值。

也就是说，程序通过 ConfJ\ON、ConfL\ON 指令启用姿态控制功能时，系统可保证到达目标位置后机器人工具姿态与 TCP 位置数据 robtarget 所规定的姿态相同，如果这样的姿态无法完成，则程序将在执行前自动停止。程序通过 ConfJ\OFF、ConfL\OFF 指令取消姿态控制功能时，如果系统无法保证机器人实现 TCP 位置数据 robtarget 所规定的姿态,将自动选择最接近 robtarget 数据的姿态执行指令。

实例:

ConfJ\OFF;	//关节姿态控制撤销
ConfL\OFF;	//直线、圆弧姿态控制撤销
MoveJ p50,v1000,z50,tool0;	//以最接近的姿态关节移动至 p50 位置
MoveJL p60,v1000,z50,tool0;	//以最接近的姿态直线移动至 p60 位置
ConfJ\ON	//关节姿态控制生效
ConfL\ON	//直线、圆弧姿态控制生效
MoveJL p70,v1000,z50,tool0;	//直线运动到 p70 位置,并保证姿态一致

二、外轴激活指令

1. 外轴激活指令 ActUnit

格式:ActUnit MecUnit;

解读:MecUnit——外轴名。

功能:将机器人一个外轴激活。例如:当多个外轴共用一个驱动板时,通过外轴激活指令 ActUnit 选择当前所使用的外轴。

2. 外轴激活指令 DeactUnit

格式:DeactUnit MecUnit;

解读:MecUnit——外轴名。

功能:使机器人外轴失效。例如:当多个外轴共用一个驱动板时,通过外轴激活指令 DeactUnit 使当前所使用的外轴失效。

实例:

MoveL p10,v100,fine,tool1;	//直线运动至 p10,外轴不动
ActUnit track_motion;	//激活外轴 track_motion
MoveL p20,v100,z10,tool1;	//直线运动至 p20,外轴 track_motion 联动
DeactUnit track_motion;	//外轴 track_motion 失效
ActUnit orbit_a;	//激活外轴 orbit_a
MoveL p30,v100,z10,tool1;	//直线运动至 p30,外轴 orbit_a 联动

工业机器人搬运码垛工作站

工业机器人在搬运码垛领域有着广泛的应用，可以代替人力完成大量重复性工作。搬运码垛机器人不仅可改善劳动环境，而且对减轻劳动强度、保证人身安全、降低能耗、减少辅助设备资源以及提高劳动生产率等都具有重要意义，在食品、化工和家电等行业有着广泛应用。通过本项目的学习，大家可以学会如何运用 RobotStudio 软件进行搬运码垛工作，学习内容包括产品输送链的创建、工具吸盘的创建、搬运码垛程序的编制、工作站的逻辑设定等。图 7-1 所示为工业机器人搬运码垛工作站的典型工作环境。

图 7-1　工业机器人搬运码垛工作站的典型工作环境

》》》 任务 7.1　搬运码垛系统应用知识

知识目标

◆ 掌握码垛机器人的特点及优势。
◆ 掌握中断程序的基本概念。

能力目标

◆ 能够搭建搬运码垛机器人基本工作环境。
◆ 能够正确使用中断程序编程。
◆ 能够正确给复杂程序数据赋值。

素养目标

◆ 培养学生严格执行操作规范、安全生产的工作意识。
◆ 培养学生主动思考、积极探索的思维品质。

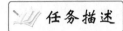

在物流输送中,物料的搬运和码垛是既费时又费力的工作,以往工人的劳动强度非常大,而且效率很低。如今,我们将工业机器人应用于物料搬运和码垛过程中,既解放了人力,又提高了效率。通过本任务的学习,我们将了解搬运码垛工作站的组成及优势,掌握常用的搬运码垛的编程指令,建立工作站的基本环境。

7.1.1 初识搬运码垛机器人

1. 搬运码垛机器人介绍

码垛机器人是机械设备与计算机程序有机结合的产物。为了完成生产任务,解放多余劳动力,提高生产效率,减少生产成本,缩短生产周期,人们开发出了搬运码垛机器人。它可以代替人工进行货物的分类、搬运和装卸工作或代替人类搬运危险物品,如放射性物质、有毒物质等,降低工人的劳动强度,提高生产和工作效率,保证工人的人身安全,实现自动化、智能化、无人化作业。搬运码垛机器人因使用了微处理器而具有简单的思维能力,能利用较为先进的传感器准确地识别物体,再由处理器进行分析处理,并通过驱动系统和机械机构做出相应的反应。

传统的码垛都是由人工来完成的,这种码垛方式在很多情况下无法适应当今高科技发展,当生产线速度过高或者产品的质量过大时,人力就难以满足要求。利用人力来码垛,所要求的人数多,所付的劳动成本很高,而效率较低。

机器人码垛主要应用于生产作业后段包装和物流产业,码垛的意义在于依据集成单元化的思想,将成堆的物品通过一定的模式码成垛,使得物品能够容易地搬运、码垛拆垛以及存储。在物体的运输过程中,除了散装的物品或者液体物品以外,一般的物品均按照码垛的形式存储、运送,以便节约空间,增加承接货物数量。搬运码垛机器人可以广泛应用于自动化无人工厂、车间、货运站、码头等需要较多劳动力的场所,可使工作效率提高大约50%,大大降低成本,并实现节能环保。搬运码垛机器人如图7-2所示。

2. 搬运码垛机器人的特点

搬运码垛机器人是一种对箱装、袋装、罐装、瓶装的各种形状成品进行包装、搬运及整齐有序摆放的工业机器人,其用途十分广泛,适用于食品、化肥、五金、电子、钢材及其他行业。

搬运码垛机器人的优势如下:

(1)结构简单、零部件少,零部件的故障率低,性能可靠,保养维修简单,所需库存零部件少。

(2)占地面积小,有利于厂房中生产线的布置,并可留出较大的库房面积。搬运码垛机器人设置在狭窄的空间即可有效地使用。

图 7-2 搬运码垛机器人

（3）适用性强。当产品的尺寸、体积、形状及托盘的外形尺寸发生变化时，只需在机器人触摸屏上稍做修改即可，不会影响正常生产。而机械式码垛机的参数更改相当麻烦，有时甚至是无法实现的。

（4）能耗低。通常机械式码垛机的功率在 26 kW 左右，而搬运码垛机器人的功率为 5 kW 左右，可大大降低运行成本。

（5）全部控制可在控制柜屏幕上操作，操作非常简单。

（6）只需定位抓起点和摆放点，示教方法简单易懂。

7.1.2 建立搬运码垛工作站

1. 工业机器人搬运码垛工作站组成

本工作站以加工生产线中纸箱的搬运码垛为例，采用 ABB 公司关节式码垛机器人 IRB460 完成搬运码垛任务。码垛机器人需要与相应的辅助设备组成一个柔性化系统才能进行码垛作业。本工作站设备包括箱体产品、真空吸盘夹具、物料输送链、机器人支撑底座、放置物料的垛板和安全围栏。通过工业机器人进行搬运码垛任务，可以提升物流速度，获得整齐统一的物垛，减少物料破损与浪费。搬运码垛工作站具有结构简单、故障率低、便于维护保养、占地面积小、适应性强以及能耗低等优势。操作者可以根据实际工作情况，在 RobotStudio 虚拟仿真软件中进行码垛工作站虚拟环境的创建，通过 Smart 组件的功能，对箱体工件进行运动设置和动作程序编写。如图 7-3 所示为搬运码垛虚拟工作站，验证成功后可导入真实工作站以加工运行。

2. 建立虚拟搬运码垛工作站

在布局搬运码垛机器人工作站时要综合考虑实际生产加工情况，根据实际生产加工情况来布局虚拟环境。

1）加载机器人及工具

在"基本"功能选项卡下，选择"ABB 模型库"，找到"IRB460"型号机器人本体，单击将其导入。同样在"基本"功能选项卡下，选择"导入几何体"，通过浏览几何体的方式，将机

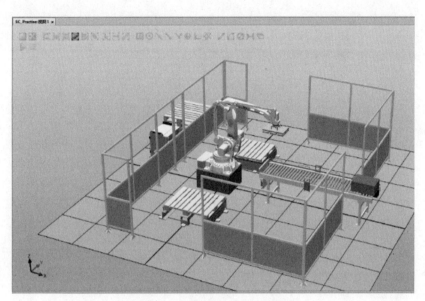

图 7-3　搬运码垛虚拟工作站

器人底座"RobotFoot"和"tGrigger"导入工作站中,进行位置的设置和布局,布局结果如图 7-4 所示。

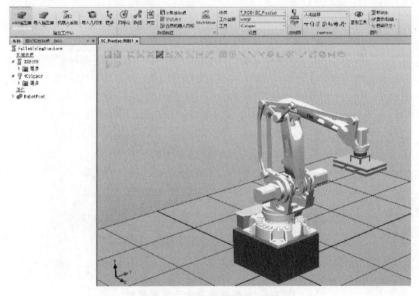

图 7-4　加载机器人及工具

2) 加载输送链和物料

在"基本"功能选项卡下,选择"导入模型库",选择"设备",找到"输送链 Guide",单击将其导入,然后将设备名称修改为"InFeeder"。同样在"基本"功能选项卡下,选择"导入几何体",通过浏览几何体的方式,将运输产品"Product_Source"导入工作站中,进行位置的设置和布局,布局结果如图 7-5 所示。

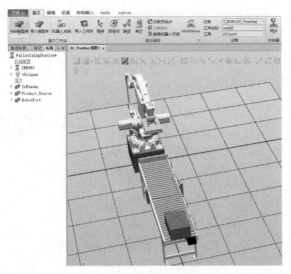

图 7-5　加载输送链和物料

3）加载垛板及安全附属装置

在"基本"功能选项卡下，选择"导入几何体"，通过浏览几何体的方式，将垛板"Pallet_L"和"Pallet_R"以及安全附属装置"Aroundings"导入工作站中，进行位置的设置和布局，布局结果如图 7-6 所示。

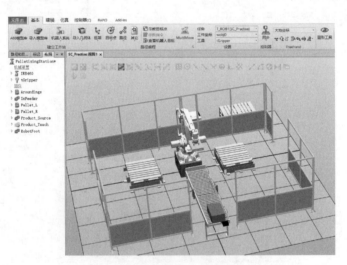

图 7-6　加载垛板及安全附属装置

4）创建机器人系统

（1）在"基本"功能选项卡下，选择"机器人系统"，选择"从布局"，如图 7-7 所示。

（2）在弹出的"从布局创建系统"对话框中，将系统名称改为"SC_Practise"，选择"浏览"，修改系统存放位置，在"RobotWare"中选择版本"6.08.00.00"，单击"下一个"，如图 7-8（a）所示。接下来，勾选"IRB460"机器人系统，单击"下一个"，如图 7-8（b）所示。

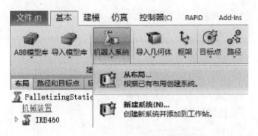

图 7-7 从布局创建系统

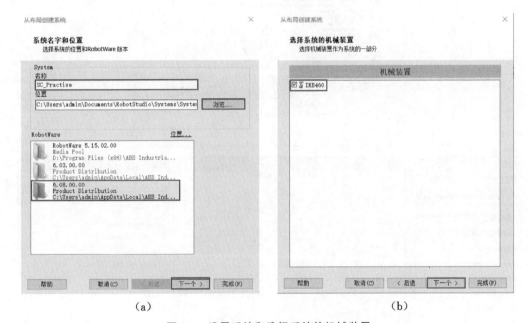

(a) (b)

图 7-8 设置系统和选择系统的机械装置

(a)设置系统名称和存放位置;(b)选择系统的机械装置

(3)如图 7-9(a)所示,在弹出的"系统选项"对话框中,单击"选项"。在"更改选项"对话框中,将"Defaut Language"选项改为"Chinese",在"Industrial Networks"选项下勾选"709-1 DeviceNet Master/Slave",在"Anybus Adapters"选项下勾选"840-2PROFIBUS Anybus Device",单击"确定",如图 7-9(b)所示。

至此,机器人系统创建完成,流动条结束,在软件界面右下角,系统状态变绿色,为正常运行状态。

7.1.3 编写码垛常用指令

1.中断程序的应用

在 RAPID 程序执行过程中,如果出现需要紧急处理的情况,机器人会摆脱程序指针的限制,中断当前正在执行的程序,马上跳转到专门的程序中,对紧急的情况进行相应的处理,处理结束后程序指针返回到原来被中断的地方继续往下执行程序。其中专门用来

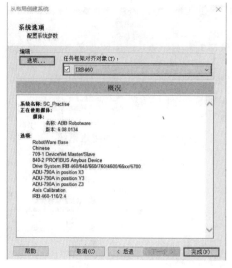

（a）

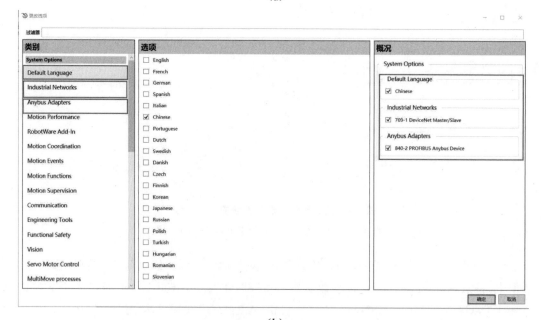

（b）

图 7-9　配置系统

（a）系统名字和位置；（b）选择系统的机械装置

处理紧急情况的程序，称为中断程序（TRAP）。

1）中断连接指令 CONNECT

中断连接指令 CONNECT 用于建立中断程序和中断识别号的联系，其参数说明如表
7-1 所示。中断连接指令必须与中断下达指令联合使用，才能保证中断程序的正确执行。

中断连接指令 CONNECT 格式：

```
CONNECT  <VAR>   WITH <ID>
```

表 7-1 CONNECT 各参数说明

参　数	说　明
〈VAR〉	中断识别号
〈ID〉	中断程序名称

2）中断分离指令 IDelete

中断分离指令 IDelete 用于断开中断程序和中断识别号的联系。

中断分离指令 IDelete 格式：

IDelete　<EXP>

3）中断下达类指令

中断下达类指令用于定义中断程序的触发信号、触发条件，同时下达中断指令使中断生效，一旦中断程序触发条件满足，机器人将立即转入中断程序执行，其说明如表 7-2 所示。

表 7-2 中断下达类指令使用说明

中断下达类指令	说　明
ISignalDI	使用数字输入信号触发中断指令
ISignalDO	使用数字输出信号触发中断指令
ISignalGI	使用组输入信号触发中断指令
ISignalGO	使用组输出信号触发中断指令
ISignalAI	使用模拟输入信号触发中断指令
ISignalAO	使用模拟输出信号触发中断指令
ITimer	使用定时触发中断指令
IPers	变更永久数据对象时触发中断指令
IError	出现错误时触发中断指令

4）中断生效指令与中断失效指令

中断生效指令与中断失效指令的说明如表 7-3 所示。

表 7-3 中断生效、失效指令说明

中断生效与中断失效指令	说　明
ISleep	单一中断失效指令
IWatch	单一中断生效指令
IDisable	所有中断失效指令
IEnable	所有中断生效指令

例如：

```
VAR intnum intno1;              //定义中断数据 intno1
IDelete intno1;                 //取消当前中断符 intno1 的连接，预防误触发
CONNECT intno1 WITH tTrap;      //将中断符与中断程序 tTrap 连接
ISignalDI di1,1,intno1;         //当数字输入信号 di1 为 1 时，触发该中断程序
TRAP tTrap
reg1:=reg1+1;
ENDTRAP
```

不需要在程序中对该中断程序进行调用，定义触发条件的语句一般放在初始化程序中，当程序启动并运行完该定义触发条件的指令一次后，程序进入中断监控。当数字输入信号 di1 变为 1 时，机器人立即执行 tTrap 中的程序；运行完成之后，指针返回触发该中断时的程序位置，程序继续往下执行。

中断程序用于处理需要快速响应的中断事件，使用时需要用户将中断程序与中断数据连接起来，并且在允许中断后，才能响应中断信号并进入中断程序。

使用中断程序时应该注意以下几点：

（1）中断程序不是子程序调用（ProCall）的普通程序，机器人运动类指令不能出现在中断程序中。

（2）中断程序执行时，原程序处于等待状态。为了避免系统等候时间过长而造成设备操作异常，中断程序应该尽量短小，从而缩短中断程序的执行时间。

（3）中断程序不能嵌套，即中断程序中不能再包含中断程序。

（4）可以使用中断失效指令来限制中断程序的执行。

2. 复杂程序数据的赋值应用

多数类型的程序数据均是组合型数据，即数据中包含了多项数值或字符串。我们可以对其中的任何一项参数进行赋值。

例如常见的目标点数据：

```
PERSrobtarget p10:=[[0,0,0],[1,0,0,0],[0,0,0,0],[9E9,9E9,9E9,9E9,
9E9,9E9]];

PERS robtarget p20:=[[100,0,0],[0,0,1,0],[1,0,1,0],[9E9,9E9,9E9,
9E9,9E9,9E9]];
```

目标点数据中包含四组数据，从前往后依次为 TCP 位置数据 $[100,0,0]$（trans）、TCP 姿态数据 $[0,0,1,0]$（rot）、轴配置数据 $[1,0,1,0]$（robconf）和外部轴数据（extax）。我们可以分别对该数据的各项数值进行操作，如：

```
P10.trans.x:=p20.trans.x+50;

p10.trans.y:-p20.trans.y-50;

p10.trans.z:=p20.trans.z+100;

p10.rot:=p20.rot;

p10.robconf:=p20.robconf;
```

赋值后则 p10 为

PERS robtarget p10:=[[150,-50,100],[0,0,1,0],[1,0,1,0],[9E9,9E9, 9E9,9E9,9E9,9E9]];

7.1.4 创建工具数据

在搬运码垛工作站中，工具坐标系的设置比较简单，只需要将工件坐标系相对工具与机器人末端相接的法兰盘中心沿着 Z 轴方向偏移 160 mm。其设置结果如图 7-10 所示。

图 7-10 工具数据建立

任务实施

本任务需要构建搬运码垛工作站，其包括箱体产品、真空吸盘夹具、物料输送链、机器人支撑底座、放置物料的垛板和安全围栏。根据如下要求完成搬运码垛工作站的创建任务：

（1）完成"IRB460"型号机器人本体、工具"tGrigger"及底座"RobotFoot"的加载，并进行位置的设置和基础布局。

（2）完成"Guide"型号输送链和物料"Product_Source"的加载，并进行位置的设置和布局。

（3）完成"Pallet_L"和"Pallet_R"垛板及安全附属装置"Aroundings"的加载，并进行位置的设置和布局。

（4）创建名为"SC_Practise"的机器人系统。

（5）创建工具数据。

（6）查看工具数据和载荷数据。

通过任务的阶段性实施，学生应掌握搬运码垛工作站的基础布局。

任务评价

任务 7.1　搬运码垛系统应用知识

序号	考核要素	考核要求	配分	自评(20%)	互评(20%)	师评(60%)	得分小计
一	职业素养 20 分	遵守课堂纪律，主动学习	5				
		遵守操作规范，安全操作	5				
		协同合作，具备责任心	5				
		主动思考，积极探索	5				
二	知识掌握能力 15 分	搬运码垛机器人作用	5				
		搬运码垛机器人特点	5				
		搬运码垛机器人工作站的组成	5				
三	专业技术能力 55 分	正确加载"IRB460"型号机器人本体并布局	5				
		正确加载工具"tGrigger"并布局	5				
		正确加载底座"RobotFoot"并布局	5				
		正确加载"Guide"型号输送链并布局	5				
		正确加载"Product_Source"物料并布局	5				
		正确加载"Pallet_L"和"Pallet_R"垛板并布局	5				
		创建加载安全附属装置"Aroundings"并布局	5				
		创建"SC_Practise"机器人系统	10				
		创建工具数据	10				
四	拓展能力 10 分	能够总结归纳，提炼知识	5				
		能够进行知识迁移，前后串联	5				
	合计		100				
学生签字		年　月　日	任课教师签字			年　月　日	

思考与练习

一、选择题

1. 搬运码垛机器人是一种对_____的各种形状成品进行包装、搬运及整齐有序摆放的工业机器人。

A. 箱装   B. 袋装   C. 罐装   D. 瓶装

2. 在工业现场中,搬运码垛机器人的优势有_____。

A. 结构简单、零部件少   B. 占地面积小

C. 适用性强   D. 能耗低

3. 搬运码垛机器人需要与相应的辅助设备组成一个_____,才能进行码垛作业。

A. 柔性化系统   B. 码垛系统

C. 搬运系统   D. 操作系统

4. 以下哪种夹具不属于 ABB 最新推出的搬运码垛夹具? _____。

A. 海绵吸盘式夹具   B. 夹爪式夹具

C. 电磁铁式夹具   D. 夹板式夹具

5. 对于轻型产品的码垛,应选择_____夹板式夹具。

A. 双驱式   B. 单驱式   C. 混合式   D. 双动式

二、判断题

1. 机器人码垛主要应用于生产作业后段包装和物流产业,码垛的意义在于依据集成单元化的思想,将成堆的物品通过一定的模式码成垛,使得物品能够容易地搬运、码垛拆垛以及存储。 （ ）

2. 搬运码垛机器人结构比较复杂,以六自由度的为主。 （ ）

3. 关节式码垛机器人本体与搬运机器人本体在任何情况下都可以互换。 （ ）

4. 在 RAPID 程序执行过程中,如果出现需要紧急处理的情况,机器人会摆脱程序指针的限制,中断当前正在执行的程序,马上跳转到专门的程序中,对紧急的情况进行相应的处理。 （ ）

5. 中断分离指令 IDelete 用于建立中断程序和中断识别号的联系。 （ ）

三、简答题

1. 搬运码垛机器人用途十分广泛,适用于食品、化肥、五金、电子、钢材及其他行业,其优势有哪些?

2. 中断程序是什么? 请简述其含义。

探索故事

从本任务的学习中我们了解到搬运码垛的基本知识,大家要严格执行任务要求,懂得安全生产的重要性,主动思考,全力战胜前进道路上的各种挑战和困难,依靠顽强斗争打开技能发展新天地。

"筑梦太空,问鼎九天"

刘湘宾年少参军,退伍后,进入航天科技集团 7107 厂,开始与航天结缘。他曾说:"作为一名航天人,不管做什么,一定要对自己狠一点,说白了就是严上加严。过了几年或是

过了几十年，你一定会感谢那个发起狠劲儿的自己。"

刘湘宾数控团队加工的惯性导航产品参加了 40 余次国家防务装备、重点工程、载人航天、探月工程等大型飞行试验任务。

2008 年，刘湘宾通过自制测量表架、选择高精度的精镗头等方式，对零件结构、装卡、测量、刀具选择以及加工误差、加工参数等进行分析改进，成功研究出了一套薄壁环状零件侧面镗孔的方法。

2017 年，刘湘宾带领团队对比刀具参数、优化加工工序，进行工装设计和改制，建立了半球、球碗生产单元，使生产合格率提高到 90%，单件成本降低 50%，生产效率提升了近 3 倍。

2018 年 5 月，刘湘宾带领团队开展了以某型产品零件加工为代表的航天硬脆材料零件超声振动低应力精密加工技术研究，首次在国内行业中满足了球型薄壁石英玻璃的加工需求。

他曾联合多家研发单位经过 74 次试验，自创了一套高精度机床加工刀具，完全替代了进口产品，并取得了发明专利。刘湘宾说："工匠就是要对自己的本职工作有一颗热爱的心，只有热爱它，才能把产品做到极致，做到精益求精。"

▶▶▶ 任务 7.2　创建动态输送链

知识目标

◆ 掌握 Smart 组件的输送链动态效果创建流程。
◆ 掌握输送链产品源和运动属性的设定方法。

能力目标

◆ 能够应用 Smart 组件设定输送链限位传感器。
◆ 能够创建输送链的属性与连结。
◆ 能够创建输送链的信号和连接。

素养目标

◆ 培养学生抵抗挫折、积极乐观的生活态度。
◆ 培养学生透过现象抓住事物本质的哲学思维。
◆ 培养学生团队协调、攻坚克难的科学精神。

✎ 任务描述

在 RobotStudio 软件中创建码垛仿真工作站的过程中，输送链的动态效果对整个工作站起到关键的作用。Smart 组件就是在 RobotStudio 软件中实现动画效果的高效工具。Smart 组件输送链动态效果包含输送链前端自动生成产品、产品随着输送链向前运动、产品到达输送链末端后停止运动、产品被移走后输送链前端再次生成产品,依次循环。通过本任务的学习,我们将掌握如何通过 Smart 组件创建输送链的动态效果。

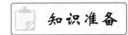
知识准备

7.2.1 设定输送链的基础组件

1. 设定输送链的产品源

(1) 在"建模"功能选项卡中,选择"Smart 组件"。构建一个新的输送链组件,将其命名为"SC_InFeeder",如图 7-11 所示。在输送链基础设定中,主要用到的 Smart 组件包括 Source、Queue、LinearMover、PlaneSensor 和 LogicGate 组件。

图 7-11 创建 SC_InFeeder 组件

(2) 在 SC_InFeeder 输送链组件中,单击"添加组件",在下拉菜单中选择"动作",在子菜单中选择"Source",单击即可创建产品源,如图 7-12 所示。

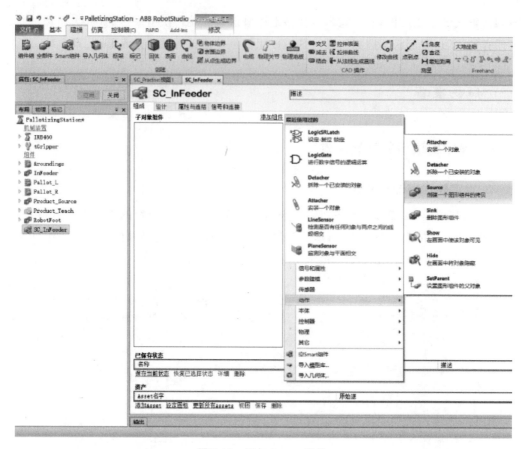

图 7-12　添加 Source 组件

（3）在"Source"的下拉菜单中，将要复制的对象设置为"Product_Source"，由于"Product_Source"在工作站中已经被设为本地原点，所以"Position"和"Orientation"都无须设置，点击"应用"，其设置如图7-13所示。

子组件 Source 用于设定产品源，每当触发一次 Source 执行，都会自动生成一个产品源的复制品。此处将要码垛的产品设为产品源，则每次触发后都会产生一个码垛产品的复制品。

源组件的 Source 属性表示在收到 Execute 输入信号时应拷贝的对象。所拷贝对象的父对象由 Parent 属性定义，而 Copy 属性则指定对所拷贝对象的参考。输出信号 Executed 表示拷贝已完成。各属性说明如表7-4所示。

图 7-13　Source 属性设置

表 7-4　Source 属性

属　　性	说　　明
Source	指定要拷贝的对象
Copy	指定拷贝
Parent	指定要拷贝的对象的父对象,如果未指定,则将拷贝与源对象相同的父对象
Position	指定拷贝相对于其父对象的位置
Oricentation	指定拷贝相对于其父对象的方向
Transient	如果在仿真时创建了拷贝,将其标识为瞬时的。这样的拷贝不会被添加至撤销队列中且在仿真停止时自动被删除(这样可以避免在仿真过程中过分消耗内存)

2. 设定输送链的运动属性

(1) 在 SC_InFeeder 输送链组件中,单击"添加组件",在下拉菜单中选择"其它",在子菜单中选择"Queue",单击即可创建队列,如图 7-14 所示。子组件 Queue 可以对同类型物体做队列处理,此处 Queue 暂时不需要设置属性。

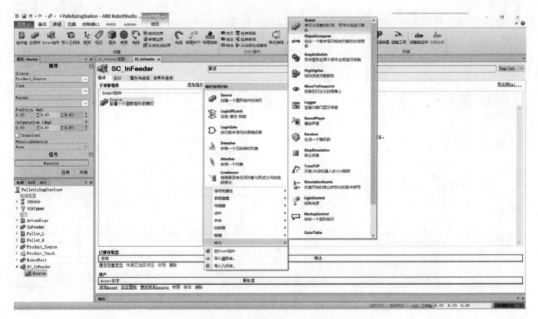

图 7-14　添加 Queue 组件

设置信号 Enqueue 时,在 Back 中的对象将被添加到队列。队列前端对象将显示在Front 中。设置 Dequeue 信号时,Front 对象将从队列中被移除。如果队列中有多个对象,下一个对象将显示在前端。设置 Clear 信号时,队列中所有对象都将被删除。Queue 相关属性说明如表 7-5 所示。

表 7-5　Queue 属性

属性/信号	说　明
Back	指定 Enqueue 的对象
Front	指定队列的第一个对象
Queue	包含队列元素的唯一 ID 编号
Number Of Objects	指定拷贝相对于其父对象的位置
Enqueue	将在 Back 中的对象添加至队列末尾
Dequeue	将队列前端的对象移除
Clear	将队列中所有对象移除
Delete	将在队列前端的对象移除并将该对象从工作站移除
DeleteAll	清空队列并将所有对象从工作站中移除

（2）在 SC_InFeeder 输送链组件中，单击"添加组件"，在下拉菜单中选择"本体"，在子菜单中选择"LinearMover"，单击即可创建线性运动，如图 7-15 所示。

图 7-15　添加 LinearMover 组件

（3）如图 7-16 所示，对"LinearMover"属性进行设定。子组件 LinearMover 需设定的运动属性包含指定的运动物体、运动方向、运动速度、参考坐标系等。在"LinearMover"组件的属性设置中，指定的运动物体即对象（Object）是物料源的不同复制品，而这些复制品都进入了队列（Queue）中，工作站每执行一次，产品源就产生一个复制品，这样也只有一个复制品进入队列，所以在对象属性中选择组件中的队列为对象，即 Queue（SC_InFeeder）；运动方向（Direction）参考大地坐标系与产品在输送链中的运动方向来进行设置，这里运动方向为大地坐标系的 X 轴负方向－1000.00 mm；运动速度为 300 mm/s；将

Execute 设置为 1,则该运动处于一直执行的状态。

图 7-16　LinearMover 属性设置

LinearMover 会按 Speed 属性指定的速度,沿 Direction 属性指定的方向,移动 Object 属性中参考的对象。设置 Execute 信号时开始移动,重设 Execute 信号时停止。LinearMovrer 组件的属性描述见表 7-6。

表 7-6　LinearMovrer 属性

属　性	说　明
Object	指定要移动的对象
Direction	指定要移动对象的方向
Speed	指定移动速度
Reference	指定参考坐标系。可以是 Global、Local 或 Objet
ReferenceObjet	如果将 Reference 设置为 Object,指定参考对象

3. 设定输送链的限位传感器

(1) 在 SC_InFeeder 输送链组件中,单击"添加组件",在下拉菜单中选择"传感器",在子菜单中选择"PlaneSensor",单击即可创建面传感器,如图 7-17 所示。

(2) 在输送链末端的挡板处设置面传感器,设定方法为选择捕捉对象,捕捉输送链上的 A 点作为"Origin"(原点),然后设定基于原点 A 的两个延伸轴的方向及长度(参考大地坐标系方向),这样就构成一个平面,按照图 7-18 中所示来设定原点以及延伸轴。

在此工作站中,也可以直接将图中属性框中的数值输入对应的数值框,来创建感应平面,此平面作为面传感器来检测产品到位,并会自动输出一个信号,用于逻辑控制,其设定如图 7-18 所示,单击"应用"。

PlaneSensor 通过 Origin、Axis1 和 Axis2 定义平面。设置 Active 输入信号时,传感器会检测与平面相交的对象。相交的对象将显示在 SensedPart 属性中。出现相交时,将设置 SensorOut 输出信号。PlaneSensor 组件的属性描述见表 7-7。

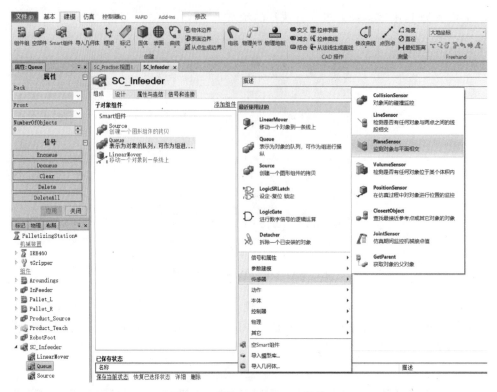

图 7-17 添加 PlaneSensor 组件

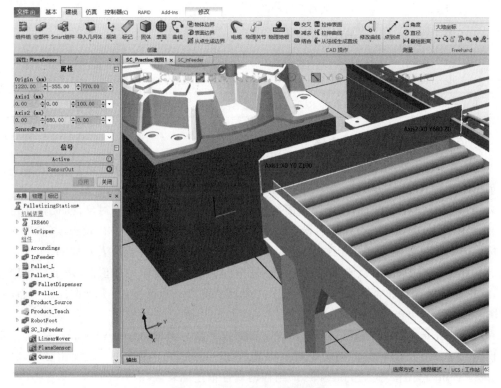

图 7-18 PlaneSensor 属性设置

表 7-7　PlaneSensor 属性

属性/信号	说　　明
Origin	指定平面的原点
Axis1	指定平面的第一个轴
Axis2	指定平面的第二个轴
SensedPart	指定与 PlaneSensor 相交的部件。如果多个部件相交,则在布局浏览器中第一个显示的部件将被选中
Active	指定 PlaneSensor 是否激活,当 PlaneSensor 与某一对象(可由传感器检测)相交时,SensorOut 输出一个高电平(True)

（3）虚拟传感器一次只能检测一个物体,所以这里需要保证所创建的传感器不能与周边设备接触,否则无法检测运动到输送链末端的产品。可以在创建时避开周边设备,但通常将可能与该传感器接触的周边设备的属性设为"不可由传感器检测"。如图 7-19 所示,在建模或布局窗口中,选中"Infeeder",单击鼠标右键,选中"可由传感器检测",取消勾选。

（4）为了方便处理输送链,将 InFeeder 也放到 Smart 组件中,用鼠标左键点住 InFeeder 不要松开,将其拖放到 SC_ InFeeder 处再松开,如图 7-20 所示。

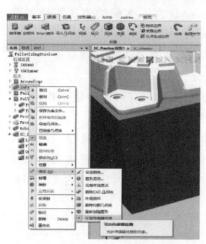

图 7-19　取消 Infeeder 传感器检测

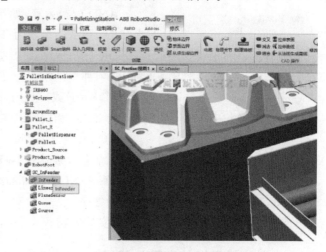

图 7-20　更改 Infeeder 位置

（5）在 SC_InFeeder 输送链组件中,单击"添加组件",在下拉菜单中选择"信号和属性",在子菜单中选择"LogicGate",单击即可创建逻辑运算,如图 7-21 所示。

（6）将"Operator"逻辑操作符设为"NOT",如图 7-22 所示。在 Smart 组件应用中只有信号发生从 0 到 1 的变化时,才可以触发事件。假如有一个信号 A,我们希望当信号 A 由 0 变 1 时触发事件 B1,信号 A 由 1 变 0 时触发事件 B2;前者可以直接连接进行触发,而后者就需要引入一个非门与信号 A 相连接,这样当信号 A 由 1 变 0 时,经过非门运算之后转换成了由 0 变 1,然后再与事件 B2 连接,实现的最终效果就是当信号 A 由 1 变 0 时触发事件 B2。

如图 7-22 所示,Output 信号由 InputA 和 InputB 这两个信号的 Operator 中指定的

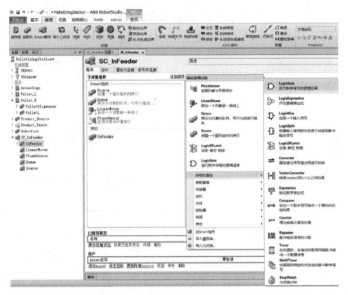

图 7-21　添加 LogicGate 组件

逻辑运算设置，输出信号延迟时间在"Delay"中设置，其逻辑运算主要有：

图 7-22　设置 LogicGate 属性

AND（与）运算：如果 AND 左右两侧的表达式结果都为 True，那么结果就为 True。

OR（或）运算：OR 左右两侧的表达式只要有一个结果为 True，那么结果就为 True。

XOR（异或）运算：如果 XOR 左右两侧的值不相同，则结果为 True；相同则结果为 False；

NOT（取反）运算：NOT 通常是单目运算符，即 NOT 右侧才能包含表达式，并对结果取反，即如果表达式结果为 True，那么 NOT 运算的结果就为 False，如果表达式的结果为 False，那么 NOT 运算的结果就为 True；

NOP 运算：空操作，对程序没有实质影响。

7.2.2　创建输送链的属性与信号

1. 创建属性与连结

属性连结指的是各 Smart 子组件的某项属性之间的连结，例如组件 A 中的某项属性 a1 与组件 B 中的某项属性 b1 建立属性连结，则当 a1 发生变化时，b1 也会随着一起变化。属性连结是在 Smart 窗口中的"属性与连结"选项卡中进行设定的，如图 7-23 所示。

Source 的 Copy 指的是源的复制品，Queue 的 Back 指的是下一个将要加入队列的物体。通过这样的连结，可实现本任务中的产品源生成一个复制品，执行加入队列动作后，该复制品会自动加入队列 Queue。而 Queue 是一直执行线性运动的，则生成的复制品也会随着队列进行线性运动，而当执行退出队列动作后，复制品退出队列后就停止线性运动了，如图 7-24 所示。

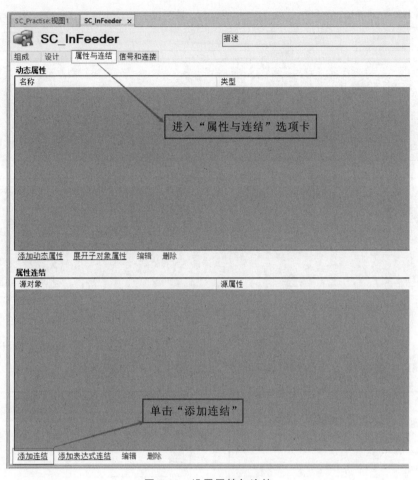

图 7-23　设置属性与连结

图 7-24　添加连结

2. 创建信号和连接

I/O 信号指的是在本工作站中自行创建的数字信号,用于与各个 Smart 子组件进行信息交互。

I/O 连接是指设定创建的 I/O 信号与 Smart 子组件信号的连接关系,以及各"Smart"子组件之间的信号连接关系。

(1) 打开"信号和连接"选项卡,单击"添加 I/O Signals",如图 7-25 所示。

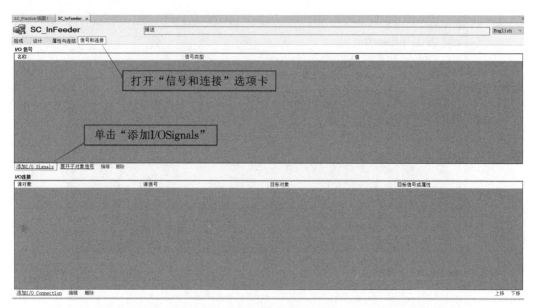

图 7-25　添加 I/O Signals

（2）首先添加一个数字信号 diStart，用于启动 Smart 输送链，接下来添加"doBoxInPos"信号用于产品到位输出信号，添加结果如图 7-26 所示。

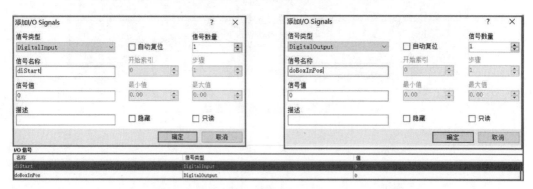

图 7-26　添加数字信号

（3）在完成信号的创建之后，建立 I/O 信号与各子组件的连接关系。进入"信号与连接"选项卡，单击"添加 I/O Connection"，创建的 diStart 信号去触发 Source 组件执行动作，则产品源会自动产生一个复制品。设置如图 7-27 所示。

（4）产品源产生的复制品完成信号触发 Queue 的加入队列动作，则产生的复制品自动加入队列 Queue。设置如图 7-28 所示。

（5）当复制品与输送链末端的传感器发生接触后，传感器将其本身的输出信号 SensorOut 置为 1，利用此信号触发 Queue 的退出队列动作，则队列中的复制品自动退出队列。设置如图 7-29 所示。

（6）当产品运动到输送链末端并与限位传感器发生接触时，doBoxInPos 将置为 1，表示产品已到位。设置如图 7-30 所示。

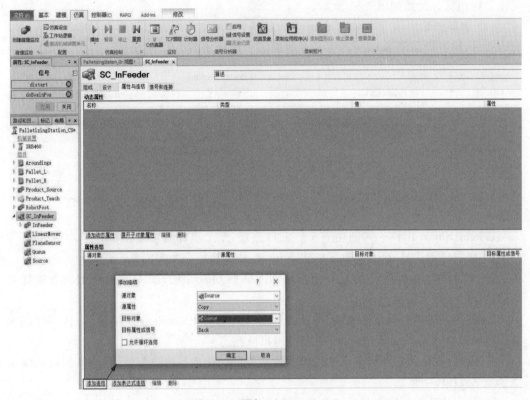

图 7-27　添加 I/O Connection

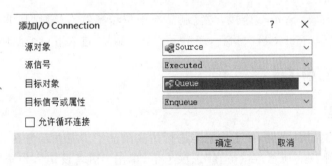

图 7-28　Source 与 Queue

图 7-29　PlaneSensor 与 Queue　　　　　图 7-30　PlaneSensor 与 doBoxInPos

（7）将传感器的输出信号与非门进行连接，则非门的信号输出变化和传感器输出信号变化正好相反。设置如图 7-31 所示。

（8）非门的输出信号将触发 Source 的执行，实现的效果为当传感器的输出信号由 1 变为 0 时，触发产品源 Source 产生一个复制品。设置如图 7-32 所示。

 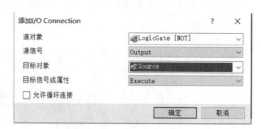

图 7-31　PlaneSensor 与 LogicGate　　　　图 7-32　LogicGate 与 Source

输送链 Smart 组件一共创建了 6 个 I/O 连接，整个事件触发过程如下：

① 利用启动信号 diStart 触发一次 Source，使其产生一个复制品。

② 子组件 Source 产生的复制品自动加入队列 Queue 中，跟 Queue 一起沿着输送链运动。

③ 复制品运动到输送链末端，与设置的限位传感器 PlaneSensor 接触后，传感器的输出信号触发队列 Queue 退出动作，复制品退出队列。

④ 同时，限位传感器的输出信号触发输送链的一个产品到位信号，将产品到位的输出信号 doBoxInPos 置 1。

⑤ 限位传感器的输出信号与非门连接，实现限位传感器的输出信号的转换，得到一个信号由 0 变为 1 的过程。

⑥ 非门与产品源 Source 连接，当复制品与限位传感器不接触时，非门输出信号由 0 变为 1，触发产品源 Source 再次执行，产生下一个复制品，进入下一个循环过程。

7.2.3　仿真运行输送链

1. 仿真设定

完成以上输送链的设置，接下来就能进行仿真验证了。在查看仿真效果之前，先要进行仿真设定，如图 7-33 所示，在"仿真"选项卡下，单击"仿真设定"，勾选"SC_InFeeder"，设定完成后单击"关闭"。

2. 仿真输送链动态效果

（1）在完成仿真设定之后，单击"I/O 仿真器"，在选择系统栏中选择"SC_InFeeder"，单击"播放"，最后单击"diStart"，启动运行，如图 7-34 所示。"diStart"只能单击一次，否则会出错。

（2）复制品运动到输送链末端，与限位传感器接触后停止运动，如图 7-35 所示。

（3）利用线性移动功能将复制品移开，使其与面传感器不接触，则输送链前端会再次产生一个复制品，进入下一个循环，如图 7-36 所示。自动生成的复制品开始沿着输送链线性运行。完成动画效果验证后，删除生成的复制品。

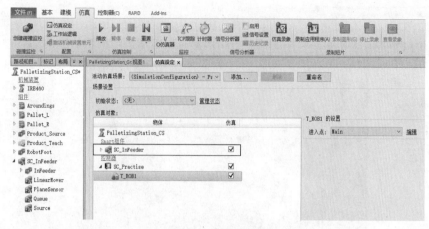

图 7-33 仿真设定

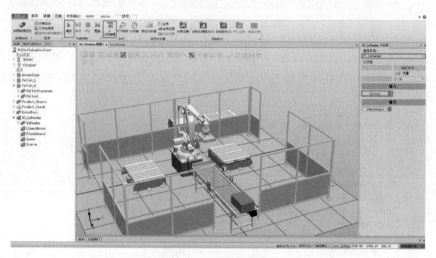

图 7-34 仿真输送链启动

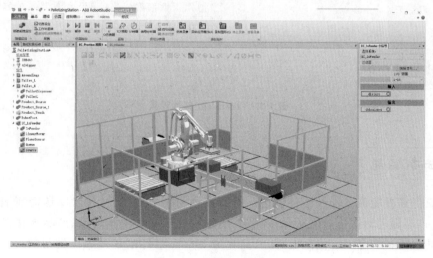

图 7-35 仿真输送链到位

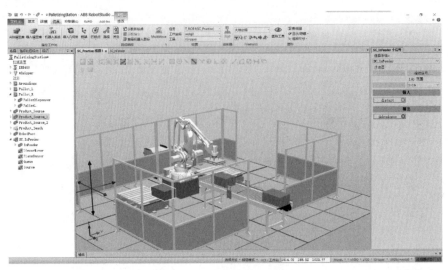

图 7-36　仿真输送链重复

（4）在设置 Source 属性时，在 Transient 属性前面打勾，则完成了相应的修改，单击"应用"，可以设置成产生临时性复制品，如图 7-37 所示。当仿真结束后，所生成的复制品会自动消失。

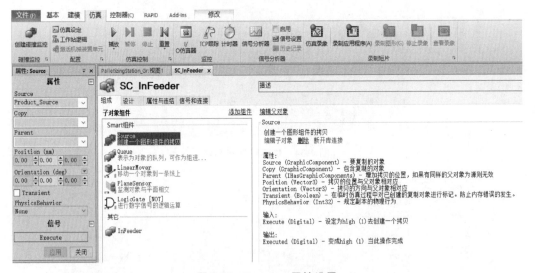

图 7-37　Transient 属性设置

 任务实施

本任务需要完成 Smart 组件输送链的一系列动态效果设置，包含输送链前端自动生成产品、产品随着输送链向前运动、产品到达输送链末端后停止运动、产品被移走后输送链前端再次生成产品……依次循环，从而完成 Smart 组件输送链的仿真动画。根据如下要求完成 SC_InFeeder 组件的实施任务：

（1）完成输送链的产品源 Source 组件设定。

（2）完成输送链的线性移动 LinearMover 组件设定。

（3）完成输送链的面传感器 PlaneSensor 组件设定

（4）创建一个非门逻辑运算 LogicGate—NOT 组件。

（5）创建输送链的"属性与连结"，实现产品源生成一个复制品，执行加入队列动作后，该复制品会自动加入队列 Queue 中，而 Queue 是一直执行线性运动的，则生成的复制品也会随着队列进行线性运动；当执行退出队列动作时，复制品退出队列后，停止线性运动的任务。

（6）创建输送链的 Smart 组件的 6 个 I/O 连接，实现整个事件触发过程。

（7）完成输送链的组件夹具的整体仿真运行测试。

通过任务的阶段性实施，学生应掌握 SC_InFeeder 组件的设置过程和仿真调试过程。

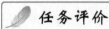 任务评价

任务 7.2　创建动态输送链

序号	考核要素	考核要求	配分	自评(20%)	互评(20%)	师评(60%)	得分小计
一	职业素养 20 分	遵守课堂纪律，主动学习	5				
		遵守操作规范，安全操作	5				
		协同合作，分清任务主次	5				
		抵抗挫折，积极乐观	5				
二	知识掌握 能力 10 分	输送链组件的动态效果流程	5				
		输送链组件的事件触发过程	5				
三	专业技术 能力 60 分	正确设定输送链的产品源	10				
		正确设定输送链的线性移动	10				
		正确设定输送链的面传感器	10				
		正确创建一个非门逻辑运算	5				
		创建输送链的"属性与连结"	5				
		创建输送链的"信号和连接"	10				
		仿真运行，实现夹具组件的动态效果	10				
四	拓展能力 10 分	能够创新，增添新元素	5				
		能够进行团队协作，总结归纳	5				
合计			100				
学生签字		年　月　日		任课教师签字		年　月　日	

思考与练习

一、选择题

1. 在输送链基础设定中，主要用到的 Smart 组件包括_____组件。

A. Source   B. LinearMover

C. PlaneSensor   D. LogicGate

2. 子组件 LinearMover 的作用是_____。

A. 创建线性运动   B. 创建圆弧运动

C. 创建循环运动   D. 创建曲线运动

3. 子组件 LogicGate 的功能包含_____。

A. OR（或）运算   B. XOR（异或）运算

C. NOT（取反）运算   D. AND（与）运算

4. 虚拟传感器一次只能检测_____物体。

A. 四个   B. 三个

C. 两个   D. 一个

5. 子组件 LinearMover 设定运动的属性包含_____。

A. 运动物体   B. 运动方向

C. 运动速度   D. 参考坐标系

6. 在创建输送链组件 6 个 I/O 连接的过程中，关于整个事件触发过程的叙述错误的是_____。

A. 利用启动信号 diStart 触发一次 Source，使其产生一个复制品

B. 子组件 Source 产生的复制品自动加入队列 Queue 中，跟 LinearMover 一起沿着输送链运动

C. 限位传感器的输出信号触发输送链的一个产品到位信号，将产品到位的输出信号 doBoxInPos 置 1

D. 将限位传感器的输出信号与非门连接，实现限位传感器的输出信号的转换，得到一个信号由 0 变为 1 的过程

二、判断题

1. 操作虚拟传感器时，需要保证所创建的传感器不能与周边设备接触，否则传感器无法检测运动到输送链末端的产品。   （   ）

2. LinearMover 会按 Speed 属性指定的速度，沿 Direction 属性指定的方向，移动 Object 属性中参考的对象。   （   ）

3. 在 Smart 组件应用中只有信号发生从 1 到 0 的变化时，才可以触发事件。（   ）

4. Source 的 Copy 指的是源的复制品，Queue 的 Back 指的是下一个将要加入队列的物体。   （   ）

5. 在设置 Source 属性时，在 Transient 属性前面打勾，表示产生临时性复制品。当仿真结束后，所生成的复制品会自动消失。   （   ）

三、简答题

1. 简述用 Smart 组件创建动态输送链 SC_Infeeder 的工作任务。
2. 输送链限位传感器的作用是什么？

探索故事

从本任务的学习中我们掌握了动态输送链的创建方法，在创建组件的过程中，大家要认真细心，不怕辛苦，不怕犯错，攻坚克难，协同合作。

中医药届的诺贝尔奖得主

屠呦呦是第一位获得诺贝尔科学奖项的中国本土科学家、第一位获得诺贝尔生理医学奖的华人科学家。这是中国医学界迄今为止获得的最高奖项，也是中医药成果获得的最高奖项。

"屠呦呦发现了青蒿素。青蒿素能极大地降低疟疾患者的死亡率，为人类提供了强有力的新武器，以对抗每年困扰着亿万人的疾病，这在促进人类健康和减轻患者痛苦方面的作用是不可估量的。"这是 2015 年诺贝尔奖颁奖典礼上评委会对屠呦呦的颁奖词。40 多年来，屠呦呦全身心投入世界性流行疾病疟疾的防治研究，默默耕耘，无私奉献，为人类健康事业做出了巨大的贡献。

20 世纪 60 年代，抗性疟蔓延，抗疟新药研发在国内外都处于困境。1969 年，屠呦呦接受了国家"523"抗疟药物研究的艰巨任务。她和课题组成员筛选了 2000 余个中草药方，整理出 640 种抗疟药方集。他们以鼠疟原虫为模型检测了 200 多种中草药方和 380 多个中草药提取物。这其中，青蒿引起了屠呦呦的注意。

在中医古籍《肘后备急方》的启迪下，屠呦呦提出了低沸点溶剂提取的方法，得到了对鼠疟原虫抑制率达 100% 的青蒿乙醚提取物，这是发现青蒿素最为关键的一步。

随着深入研究，屠呦呦证实了青蒿素即为青蒿抗疟的有效成分。青蒿素的发现，标志着人类抗疟历史步入新纪元。至今，基于青蒿素类的复方药物仍是世界卫生组织推荐的抗疟一线用药。

》》》 任务 7.3　创建动态夹具

知识目标

◆ 掌握 Smart 组件的夹具动态效果流程。
◆ 掌握夹具属性的设定方法。

能力目标

◆ 能够应用 Smart 组件设定夹具检测传感器。
◆ 能够创建夹具的属性与连结。
◆ 能够创建夹具的信号和连接。

素养目标

◆ 培养学生自我约束、自我管理的自律能力。

◆ 培养学生对事物继承和发展关系的辩证思维能力。

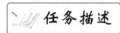
任务描述

在 RobotStudio 软件中创建码垛仿真工作站的过程中，创建夹具的动态效果是最为重要的部分之一。我们使用一个海绵式真空吸盘来进行产品的拾取与释放，基于此吸盘来创建一个具有 Smart 组件特性的夹具。夹具动态效果包含：在输送链末端拾取产品、在放置位置释放产品、自动置位/复位真空反馈信号。通过本任务的学习，我们将掌握如何通过 Smart 组件创建夹具的动态效果。

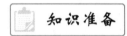
知识准备

7.3.1　设定夹具的基础组件

1. 设定夹具的属性

（1）在"建模"功能选项卡中，选择"Smart 组件"。创建一个新的 Smart 组件，将其命名为"SC_Gripper"，如图 7-38 所示。在夹具基础设定中，主要用到的 Smart 组件包括 Attacher、Detacher、LineSensor、LogicGate 和 LogicSRLatch 组件。

图 7-38　创建 SC_Gripper 组件

（2）首先需要将夹具 tGripper 从机器人末端拆卸下来，以便对独立后的 tGripper 进行处理。在"布局"窗口选中"tGripper"，单击鼠标右键，选择"拆除"，如图 7-39 所示。

此处跳出"更新位置"提示框。从版本 5.15 之后，该提示框中均提示"是否需要更新以

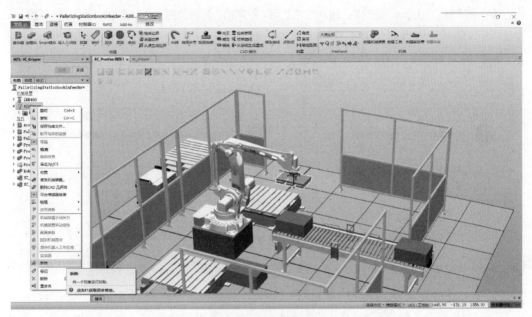

图 7-39　拆除 tGripper

下对象的位置 tGripper"，单击"Yes"，则自动更新位置，单击"No"，则保持当前位置。此处单击"No"，保持夹具位置不变。

（3）在"布局"窗口中，用左键选中"tGripper"，将其拖放到"SC Gripper"上后松开，则将 tGripper 添加到 Smart 组件中，如图 7-40(a)所示。

在 Smart 组件编辑窗口的"组成"选项卡中，单击"tGripper"，勾选"设定为 Role"，如图 7-40(b)所示。

用鼠标左键选中"SC_Gripper"，将其拖放到"IRB460"上后松开，以将 Smart 工具安装到机器人末端，如图 7-40(c)所示。

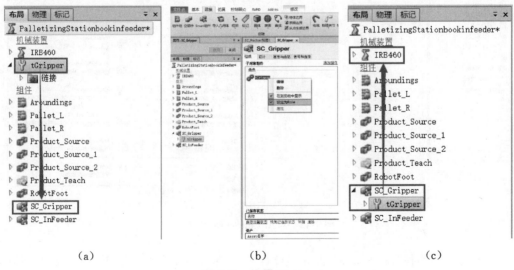

　　　　（a）　　　　　　　　　　　　（b）　　　　　　　　　　　　（c）

图 7-40　设置 tGripper

（a）将 tGripper 添加到 Smart 中；（b）将 tGripper 设定为 Role；（c）将 Smart 工具安装到机器人末端

（4）将"SC_Gripper"拖放到"IRB460"上后，会弹出"更新位置"对话框，如图 7-41(a)所示，单击"否"，夹具保持当前位置不变。此时又弹出"Tooldata 已存在"对话框，如图 7-41(b)所示，单击"是"，替换原先存在的工具数据。

（a）　　　　　　　　　　　　　　　　（b）

图 7-41　设置工具数据

（a）不更新位置；（b）替换工具数据

进行上述操作的目的是将 Smart 工具 SC_ Gripper 当作机器人的工具。"设定为 Role"可以让 Smart 组件获得"Role"的属性。在本任务中，工具 tGripper 包含一个工具坐标系，将其设为 Role，则"SC_Gripper"继承工具坐标系属性，这样就可以将"SC_ Gripper"完全当作机器人的工具来处理。

2. 设定夹具的检测传感器

（1）单击"添加组件"，在 Smart 组件编辑窗口的"组成"选项卡中，选择"传感器"列表中的"LineSensor"，如图 7-42 所示。

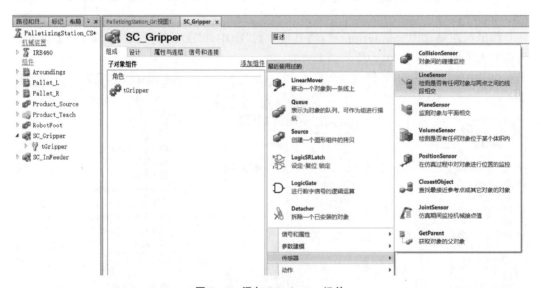

图 7-42　添加 LineSensor 组件

（2）选中子组件"LineSensor"，单击鼠标右键，在弹出的菜单中单击"属性"。设定线传感器，需要指定起点 Start 和终点 End。在位置框中单击，选取合适的捕捉模式，在图 7-43 所示的 Start 点(箭头起点)处单击,捕捉夹具上的 A 点作为"Start"开始点,然后设定基于起点 A 的延伸轴的方向及长度(参考大地坐标系方向),如图 7-43 所示。

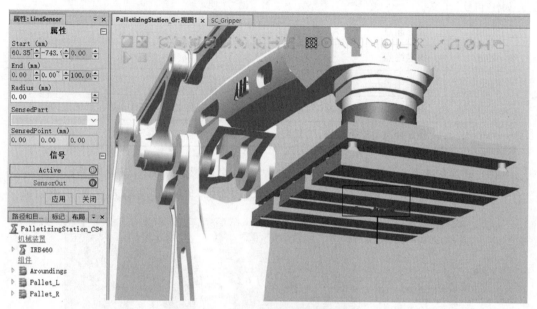

图 7-43 设定 LineSensor 的开始点

关于虚拟传感器的使用有一项限制,即当物体与传感器接触时,如果接触部分完全覆盖了整个传感器,则传感器不能检测到与之接触的物体。换言之,若要传感器准确检测到物体,则必须保证在接触时传感器的一部分在物体内部,一部分在物体外部。所以为了避免在吸盘拾取产品时该线传感器完全浸入产品内部,人为将起点 Start 的 Z 值加大,保证在拾取时该线传感器一部分在产品内部,一部分在产品外部,这样才能够准确地检测到产品。在此工作站中,将 Start 的 Z 值加大到 1790.00。

终点 End 只是相对于起点 Start 沿大地坐标系 Z 轴负方向偏移 100 mm,参考起点 Start 直接输入终点 End 的数值,即 X、Y 值与起点相同,Z 值为 1890.00;设定线传感器半径 Radius 为 3.00 mm;Active 置为 0,暂时关闭传感器检测。也可以直接将图 7-44 所示属性框中的数值输入对应的数值框,来创建图中夹具面的线段。此线段作为线传感器来检测产品,并会自动输出一个信号,用于逻辑控制,设定完成后单击"应用"。

LineSensor 根据 Start、End 和 Radius 的数值定义一条线段。当 Active 信号为 High 时,传感器将检测与该线段相交的对象。出现相交时,将设置 SensorOut 输出信号。LineSensor 相关属性如表 7-8 所示。

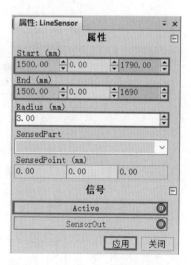

图 7-44 LineSensor 的设定结果

表 7-8　LineSensor 属性说明

属性/信号	说　　明
Start	指定起点
End	指定终点
Radius	指定半径
SensedPart	指定与 Linesensor 相交的部件。如果有多个部件相交，则列出距起点最近的部件
SensedPoint	指定相交对象上的点，距离起点最近的点

（3）设置传感器后，仍然需要将工具设为"不可由传感器检测"，以免传感器与工具发生干涉。如图 7-45 所示，选中"tGripper"，单击鼠标右键，将"可由传感器检测"取消勾选。

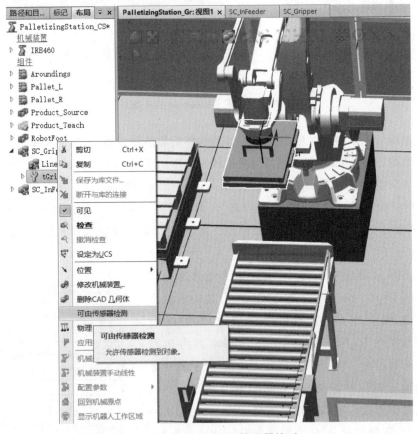

图 7-45　取消 tGripper 传感器检测

3. 设定夹具的拾取动作

（1）设定夹具的拾取动作：单击"添加组件"，在 Smart 组件编辑窗口的"组成"选项卡中，选择"动作"列表中的"Attacher"，如图 7-46 所示。

（2）设定安装的父对象：选择 Smart 工具的 SC_Gripper。设定安装的子对象：由于子

图 7-46　添加 Attacher 组件

对象不是特定的一个物体，暂不设定。设定结果如图 7-47 所示。

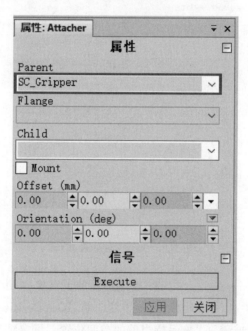

图 7-47　Attacher 属性设置

　　设置 Execute 信号时，Attacher 将 Child 安装到 Parent 上。如果 Parent 为机械装置，还必须指定要安装的 Flange。设置 Execute 输入信号时，子对象将安装到父对象上；如果选中"Mount"，还会使用指定的 Offset 和 Orientation 将子对象装配到父对象上；如果不勾选"Mount"，将保持当前位置装配。装配完成时，将设置 Executed 输出信号，发出脉冲。Attacher 相关属性如表 7-9 所示。

表 7-9　Attacher 属性说明

属性/信号	说　明
Parent	指定子对象要安装的父对象
Flange	指定要安装的机械装置的法兰编号
Child	指定要安装的对象
Mount	如果为 True,则子对象装配在父对象上
Offset	当使用 Mount 时,指定相对于父对象的位置
Orientation	当使用 Mount 时,指定相对于父对象的方向

4. 设定夹具的放置动作

(1) 设定夹具的放置动作:单击"添加组件",在 Smart 组件编辑窗口的"组成"选项卡中,选择"动作"列表中的"Detacher",如图 7-48 所示。

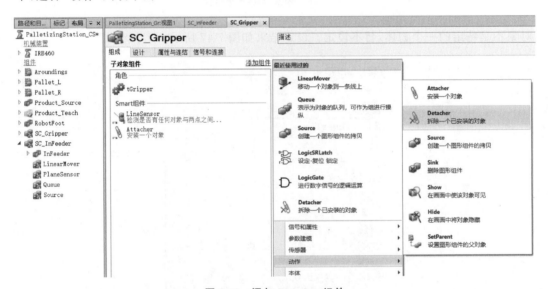

图 7-48　添加 Detacher 组件

图 7-49　Detacher 属性设置

(2) 设定拆除的子对象:由于子对象不是特定的一个物体,暂不设定。将"KeepPosition"勾选,即释放后,子对象保持当前的空间位置。设定结果如图 7-49 所示。

当设置 Execute 信号时,Detacher 会将 Child 从其所安装的父对象上拆除。如果选中了 Keep Position,位置将保持不变;否则相对于其父对象放置子对象的位置。完成时,将设置 Executed 输出信号,发出脉冲。Detacher 相关属性如表 7-10 所示。

表 7-10　Detacher 属性说明

属性/信号	说　　明
Child	指定要拆除的对象
KeepPosition	如果为 False,被安装的对象将返回其原始的位置

注意:在上述设置过程中,拾取动作 Attacher 和释放动作 Detacher 中对子对象 Child 暂时都未作设定,是因为在本任务中我们处理的工件并不是同一个产品,而是产品源生成的各个复制品,所以无法在此处直接指定子对象。我们会在"属性与连结"中来设定此项属性的关联。

5. 添加信号与属性相关子组件

(1) 创建一个非门,在 SC_InFeeder 输送链组件中,单击"添加组件",在下拉菜单中选择"信号和属性",在子菜单中选择"LogicGate",单击即可创建逻辑运算,如图 7-50 所示。

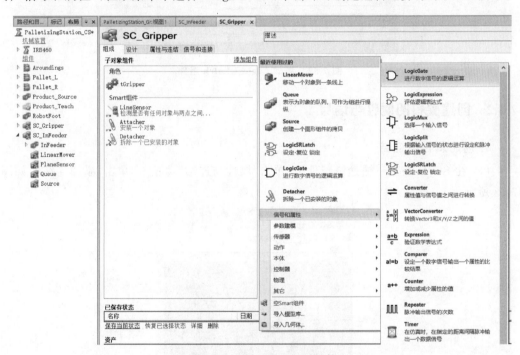

图 7-50　添加 LogicGate 组件

(2) 将"Operator"逻辑操作符设定"NOT",如图 7-51 所示。

(3) 添加一个信号置位、复位子组件 LogicSRLatch。子组件 LogicSRLatch 用于置位、复位信号,并且自带锁定功能,此处用于置位、复位真空反馈信号。单击"添加组件",在下拉菜单中选择"信号和属性",在子菜单中选择"LogicSRLatch",单击即可创建置/复位子组件,如图 7-52 所示。

图 7-51　设置 LogicGate 属性

图 7-52　添加 LogicSRLatch 组件

7.3.2　创建夹具的属性与信号

1. 创建属性与连结

（1）在 SC_InFeeder 输送链组件中，单击"属性与连结"选项卡，单击"添加连结"，如图 7-53 所示。

图 7-53　设置属性与连结

（2）LineSensor 的属性 SensedPart 指的是线传感器所检测到的与其发生接触的物体。此处连结的意思是将线传感器所检测到的物体作为拾取的子对象，如图 7-54 所示。

（3）将 Attacher 的 Child 与 Detacher 的 Child 连结，此处连结的意思是将拾取的子对象作为释放的子对象。设置完成后如图 7-55 所示。

图 7-54　添加 LineSensor 与 Attacher 连结　　　图 7-55　添加 Attacher 与 Detacher 连结

整个连结过程是指：当机器人的工具运动到产品的拾取位置时，工具上面的线传感器 LineSensor 检测到产品 A，则产品 A 即被作为所要拾取的对象；将产品 A 拾取之后，机器人工具运动到放置位置执行工具释放动作，则产品 A 作为释放的对象被工具放下。

2. 创建信号和连接

（1）进入"信号和连接"选项卡，单击"添加 I/O Signals"，如图 7-56 所示。

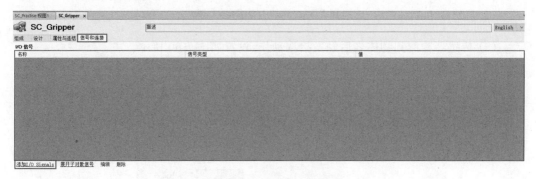

图 7-56　添加 I/O Signals

（2）首先添加一个数字信号 diGripper，用于控制夹具拾取、释放动作，其值置 1 为打开真空拾取，置 0 为关闭真空释放，属性设置如图 7-57 所示。

（3）创建一个数字输出信号 doVacuumOK，用于真空反馈信号，其值置 1 为真空已建立，置 0 为真空已消失，属性设置如图 7-58 所示。

图 7-57　添加 diGripper 信号　　　　　　图 7-58　添加 doVacuumOK 信号

（4）在完成信号的创建之后，接下来主要是建立 I/O 信号与各子组件的连接关系。进入"信号与连接"选项卡，单击"添加 I/O Connection"，开启真空动作信号 diGripper，触发传感器开始执行检测，设置如图 7-59 所示。

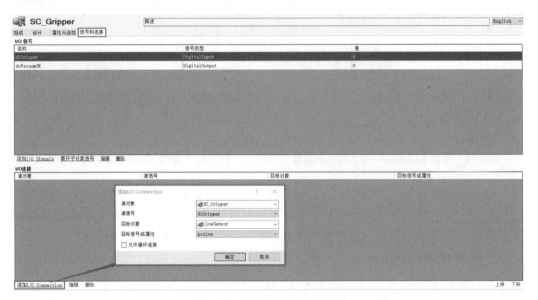

图 7-59　添加 I/O Connection

（5）传感器检测到物体之后触发拾取动作，设置如图 7-60 所示。

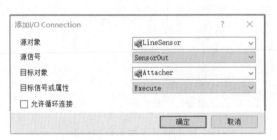

图 7-60　LineSensor 与 Attacher

（6）开启真空的动作信号 diGripper 触发拾取动作。如图 7-61 所示，两个信号连接，利用非门的中间连接，实现关闭真空后触发释放动作执行。

图 7-61　diGripper 触发拾取

（7）拾取动作完成后触发置位/复位组件执行"置位"动作，设置如图 7-62 所示。

（8）释放动作完成后触发置位/复位组件执行"复位"动作，设置如图7-63所示。

图7-62　拾取触发置位

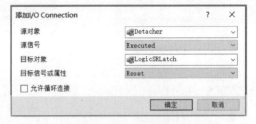

图7-63　释放触发复位

（9）置位/复位组件的动作触发真空反馈信号置位/复位动作，实现的最终效果为当拾取动作完成后将doVacuumOK置为1，当释放动作完成后将doVacuumOK置为0。设置如图7-64所示。

图7-64　置位/复位组件触发doVacuumOK置位/复位

夹具Smart组件一共创建了7个I/O连接，整个事件触发过程如下：

① 机器人夹具运动到拾取位置，打开真空以后，线传感器开始检测。

② 如果检测到产品A与其发生接触，则执行拾取动作，夹具将拾取产品A。

③ 机器人夹具运动到放置位置，关闭真空反馈信号，将输出信号与非门连接，实现输出信号的转换，得到一个信号由0变为1的过程。

④ 非门与释放动作连接，当关闭真空反馈信号时，非门输出信号由0变为1，执行释放动作，产品A被夹具放下。

⑤ 当夹具拾取产品A时，置位/复位组件置为1。

⑥ 当产品A被夹具放下时，置位/复位组件置为0。

⑦ 当置位/复位组件置位为1或复位为0时，真空反馈信号同步置位为1或复位为0。机器人夹具再次运动到拾取位置去拾取下一个产品，进入下一个循环过程。

7.3.3　仿真运行夹具

完成以上夹具的设置，接下来就能进行仿真验证了，在输送链末端已预置了一个专门用于演示的产品"Product _Teach"。

（1）如图7-65所示，在"布局"窗口中，选中"Product _Teach"，单击鼠标右键，在下拉列表中，勾选"可见"；再次选中"Product _Teach"，单击鼠标右键，在"修改"子菜单中，勾选"可由传感器检测"。

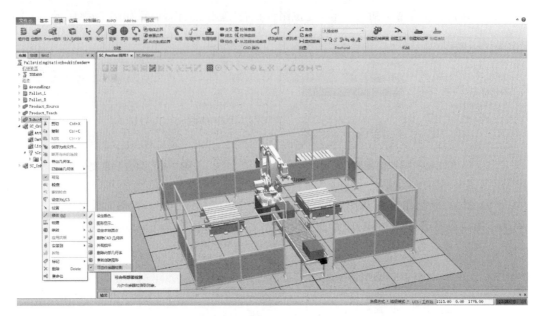

图 7-65　设置 Product _Teach

（2）在"基本"功能选项卡中，选取"手动线性"。单击末端法兰盘，出现坐标系后，用鼠标点住坐标轴进行线性拖动，将夹具移到产品拾取位置，如图 7-66 所示。

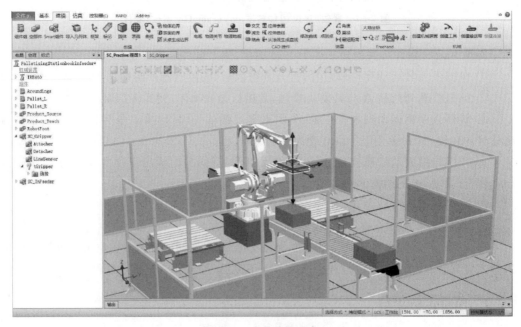

图 7-66　夹具拾取准备

（3）拾取产品。单击"仿真"功能选项卡中的"I/O 仿真器"，选择系统为"SC_Gripper"，将 diGripper 置为 1。再次拖动坐标系进行线性移动，我们就发现，夹具已拾取产品，同时真空反馈信号 doVacuumOK 自动置为 1。此时，箱子跟着夹具一起运动。设置如图 7-67 所示。

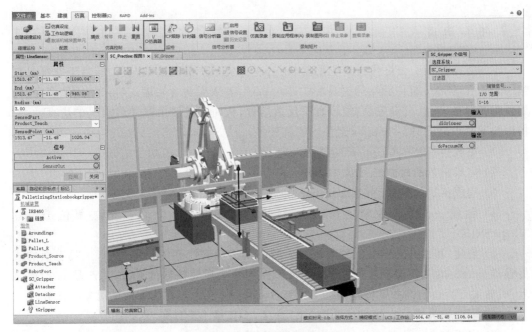

图 7-67　夹具拾取产品

（4）执行释放动作。由机器人携带产品，通过线性运动将产品放到托盘上，然后将 diGripper 置为 0。夹具已将产品释放，同时真空反馈信号 doVacuumOK 自动置为 0。再次拖动坐标系进行线性移动，使夹具释放对象。设置如图 7-68 所示。

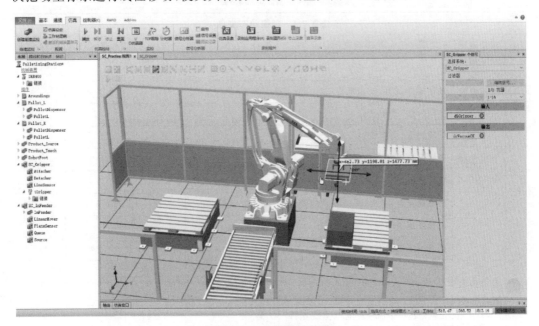

图 7-68　夹具释放位置

（5）验证完成后，单击"Product_Teach"，取消勾选"可见"，同时取消勾选"可由传感器检测"。

 **任务实施**

本任务需要用一个海绵式真空吸盘 Gripper 来完成产品的拾取与释放，基于此吸盘创建一个具有 Smart 组件特性的夹具"SC_Gripper"，其效果包含在输送链末端拾取产品、在放置位置释放产品、自动置位/复位真空反馈信号，从而完成 Smart 组件夹具的仿真动画。根据如下要求完成 SC_Gripper 组件的实施任务：

（1）完成夹具"SC_Gripper"的属性设定。

（2）完成夹具的检测传感器"LineSensor"的设定操作。

（3）完成夹具的拾取动作"Attacher"和放置动作"Detacher"的设定操作。

（4）创建一个非门逻辑运算"LogicGate—NOT"，和一个信号置位/复位子组件"LogicSRLatch"。

（5）创建"属性与连结"，实现当机器人的工具运动到产品的拾取位置，工具上面的线传感器 LineSensor 检测到了产品 A，则产品 A 即作为所要拾取的对象；将产品 A 拾取之后，机器人工具运动到放置位置执行工具释放动作，则产品 A 作为释放的对象的任务。

（6）创建夹具 Smart 组件的 7 个 I/O 连接，实现整个事件触发过程。

（7）完成 Smart 组件夹具的整体仿真运行测试。

通过任务的阶段性实施，学生应掌握 SC_Gripper 组件的设置过程和仿真调试过程。

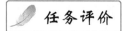 **任务评价**

任务 7.3　创建动态夹具

序号	考核要素	考核要求	配分	自评(20%)	互评(20%)	师评(60%)	得分小计
一	职业素养 20分	遵守课堂纪律，主动学习	5				
		遵守操作规范，安全操作	5				
		协同合作，具备责任心	5				
		自我约束，自我管理	5				
二	知识掌握能力 10分	夹具组件的动态效果流程	5				
		夹具组件的事件触发过程	5				
三	专业技术能力 60分	正确设定夹具"SC_Gripper"的属性	10				
		正确设定夹具的检测传感器	5				
		正确设定夹具的拾取动作	5				
		正确设定夹具的放置动作	5				
		正确创建一个非门逻辑运算	5				
		正确创建一个信号置位/复位子组件	5				
		创建夹具的"属性与连结"	5				
		创建夹具的"信号和连接"	10				
		仿真运行，实现夹具组件的动态效果	10				

续表

序号	考核要素	考核要求	配分	自评(20%)	互评(20%)	师评(60%)	得分小计
四	拓展能力 10分	能够同向对比,提高准确率	5				
		将两个任务横向对比,找到主干核心	5				
	合计		100				

学生签字		年　　月　　日	任课教师签字		年　　月　　日

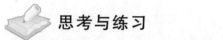 **思考与练习**

一、选择题

1. 在夹具基础设定中,主要用到的 Smart 组件包括_____组件。

A. LogicSRLatch
B. LineSensor
C. Attacher
D. Detacher

2. 子组件 Detacher 的作用是_____。

A. 拆除一个已安装的对象
B. 提取对象
C. 附带对象
D. 删除对象

3. 子组件 LogicSRLatch 的功能包含_____。

A. 置位
B. 复位
C. 自带锁定
D. 逻辑运算

4. 在设置夹具组件 7 个 I/O 连接的过程中,关于整个事件触发过程,下列叙述错误的是_____。

A. 机器人夹具运动到拾取位置,打开真空以后,线传感器开始检测

B. 如果检测到产品 A 与夹具发生接触,则夹具执行拾取动作,拾取产品 A

C. 机器人夹具运动到放置位置,关闭真空反馈信号,将输出信号与非门连接,实现输出信号的转换,得到一个信号由 0 变为 1 的过程

D. 非门与释放动作连接,当关闭真空反馈信号时,非门输出信号由 1 变为 0,夹具执行释放动作,放下产品 A

二、判断题

1. LineSensor 的属性 SensedPart 指的是线传感器所检测到的与其发生接触的物体。
（　　）

2. 设置传感器后,仍然需要将工具设为"不可由传感器检测",以免传感器与工具发生干涉。
（　　）

3. 创建夹具的 Smart 组件中,Attacher 用于将 Child 安装到 Parent 上。 （　　）

4. 在输送链末端的"Product _Teach"是专门用于演示的产品,需要勾选"可见"和"可由传感器检测"后才能正常使用。
（　　）

5. 如果接触部分完全覆盖了整个传感器,则传感器不能检测到与之接触的物体。

（　　）

6. 在夹具组件仿真运行过程中,需要通过"手动线性"功能将夹具移到产品拾取位置。

（　　）

三、简答题

将 Smart 工具 SC_Gripper 当作机器人工具时为什么要将其设为 Role?

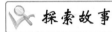 探索故事

从本任务的学习中,我们掌握了动态夹具的创建方法。在创建夹具组件的过程中,大家要联想输送链的建立过程,前后联系,处理好继承和发展的辩证关系。万事万物是相互联系、相互依存的。只有用普遍联系的、全面系统的、发展变化的观点观察事物,才能把握事物发展规律。不断提高辩证思维、系统思维、创新思维、法治思维、底线思维能力,为技能发展提供科学思想方法。

中国航空之父

冯如少年时,随舅舅到美国工厂当了一名学习机械的童工,半工半读,严于律己,只为祖国的发展。他信奉实践出真知,先后在船厂、电厂、机器制造厂当工人,专攻机器制造。五六年时间,他通晓了 36 种机器的制造。

莱特兄弟发明飞机的消息,似一道意外的眩光,照亮了冯如前方的路。冯如筹集资金办起了属于中国人的第一家飞机制造厂,靠着坚强的毅力与内在的勇气,排除万难,依靠自己的双手一张张晒出图纸,经过周密计算,精心制作机翼、方向舵、发动机,总装成一架飞机,取名"冯如一号"。从某种意义上来说,这是中国拥有自主制空权的缩影,真正彰显了中国制造、中国技术、中国能力、中国实力。

1908 年 9 月 21 日,冯如驾机试飞,首飞达到了 2640 英尺[①],比莱特兄弟的 1788 英尺首飞纪录还要远,这次首飞在美国造成了巨大轰动。

1910 年,冯如优化了飞机的性能,设计和制造了一架机翼长 29.5 英尺、翼宽 4.5 英尺、内燃机 30 马力[②]、螺旋桨每分钟转动 1200 转,在当时很先进的飞机。在同年 10 月的旧金山举办的国际飞行比赛中,冯如以 700 多英尺的飞行高度和 65 英里[③]的时速,打破了 1909 年第一届国际飞行比赛的世界纪录,一举成名。

1911 年,冯如带着助手与 2 架飞机回国。在游轮上,冯如信心满满,望着碧蓝大海,发誓要"壮国体,挽利权"。辛亥革命爆发后,冯如毅然投身革命的浪潮中,任陆军飞机长,后到南京筹建机场,推动中国航空业的发展。

1912 年,冯如因挽救两个孩子的生命而牺牲。

---

① 1 英尺约为 0.3048 m。

② 1 英制马力约为 745.7 W。

③ 1 英里约为 1609.344 m。

任务 7.4 码垛工作站的程序编制和调试

知识目标

◆ 掌握搬运码垛工作站程序指令的创建和修改方法。

◆ 掌握搬运码垛工作站输入/输出(I/O)信号的设定方法。

能力目标

◆ 能够在虚拟示教器中编写程序指令。

◆ 能够设定工作站逻辑。

◆ 能够仿真调试整体工作站的运行。

素养目标

◆ 培养学生协同合作、沟通交流的团队意识。

◆ 培养学生不畏艰难、勇攀高峰的科学精神。

◆ 培养学生反复试错、坚持不懈的工匠精神。

任务描述

通过前面的任务,我们已基本完成 Smart 组件的动态效果设定,本任务需要编写工作站程序并设定 Smart 组件与机器人端的信号通信,从而完成整个工作站的仿真调试。工作站逻辑设定为:将 Smart 组件的输入/输出信号与机器人端的输入/输出信号作信号关联。Smart 组件的输出信号作为机器人端的输入信号,机器人端的输出信号作为 Smart 组件的输入信号,此处就可以将 Smart 组件当作一个与机器人进行 I/O 通信的 PLC 来看待。通过本任务的学习,我们将掌握工作站程序编制和仿真调试的过程。

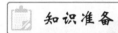

知识准备

7.4.1 编制工作站的程序

1. 设定 I/O 信号

(1)在"控制器"功能选项卡中,点击"示教器"的下三角,打开下拉菜单,选择"虚拟示教器",如图 7-69 所示。

(2)在虚拟示教器中,选择"control panel",将钥匙开关调到手动低速,然后选择菜单键,单击"控制面板",找到"配置",单击进入,如图 7-70(a)(b)所示;在 I/O 主题界面中选择"DeviceNet Device",单击进入,在弹出来的 DeviceNet Device 类型界面的最下方,单击"添加",如图 7-70(c)所示。

(3)在"使用来自模板的值"中选择"DSQC 652 24 VDC I/O Device",Name 名称改为"BOARD10",利用翻页键 ⬇ 找到"Address",将其值修改为"10",单击"确定",如图 7-71 所示,在弹出的重新启动对话框中单击"否",先不重启系统。

图 7-69　创建虚拟示教器

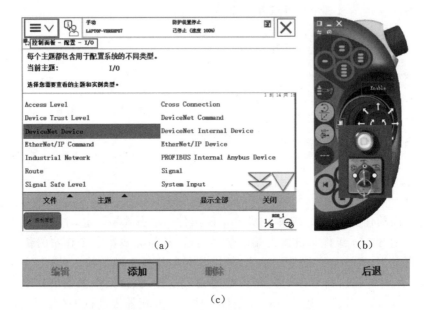

（a）

（b）

| 编辑 | | 添加 | 删除 | | 后退 |

（c）

图 7-70　添加 DeviceNet Device

（a）打开 I/O 配置；（b）Control Panel 手动设置；（c）DeviceNet Device 添加

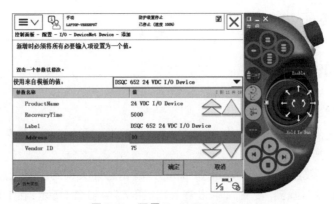

图 7-71　配置 DeviceNet Device

（4）与添加 DeviceNet Device 方法相同，在虚拟示教器中，选择"Control Panel"，将钥匙开关调到手动低速挡，然后选择菜单键，单击"控制面板"，找到"配置"，单击进入；在 I/O 主题界面中选择"Signal"，单击进入，如图 7-72 所示。在弹出来的 Signal 类型界面的最下方，单击"添加"。

图 7-72 添加 Signal

（5）在 Signal 添加界面添加三个信号：产品到位信号 diBoxInPos、真空反馈信号 diVacuumOK、控制真空吸盘动作信号 doGripper，如图 7-73（a）（b）（c）所示，并修改配置参数。前两次添加信号后，在弹出的重新启动对话框中单击"否"，先不重启系统，最后一次添加信号后，在弹出的重新启动对话框中单击"是"，重启系统。

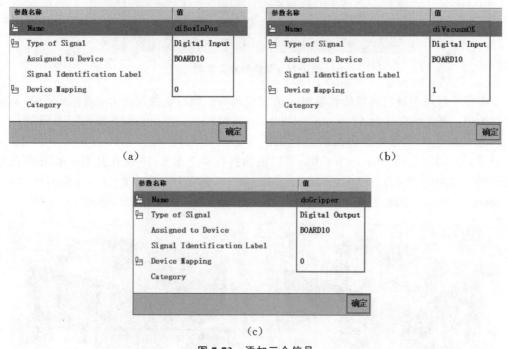

图 7-73 添加三个信号
（a）添加 diBoxInPos 信号；（b）添加 diVacuumOK 信号；（c）添加 doGripper 信号

2. 编写搬运码垛程序

1）码垛工作站程序的流程

搬运码垛机器人编程时运动轨迹上的关键点坐标位置可以通过示教或者坐标赋值的方式进行设定，在实际生产中若托盘相对较大，可采用示教方式寻求第一个关键点，在第一个关键点的基础上创建码垛物料层数的数组，从而可大大节约示教时间。

本任务中机器人只进行右侧码垛，机器人在输送链末端等待，在产品到位后将其拾取，放置在右侧托盘上面。垛型为常见的"3＋2"，即第一层竖着放 2 个产品，横着放 3 个产品，第二层位置交错，如图 7-74 所示。共计码垛 10 个即满载，机器人回到等待位继续等待，仿真结束。

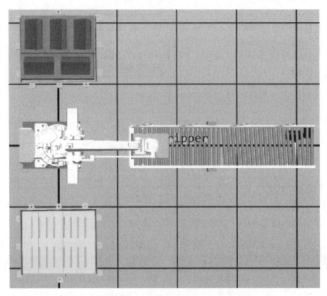

图 7-74　整体码垛工作站

本任务程序中我们利用计数器和 case 完成码垛。物料块的尺寸为 600 mm×400 mm×200 mm，托盘的尺寸为 1200 mm×1000 mm×135 mm，则由几何关系可以得到第一层物料块 1、2、3、4、5 在托盘表面的坐标依次为(0,0,0)、(−600,0,0)、(100,−500,0)、(−300,−500,0)、(−700,−500,0)，第二层物料块 6、7、8、9、10 在托盘表面的坐标依次为(100,−100,−250)、(−300,−100,−250)、(−700,−100,−250)、(0,−600,−250)、(−600,−600,−250)，见图 7-75(a)(b)。

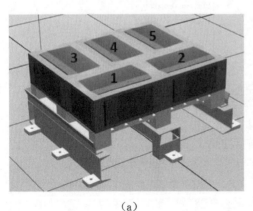 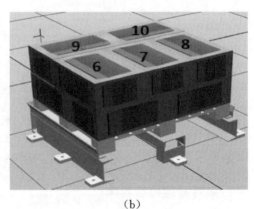

（a）　　　　　　　　　　　　（b）

图 7-75　物料摆放位置

(a) 第一层物料；(b) 第二层物料

2）程序模块和例行程序建立

（1）在虚拟示教器的程序编辑器中，新建模块"MainMoudle"，如图 7-76 所示。

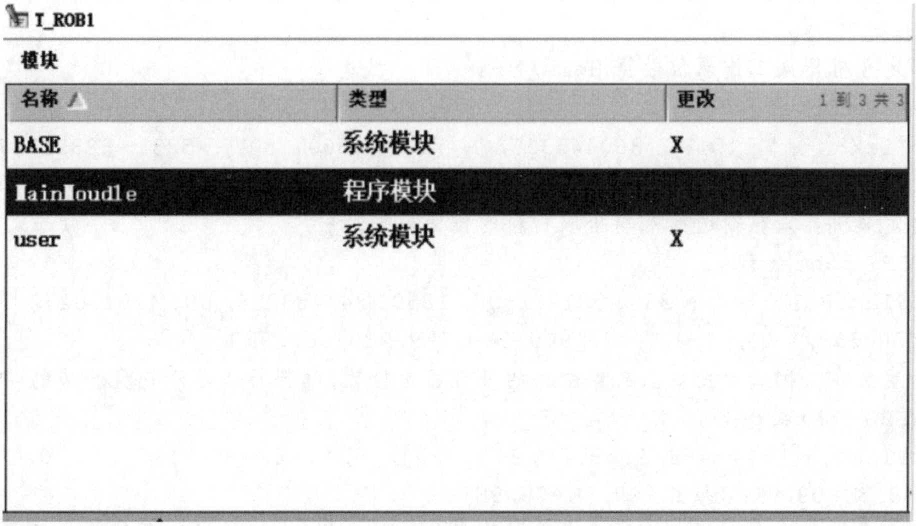

名称 △	类型	更改	1 到 3 共 3
BASE	系统模块	X	
MainMoudle	程序模块		
user	系统模块	X	

图 7-76　创建 MainMoudle

（2）在 MainMoudle 模块中创建七个例行程序：Main、rInitALL、rModify、rPick、rPlace、rPlaceRD、rPosition，如图 7-77 所示。

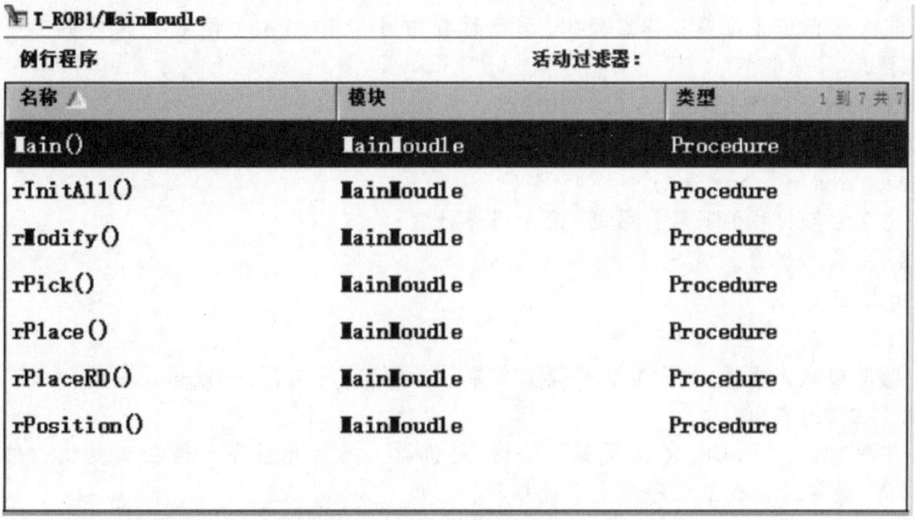

名称 △	模块	类型	1 到 7 共 7
Main()	MainMoudle	Procedure	
rInitAll()	MainMoudle	Procedure	
rModify()	MainMoudle	Procedure	
rPick()	MainMoudle	Procedure	
rPlace()	MainMoudle	Procedure	
rPlaceRD()	MainMoudle	Procedure	
rPosition()	MainMoudle	Procedure	

活动过滤器：

图 7-77　创建例行程序

3）程序解读

（1）可变量数据定义部分。

```
MODULE MainMoudle
PERS tooldata tGripper:=[TRUE,[[0,0,160],[1,0,0,0]],[1,[1,0,1],[1,
0,0,0],0,0,0]];
```

//定义工具坐标系数据；

PERS robtarget
pHome:=[[1518.35057503,0,877.822906024],[0,0,1,0],[0,0,0,0],[9E9,9E9,9E9,9E9,9E9,9E9]];

//定义机器人工作原位数据 Home 点；

PERS robtarget
pPick: = [[1518. 360445356, - 11. 456071507, 523. 888125175],[0,0.000000009,1,0],[-1,0,-1,0],[9E9,9E9,9E9,9E9,9E9,9E9]];

//定义机器人在输送链末端拾取物料的位置数据；

PERS robtarget
pPlaceBase:= [[- 285. 531972806, 1859. 243453208, 99. 429150272], [0,0.000000358,1,0],[1,0,1,0],[9E9,9E9,9E9,9E9,9E9,9E9]];

//定义在右侧工位托盘上放置物料的基准目标位置，物料长边顺着托盘长边的姿态；

PERS robtarget
pPlace:=[[314.468,1259.24,349.429],[0,3.58E-07,1,0],[1,0,1,0],[9E+09,9E+09,9E+09,9E+09,9E+09,9E+09]];

//定义机器人在右侧工位托盘上放置物料的位置数据，后续通过位置计算程序不断刷新该数据；

PERS robtarget
pActualPos:=[[1505,0,877.823],[1.81232E-06,0,-1,0],[0,0,0,0],[9E+09,9E+09,9E+09,9E+09,9E+09,9E+09]];

//定义当前停止位置目标点数据，运行过程中可使用 CrobT 函数计算当前工业机器人的位置；

PERS bool bPalletFull:=TRUE;

//定义右侧工位的码垛满载布尔量，作为满载标记，用于逻辑控制；

PERS num nCount:=1;

//定义右侧工位的码垛计数器，用于码垛计数；

(2) 主程序部分。

PROC Main()
　rInitAll;

//调用初始化程序，用于复位机器人位置、I/O 信号连接、相关数据设定等；

WHILE TRUE DO

//使用 WHILE TRUE DO 无限循环结构，将机器人初始化程序与需要重复执行的码垛程序隔离，通常只会在主程序中出现此结构；

　　　　　IF bPalletFull=FALSE THEN

//判断当前右侧工位是否满足执行码垛条件，即满足托盘未满载条件方可执行；

　　　　　　rPick;

//调用右侧工位物料拾取程序；

　　　　　　rPlace;

//调用右侧工位物料放置程序；

　　　　　ELSE

　　　　　　WaitTime 0.3;

//等待 0.3 s,防止当不满足码垛条件时 CPU 不断高速扫描而造成过热报警;
    ENDIF
   ENDWHILE
ENDPROC
(3) 初始化程序部分。
  PROC rInitAll()
    pActualPos:=CRobT(\tool:=tGripper);
//利用 Crobt 函数读取当前机器人位置,并将其赋值给 pActualPos;
    pActualPos.trans.z:=pHome.trans.z;
//将 Home 位置数据的 Z 值赋给 pActualPos 位置数据;
    MoveL pActualPos,v500,fine,tGripper\WObj:=wobj0;
//机器人运动至经过计算后的 pActualPos 位置;
    MoveJ pHome,v500,fine,tGripper\WObj:=wobj0;
//机器人运动至工作原位 Home 位置;通过上述 4 步,可实现机器人在初始化过程中从当前停止位置竖直抬升到与 Home 一样的高度后再返回至 Home 位置,这样可以降低回 Home 点过程中的碰撞风险;
    bPalletFull:=FALSE;
//复位右侧工位托盘满载布尔量;
    nCount:=1;
//复位右侧工位码垛计数器;
    Reset doGripper;
//将吸盘控制信号复位;
  ENDPROC
(4) 工位物料拾取程序部分。
  PROC rPick()
    MoveJ Offs(pPick,0,0,300),v2000,z50,tGripper\WObj:=wobj0;
//移动至右侧工位拾取位置上方;
    WaitDI diBoxInPos,1;
//等待物料运送到输送链末端,到位信号为 1;
    MoveL pPick,v500,fine,tGripper\WObj:=wobj0;
//移动至右侧工位拾取位置;
Set doGripper;
//置位吸盘工具控制信号,产生真空,拾取物料;
    WaitDI diVacuumOK,1;
//等待真空吸盘吸取反馈信号为 1,物料被吸取 OK;
    MoveL Offs(pPick,0,0,300),v500,z50,tGripper\WObj:=wobj0;
//移动至右侧工位拾取位置上方;
ENDPROC
(5) 工位放置程序部分。
PROC rPlace()
   rPosition;
//调用右侧工位码垛位置计算程序;

```
      MoveJ Offs(pPlace,0,0,300),v2000,z50,tGripper\WObj:=wobj0;
//移动至右侧工位托盘放置位置上方；
      MoveL pPlace,v500,fine,tGripper\WObj:=wobj0;
//移动至右侧工位托盘上面的放置位置；
      Reset doGripper;
//复位吸盘工具控制信号，释放物料；
      WaitDI diVacuumOK,0;
//等待真空吸盘吸取反馈信号为0，物料被释放OK；
      MoveL Offs(pPlace,0,0,300),v500,z50,tGripper\WObj:=wobj0;
//移动至右侧工位托盘放置位置上方；
      rPlaceRD;
//调用满载回零程序；
ENDPROC
```

（6）工位满载回零程序部分。

```
PROC rPlaceRD()
Incr nCount;
//右侧工位码垛计数自加1；
      IF nCount> =11 THEN
//判断当前码垛计数器数值是否大于或等于11，该工作站中托盘上需要码10个
物料；
         nCount:=1;
//右侧工位码垛计数赋值为1；
         bPalletFull:=TRUE;
//若IF条件成立，即码垛数量已经超过10个，则将满载布尔量设置为TRUE；
         MoveJ pHome,v1000,fine,tGripper\WObj:=wobj0;
//机器人运动至工作原位Home位置；
      ENDIF
ENDPROC
```

（7）工位放置位置计算程序部分。

```
PROC rPosition()
    TEST nCount
```

//判断当前1号工位计数器数值；pPlaceBase为竖着的姿态，其他位置均是相对于
这个基准点偏移相应的产品箱尺寸，长600 mm、宽400 mm、高250 mm；

```
      CASE 1:
         pPlace:=RelTool(pPlaceBase,0,0,0\Rz:=0);
```

//当计数器为1时，计算第1个放置位置，就是示教的基准位置pPlaceBase，所以偏
移量均为0；

```
      CASE 2:
         pPlace:=RelTool(pPlaceBase,- 600,0,0\Rz:=0);
```

//当计数器为2时，计算第2个放置位置，相对于pPlaceBase沿着工具坐标系

tGripper 的 X 轴负方向偏移一个产品长度即 600 mm;

  CASE 3:

    pPlace:=RelTool(pPlaceBase,100,- 500,0\Rz:=90);

 //当计数器为 3 时,计算第 3 个放置位置,相对于 pPlaceBase 沿着工具坐标系 tGripper 的 X 轴方向偏移 100 mm,即 600/2-400/2=100,沿着工具坐标系 tGripper 的 Y 轴负方向偏移 500 mm,即 600/2+400/2=500;

  CASE 4:

    pPlace:=RelTool(pPlaceBase,- 300,- 500,0\Rz:=90);

 //当计数器为 4 时,计算第 4 个放置位置,相对于 pPlaceBase 沿着工具坐标系 tGripper 的 X 轴负方向偏移 300 mm,即相对于第 3 个位置的 X 轴方向减了一个箱子的宽度,沿着工具坐标系 tGripper 的 Y 轴负方向偏移 500 mm,即 600/2+400/2=500;

  CASE 5:

    pPlace:=RelTool(pPlaceBase,- 700,- 500,0\Rz:=90);

 //当计数器为 5 时,计算第 5 个放置位置,相对于 pPlaceBase 沿着工具坐标系 tGripper 的 X 轴负方向偏移 700 mm,即相对于第 4 个位置的 X 轴方向减了一个箱子的宽度,沿着工具坐标系 tGripper 的 Y 轴负方向偏移 500 mm,即 600/2+400/2=500;

  CASE 6:

    pPlace:=RelTool(pPlaceBase,100,- 100,- 250\Rz:=90);

 //当计数器为 6 时,计算第 6 个放置位置,相对于 pPlaceBase 沿着工具坐标系 tGripper 的 X 轴方向偏移 100 mm,即 600/2-400/2=100,沿着工具坐标系 tGripper 的 Y 轴负方向偏移 100 mm,即 600/2-400/2=100;

  CASE 7:

    pPlace:=RelTool(pPlaceBase,- 300,- 100,- 250\Rz:=90);

 //当计数器为 7 时,计算第 7 个放置位置,相对于 pPlaceBase 沿着工具坐标系 tGripper 的 X 轴负方向偏移 300 mm,即相对于第 6 个位置的 X 轴方向减了一个箱子的宽度,沿着工具坐标系 tGripper 的 Y 轴负方向偏移 100 mm,即 600/2-400/2=100,沿着工具坐标系 tGripper 的 Z 轴负方向偏移 250 mm,即一个箱子的高度;

  CASE 8:

    pPlace:=RelTool(pPlaceBase,- 700,- 100,- 250\Rz:=90);

 //当计数器为 8 时,计算第 8 个放置位置,相对于 pPlaceBase 沿着工具坐标系 tGripper 的 X 轴负方向偏移 700 mm,即相对于第 7 个位置的 X 轴方向减了一个箱子的宽度,沿着工具坐标系 tGripper 的 Y 轴负方向偏移 100 mm,即 600/2-400/2=100,沿着工具坐标系 tGripper 的 Z 轴负方向偏移 250 mm,即一个箱子的高度;

  CASE 9:

    pPlace:=RelTool(pPlaceBase,0,- 600,- 250\Rz:=0);

 //当计数器为 9 时,计算第 9 个放置位置,相对于 pPlaceBase 沿着工具坐标系 tGripper 的 Y 轴负方向偏移 600 mm,即一个箱子的长度,沿着工具坐标系 tGripper 的 Z 轴负方向偏移 250 mm,即一个箱子的高度;

  CASE 10:

    pPlace:=RelTool(pPlaceBase,- 600,- 600,- 250\Rz:=0);

//当计数器为 9 时,计算第 9 个放置位置,相对于 pPlaceBase 沿着工具坐标系 tGripper 的 X 轴负方向偏移 600 mm,即一个箱子的长度,沿着工具坐标系 tGripper 的 Y 轴负方向偏移 600 mm,即一个箱子的长度,沿着工具坐标系 tGripper 的 Z 轴负方向偏移 250 mm,即一个箱子的高度;

　　　　　DEFAULT:

//将 default 语句放在所有 case 结束之后,则只有在任何条件都不匹配的情况下才会执行;

　　　　　　　　Stop;

//执行 Stop,停止计算运行;

ENDTEST

ENDPROC

7.4.2　调试工作站的运行

1. 设定工作站逻辑

(1) 在"仿真"选项卡中,选择"工作站逻辑",如图 7-78 所示。

图 7-78　打开工作站逻辑

　　(2) 在工作站逻辑中,打开"信号和连接"选项卡,单击"添加 I/O Connection",如图 7-79 所示,添加三组 I/O 连接。

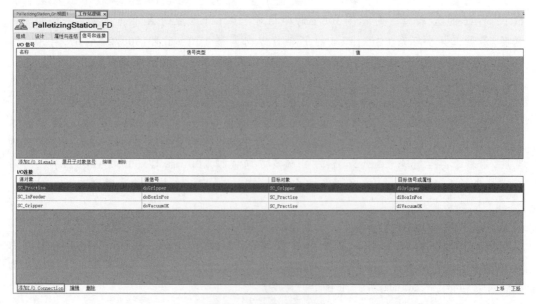

图 7-79　添加信号连接

（3）在本任务中，创建 I/O 连接的过程中需要注意的是：在选择机器人端 I/O 信号时，在下拉列表中选取位于下拉列表尾部的 SC_Practise，其指的是机器人系统。如图 7-80 所示，（a）是机器人端的控制真空吸盘动作的信号与 Smart 夹具的动作信号相关联；（b）是 Smart 输送链的产品到位信号与机器人的产品到位信号相关联；（c）是 Smart 夹具的真空反馈信号与机器人的真空反馈信号相关联。

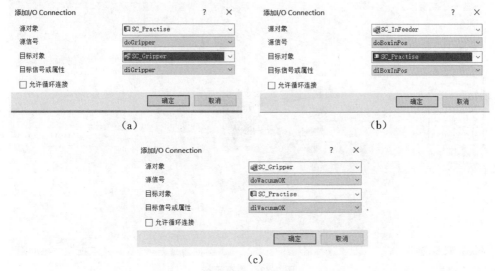

图 7-80　I/O 连接

（a）系统与夹具；（b）输送链与系统；（c）夹具与系统

2. 仿真运行调试

（1）在"仿真"功能选项卡中，单击"I/O 仿真器"，选择系统为"SC_Infeeder"。单击"播放"，单击"diStart"，如图 7-81 所示。输送链前端产生复制品，并沿着输送链运动。

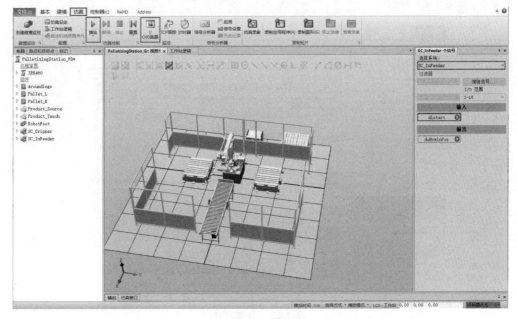

图 7-81　仿真开始

（2）复制品到达输送链末端后，机器人接收到产品到位信号，则机器人将产品拾取起来并放置到托盘的指定位置。如图 7-82 所示，依次循环，直至码垛 10 个产品后，机器人回到等待位置。

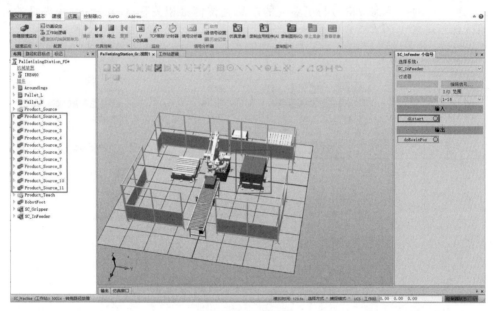

图 7-82　仿真运行

（3）单击"停止"则所有产品的复制品自动消失，仿真结束。由于在创建输送链任务中更改了组件的 Source 属性，勾选了 Transient 这个选项，所以当仿真结束后，仿真过程中所生成的复制品全部自动消失，避免手动删除的操作。

（4）利用共享中的"打包"功能，将创建并仿真完成的码垛仿真工作站进行打包并与他人分享，如图 7-83 所示。

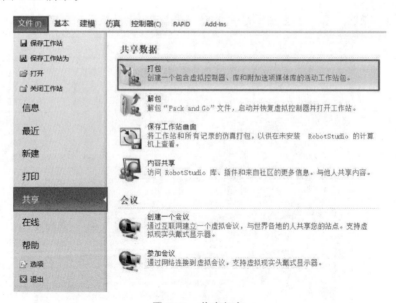

图 7-83　共享打包

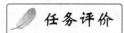 **任务实施**

　　本任务需要编写工作站程序并设定 Smart 组件与机器人端的信号通信,从而完成整个工作站的仿真。根据如下要求完成码垛工作站的仿真任务:

　　(1)完成 DSQC 652 信号板的设置,在 Signal 界面添加三个信号:产品到位信号 diBoxInPos、真空反馈信号 diVacuumOK、控制真空吸盘动作信号 doGripper。

　　(2)建立 MainMoudle 程序模块,编写例行程序,完成左垛盘 2 层、右垛盘 2 层垛型的工作站任务。

　　(3)设定码垛工作站逻辑。①将机器人端的控制真空吸盘动作的信号与 Smart 夹具的动作信号相关联;②将 Smart 输送链的产品到位信号与机器人的产品到位信号相关联;③将 Smart 夹具的真空反馈信号与机器人的真空反馈信号相关联。

　　(4)完成码垛工作站的整体仿真运行测试。

　　通过任务的阶段性实施,学生应掌握工作站程序编制的整体过程和仿真调试过程。

任务评价

任务 7.4　码垛工作站的程序编制和调试

序号	考核要素	考核要求	配分	自评(20%)	互评(20%)	师评(60%)	得分小计
一	职业素养 20 分	遵守课堂纪律,主动学习	5				
		遵守操作规范,安全操作	5				
		协同合作,具备责任心	5				
		反复尝试,坚持不懈	5				
二	知识掌握能力 10 分	码垛工作站程序的流程	5				
		主程序和六个子程序	5				
三	专业技术能力 60 分	正确定义 DSQC652 信号板	10				
		正确在 Signal 界面添加三个信号	10				
		正确建立 MainMoudle 程序模块	5				
		正确编写七个例行程序	15				
		正确建立工作站逻辑	5				
		仿真运行,实现两层码垛任务	15				
四	拓展能力 10 分	能够总结归纳,将知识结构化	5				
		能够进行自我创新,不断提升技能	5				
	合计		100				

学生签字		任课教师签字	
	年　　月　　日		年　　月　　日

思考与练习

一、选择题

1. 在虚拟示教器中,通过"控制面板"的"配置"可以进入板卡设置界面,在 I/O 主题界面中选择"_____"便可建立 BOARD10。

A. DeviceNet Device　　　　　　　　B. Route

C. Singnal　　　　　　　　　　　　　D.Bus

2. PERS bool bPalletFull:=TRUE;此段程序用于逻辑控制,作为_____标记。

A. 满载　　　　　　　　　　　　　　B. 空载

C. 码垛开始　　　　　　　　　　　　D. 码垛结束

3. 在码垛工作站中,需要添加 Signal 信号来完成整体联调和组件连接,其中不包括_____。

A. 产品到位信号　　　　　　　　　　B. 真空反馈信号

C. 控制真空吸盘动作信号　　　　　　D. 产品到位反馈信号

4. 在码垛工作站中,需要添加的工作站逻辑关系不包括_____相关联。

A. 机器人端的控制真空吸盘动作的信号与 Smart 夹具的动作信号

B. Smart 输送链的产品到位信号与机器人的产品到位信号

C. Smart 夹具的真空反馈信号与机器人的真空反馈信号

D. Smart 夹具的动作信号与机器人的产品到位信号

二、填空题

1. 码垛机器人可按照要求的编组方式和层数,完成对_____、_____、_____等各种产品的码垛。

2. 在码垛机器人搬运过程,线性指令 MovL offs(p10,0,0,10)中 10 的意义是_____。

3. 在码垛机器人搬运过程,线性指令 MoveL RelTool(p10,0,0,10)中 10 的意义是_____。

4. 码垛机器人结构比较复杂,以_____为主。

三、编程题

在 RobotStudio 软件的 RAPID 选项卡中,编写双垛型的程序,完成左垛盘 2 层、右垛盘 2 层的工作站任务。

探索故事

从本任务的学习中我们完成了搬运码垛工作站的整体编程和测试,大家要协同合作,反复尝试,坚持不懈,直到完成任务,并能创新前行。今天我们所面临问题的复杂程度、解决问题的困难程度明显加大,给理论创新提出了全新要求。我们要增强问题意识,聚焦实践中遇到的新问题,不断提出真正解决问题的新理念、新思路、新办法。实践没有止境,理

项目七 353
工业机器人搬运码垛工作站

论创新也没有止境。

北斗卫星团队

北斗是我国自主建设、独立运行的全球卫星导航系统,自二十世纪九十年代启动研制以来,历经几十年,突破百余项关键技术,于 2018 年开启了中国导航系统的全球时代,可以说是"大国重器、航天巨制"。

北斗导航系统的两家承办单位之一———中科院微小卫星创新研究院的导航团队,在 2015 年时的平均年龄为 28 岁,是一支年轻团队。在与卫星相伴的无数个日日夜夜里,这些年轻"工匠"们把青春芳华融入祖国的航天事业。团队除了精益求精、凤兴夜寐的工匠精神,报效祖国的爱国情怀,还有包容进取、团结协作的良好氛围。

"我们的成功很大一部分得益于一支非常团结、肯吃苦、孜孜不倦的队伍。在发射场更是工作生活在一起,如同一家人一样亲密。"队员陈智超说,"每一次累极了的时候,我都会鼓励自己,虽然只是一颗渺小的螺丝钉,但也要发挥最大的价值,绝不能让自己成为薄弱环节,绝不能辜负我们如此优秀的团队。"

他们用热血与奋斗点亮宇宙,筑梦太空。以国为重,是北斗团队的座右铭。卫星制造不容有一丝闪失,在北斗人心中,爱国不是一句话语,而是实际的行动,无悔的付出,细致入微的坚守,精益求精的执着。

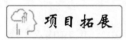 项目拓展

一、"共享"选项卡

共享即与其他人共享数据,在共享数据对话框中有打包工作站、解包工作站、保存工作站画面及内容共享等选项,如本项目任务 7.4 中图 7-83 所示。

(1) 打包工作站:创建一个包含虚拟控制器、库和附加选项媒体库的活动工作包,方便文件快速恢复、再次分发,并且确保不会丢失工作站的任何组件,可以使用密码保护数据包。

(2) 解包工作站:快速恢复包含虚拟控制器、库和附加选项媒体库。

注意:如果被解包的对象与当前选择的版本不兼容,则无法解包。

二、数组

在编写程序的过程中,有时候需要调用大量同种类型、同种用途的数据,可以用数组来存放这些数据。

例如:

定义一个二维数组:

PERS num1 {3,4}:=[[1,2,3,4],[2,3,4,5],[3,4,5,6]] //定义二维数组 num1

VAR num2:=num1 {3,4}   //num1 中{3,4}的值(即 6)被赋给 num2

对于一些常见的码垛任务,可以利用数组来存放各个摆放位置数据,在放置程序中直

接调用该数据即可。如图 7-84 所示,需要摆放 5 个位置,产品尺寸为 600 mm×400 mm。

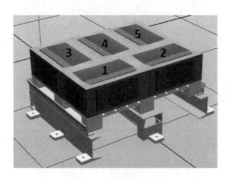

图 7-84　码垛位置

要存储 5 个摆放位置的数据,需要创建一个{5,4}的数组。数组中有 5 组数据,对应 5 个摆放位置;每组数据中有 4 项数值,分别对应 X、Y、Z 轴方向的偏移值及绕 Z 轴的旋转角度。创建数组后,只需要示教一个基准点。程序为:

```
PERS num nPosition{5,4}:=[[0,0,0,0],[600,0,0,0],[-100,500,0,-90],
[300,500,0,-90],[700,500,0,-90];
PERS num nCount:=1;            //定义数字型数据,用于产品计数
PROC rPlace()
    ⋮
MoveL RelTool ( P1, nPosition {nCount, 1}, nPosition {nCount, 2},
nPosition {nCount, 3}\Rz:=nPosition {nCount, 4}), V1000, fine, tGripper\
WobjPallet_R;
    ⋮
ENDPROC
```

调用该数组时,第一项索引号为产品计数 nCount,利用 RelTol 功能将数组中每组数据的各项数值分别叠加到 X、Y、Z 轴方向的偏移,以及绕着工具 Z 轴方向旋转的度数之上,可较为简单地实现码垛位置的计算。

参 考 文 献

[1] SOLANES J E,MUOZ A,GRACIA L,et al. Teleoperation of industrial robot manipulators based on augmented reality[J]. The International Journal of Advanced Manufacturing Technology,2020,111(3-4):1077-1097.

[2] 叶辉.工业机器人工程应用虚拟仿真教程[M].北京:机械工业出版社,2016.

[3] 张爱红.工业机器人应用与编程技术[M].北京:电子工业出版社,2015.

[4] 叶辉.工业机器人实操与应用技巧[M]. 北京:机械工业出版社,2010.

[5] 叶辉.工业机器人典型应用案例精析[M]. 北京:机械工业出版社,2019.

[6] 丁燕.工业机器人编程技术[M].北京:北京邮电大学出版社,2019.

工业机器人离线编程及仿真(ABB)
活页任务工单手册

班级 _____

学号 _____

姓名 _____

华中科技大学出版社

湖北·武汉

目　录

项目一 工业机器人应用编程认知

总学时		姓名		日期	
实训场地		实训设备		总成绩	

【项目目标】

完成本学习任务后，你应当能：
- ❖ 了解离线编程软件的编程方法；
- ❖ 掌握离线编程软件的系统构成；
- ❖ 掌握常用离线编程软件的功能；
- ❖ 学会 RobotStutio 离线编程软件的正确安装和授权；
- ❖ 认识 RobotStutio 离线编程软件的操作界面。

【项目导入】

随着工业机器人使用率的提高，工业机器人的应用编程技术越来越受到重视，尤其是离线编程技术。离线编程软件可以在非工作现场建立虚拟的加工场景，通过可视化的场景布局来创建更加精确的路径，从而获得更高的加工质量。图 1-1 所示为 RobotStudio 离线编程软件界面，该软件是机器人行业典型的离线编程软件之一。在实际生产加工中，工业机器人的应用编程技术都有哪些呢？它们又具备何种特点？哪种编程软件更适合我们学习呢？

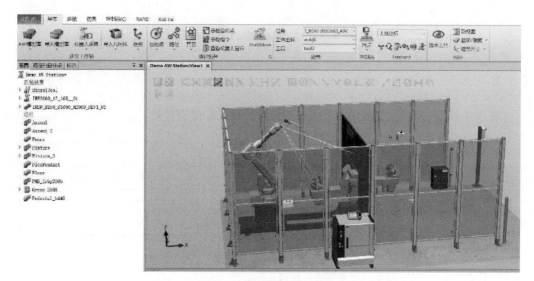

图 1-1 离线编程软件界面

1. 团队人员安排

序号	工作任务	总负责人	备注
1			
2			
3			
4			
5			

2. 任务实施计划

序号	具体任务内容	责任人	时间安排	设备及工具	备注
1					
2					
3					
4					
5					

【具体任务】

任务1.1 工业机器人编程初识

【思维导图】

根据本任务的学习,完成思维导图的绘制(根据需求自加级数):

1. 工业机器人编程方法

仔细研读知识要点,请把工业机器人主流的编程方法写在下方。

---

2. 主流编程技术的特点

根据知识的认知,请写出主流编程技术的特点,如果多可附加行。

序号	示教编程	离线编程	自主编程
1			
2			
3			
4			
5			

3. 编程技术的发展趋势

随着视觉技术、传感技术、智能控制、网络和信息技术以及大数据等技术的发展,未来的机器人编程技术发展主要表现在哪些方面?请简述在下方。

【任务评价】

任务1.1　工业机器人编程初识

序号	考核要素	考核要求	配分	自评(20%)	互评(20%)	师评(60%)	得分小计
一	职业素养 20分	遵守课堂纪律,主动学习	5				
		遵守操作规范,安全操作	5				
		协同合作,具备责任心	5				
		具备系统规划能力	5				
二	知识掌握能力50分	工业机器人编程方法	10				
		示教编程特点	10				
		离线编程特点	10				
		自主编程特点	10				
		机器人离线编程系统的关键技术	10				

序号	考核要素	考核要求	配分	自评(20%)	互评(20%)	师评(60%)	得分小计
三	专业技术能力20分	能够独立绘制离线与示教编程的异同点表格	10				
		能够辩证地探寻工业机器人编程技术的发展	10				
四	拓展能力10分	能够举一反三,拓展新知	5				
		能够进行知识迁移,前后串联	5				
合计			100				
学生签字		年　月　日	任课教师签字			年　月　日	

 习题与思考

一、选择题

1. 如果利用工业机器人示教器创建程序,则这种方式称作_____。

A. 离线编程   B. 示教编程

C. 自主编程   D. 增强现实编程

2. 与示教编程相比,离线编程具有_____的优点。

A. 可使用高级计算机编程语言对复杂任务进行编程

B. 便于和 CAD/CAM 系统结合

C. 使编程者远离危险的工作环境

D. 缩短机器人停机时间

二、填空题

1. 目前,工业机器人的编程方式有三种:_____、_____和自主编程。

2. 自主编程技术利用_____,使机器人通过全方位感知真实加工环境,识别加工工作台信息,来确定工艺参数。

三、简答题

目前,工业机器人的编程方式有哪几种？请分别加以阐述。

任务 1.2　离线编程软件认知

【思维导图】

根据本任务的学习,完成思维导图的绘制(根据需求自加级数):

离线编程软件认知

【任务实施】

1. 离线编程系统构成

一般说来,机器人离线编程系统有很多模块,请把工业机器人离线编程系统的构成简述在下方。

_____

_____

_____

_____

_____

_____

2. 国外离线编程软件

根据知识的认知,请在下方表格中写出国外主流的编程软件特点。

序号	RoboGuide	RobotMaster	RobotWorks	RobotStudio	ROBCAD
1					
2					
3					
4					
5					
6					
7					

3. 国内离线编程软件

根据知识的认知,请在下方表格中写出国内主流的编程软件特点。

序号	RobotArt	RoboDK	备注
1			
2			
3			
4			
5			
6			
7			

【任务评价】

任务 1.2　离线编程软件认知

序号	考核要素	考核要求	配分	自评(20%)	互评(20%)	师评(60%)	得分小计
一	职业素养 20 分	遵守课堂纪律,主动学习	5				
		遵守操作规范,安全操作	5				
		协同合作,具备责任心	5				
		主动搜索信息,掌握国家软件技能发展	5				
二	知识掌握能力60分	RobotStudio 离线编程软件主要功能	10				
		RoboGuide 离线编程软件主要功能	8				
		RobotMaster 离线编程软件主要功能	8				
		RobotWorks 离线编程软件主要功能	8				
		ROBCAD 离线编程软件主要功能	8				
		RobotArt 离线编程软件主要功能	8				
		RoboDK 离线编程软件主要功能	10				
三	专业技术能力10分	能够绘制各离线编程软件功能的异同点表格	10				
四	拓展能力 10 分	能够横向拓展,将知识结构化	5				
		能够进行知识分类汇总	5				
	合计		100				
学生签字		年　月　日	任课教师签字			年　月　日	

习题与思考

一、选择题

1. RoboGuide 是_____公司提供的离线编程软件。

A. ABB

B. FANUC

C. KUKA

D. KAWASAKI

2. 以下属于国内自主品牌的机器人离线编程软件的是_____。

A. RobotMaster

B. RoboGuide

C. RobotArt

D. RobotMove

3. 有些机器人离线编程软件能够兼容多种品牌的机器人,那么 RobotStudio 中能够使用的机器人品牌是_____。

A. ABB 系列

B. FUNUC 系列

C. KUKA 系列

D. YASKAWA 系列

4. RobotStudio 离线编程软件可方便地导入各种主流 CAD 格式的数据,其中不包括_____。

A. IGES

B. STEP

C. VRML

D. UG

5. 以下品牌的机器人离线编程软件中,为通用型产品的是_____。

A. RobotMaster

B. RoboGuide

C. RobotStudio

D. KUKASim

二、填空题

1. RoboGuide 是一款离线编程软件,用于设置和维护机器人系统,可以在机器人工作场合使用_____工具。

2. _____是 RobotStudio 最节省时间的功能之一。

3. 在 RoboGuide 软件中,通过 CAD 导入功能可以导入_____格式的三维模型。

4. _____可生成机器人程序,使用户能够在 Windows 环境中离线开发或维护机器人程序,可显著缩短编程时间,改进程序结构。

5. RobotStudio 离线编程软件的_____功能可让操作者灵活移动机器人或工件,直至所有位置均可到达,可在短短几分钟内验证和优化工作单元布局。

三、简答题

1. RoboGuide 是 FANUC 公司的离线编程软件,其强大的模块化功能包括什么?能完成什么工作内容?

2. 国内主流的离线编程软件有哪些？国外主流的离线编程软件有哪些？

3. 一般说来，机器人离线编程系统包括哪些模块？请分别加以阐述。

任务 1.3　ABB 编程软件的安装与授权

【思维导图】

根据本任务的学习，完成思维导图的绘制（根据需求自加级数）：

```
                    ABB 编程软件
                    的安装与授权
```

【任务实施】

1. RobotStutio 软件的安装

仔细研读知识要点，请把 RobotStutio 软件的安装步骤写在下方。

_____

_____

_____

_____

_____

2. RobotStudio 授权操作

根据知识的认知,请写出 RobotStudio 授权不同版本的特点,如果多可附加行。

序号	基本版	高级版	备注
1			
2			
3			
4			
5			

3. RobotStutio 软件的界面初识

RobotStudio 软件的使用涉及众多内容,根据要实现的不同功能分为多个选项卡,请将各个选项卡简述在下方。(建议使用框架式或思维导图方法)

【任务评价】

任务1.3　ABB 编程软件的安装与授权

序号	考核要素	考核要求	配分	自评(20%)	互评(20%)	师评(60%)	得分小计
一	职业素养 20分	遵守课堂纪律,主动学习	5				
		遵守操作规范,安全操作	5				
		认真练习,反复尝试	5				
		坚定信念,百折不挠	5				
二	知识掌握能力 20分	安装软件所需计算机的系统配置	5				
		区别 RobotStudio 不同版本的功能	5				
		每个选项卡所能实现的各个功能	10				
三	专业技术能力 50 分	正确下载 RobotStudio 离线编程软件	8				
		顺利解压缩包,并打开初始安装界面	8				
		正确指定安装路径	8				
		正确选择安装类型	8				
		按照提示完成安装	8				
		正确进行授权操作	10				
四	拓展能力 10 分	能够自主探索,主动求知	5				
		能够进行综合归纳,拓展新知	5				
	合计		100				
学生签字		年　月　日	任课教师签字			年　月　日	

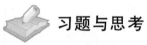 习题与思考

一、选择题

1.第一次正确安装 RobotStudio 软件后,试用期是_____。

A. 3 天　　　　　B. 15 天　　　　　C. 30 天　　　　　D. 无限制

2.为了确保 RobotStudio 成功安装,计算机系统需达到的要求不包括_____。

A. i5 或以上处理器　　　　　　　B. 2 GB 或以上内存

C. Windows7 或以上操作系统　　　D. 打开防火墙和杀毒软件

3. RobotStudio 软件提供的安装选项不包括_____。

A. 完整安装　　　　　　　　　　B. 最小化安装

C. 自定义安装　　　　　　　　　D. 专业化安装

4. RobotStudio 软件提供了_____种安装选项。

A. 1   B. 2   C. 3   D. 4

5. RobotStudio 软件的安装和操作过程中,安装路径目录下的文件夹名字应为_____,文件的保存路径和文件夹、文件名称本身也应该为_____。

A. 英文   B. 英文或者英文加上数字

C. 中文   D. 特定符号

二、判断题

1. 网络许可激活 RobotStudio 软件后,如果计算机重新安装 RobotStudio 软件,那么授权依然存在。   （ ）

2. 安装 RobotStudio6 及以上版本时,RobotWare 是随 RobotStudio 的完整安装选项自动安装的。   （ ）

3. 安装 RobotStudio 时,需要在 PC 上拥有管理员权限。   （ ）

4. 安装 RobotStudio 时,只安装一个 RobotWare 版本。要仿真特定的 RobotWare 系统,必须在 PC 上安装用于此特定 RobotWare 系统的 RobotWare 版本。 （ ）

5. 如果在 RobotStudio 安装时选择的是最小化安装,则仅允许计算机以在线模式运行 RobotStudio,即 RobotStudio 不具有离线仿真等功能。   （ ）

6. 在第一次正确安装 RobotStudio 以后,软件提供 30 天的全功能高级版免费试用期。30 天以后,如果还未进行授权操作,则只能使用基本版的功能。   （ ）

7. 在授权激活后,如果电脑系统出现问题并重新安装 RobotStudio,将会造成授权失效。

                          （ ）

三、简答题

安装 RobotStudio 软件对计算机的系统配置具体都有哪些要求?

【项目总评】

项目指导教师评价表

班级:_____ 组别:_____ 学号:_____ 姓名:_____ 实训日期:_____

项目一 工业机器人应用编程认知

序号	内容	任务 1.1 得分	任务 1.2 得分	任务 1.3 得分	配分	平均分
1	职业素养				20	
2	知识掌握能力				50	
3	专业技能能力				20	
4	拓展能力				10	
	总评					

注:95～100 分为优秀;85～94 分为良好;60～84 分为及格;60 分以下为不及格。

【项目总结】

【项目拓展】

通过多种渠道,请同学们找找 ABB 离线编程软件至今有多少个版本,并简述不同版本软件的安装特点和不同版本之间的关系。

项目二　工业机器人基本认知

总学时		姓名		日期	
实训场地		实训设备		总成绩	

【项目目标】

完成本学习任务后,你应当能:

❖ 掌握工业机器人的定义及组成;

❖ 掌握工业机器人的技术参数;

❖ 掌握 ABB 机器人的分类及特点;

❖ 熟悉 ABB 机器人的控制系统及控制柜组成;

❖ 使用正确的方法操作虚拟示教器;

❖ 掌握工业机器人一般维护保养的基本内容。

【项目导入】

随着中国制造 2025 方案的实施,越来越多的企业选择用工业机器人代替人工劳动(见图 2-1),以实现生产成本的最低化及生产效率的最高化。为了适应市场的需求,使学生能有更好的就业空间,本项目介绍工业机器人的基本知识。通过本项目内容的学习,学生应能够熟练掌握工业机器人组成原理、技术参数等,对研究现状与发展趋势有了更全面的了解,对 ABB 机器人的系统结构及应用领域有深入的认识。

图 2-1　工业机器人搬运工作站

【项目计划】

1. 团队人员安排

序号	工作任务	总负责人	备注
1			
2			
3			
4			
5			

2. 任务实施计划

序号	具体任务内容	责任人	时间安排	设备及工具	备注
1					
2					
3					
4					
5					

【具体任务】

任务 2.1　工业机器人概述

【思维导图】

根据本任务的学习,完成思维导图的绘制(根据需求自加级数):

工业机器人概述

【任务实施】

1. 工业机器人定义

简述联合国标准化组织(ISO)所采纳的美国机器人工业协会的工业机器人定义。

_____

_____

2. 工业机器人的技术参数

根据知识的认知,请写出工业机器人的主要技术参数、定义及其特点。

序号	技术参数	定义	特点
1			
2			
3			
4			
5			
6			
7			

3. 工业机器人的组成

工业机器人由三大部分、六个子系统组成。

三大部分是:_____

_____

六个子系统是:_____

_____

4. 工业机器人的未来发展方向

简述工业机器人的未来发展方向。

_____

_____

_____

【任务评价】

任务 2.1　工业机器人概述

序号	考核要素	考核要求	配分	自评(20%)	互评(20%)	师评(60%)	得分小计
一	职业素养 20分	遵守课堂纪律,主动学习	5				
		遵守操作规范,安全操作	5				
		自主学习,抓住核心	5				
		团队合作,细心沟通	5				

序号	考核要素	考核要求	配分	自评(20%)	互评(20%)	师评(60%)	得分小计
二	知识掌握能力 50 分	机器人的定义	10				
		工业机器人的定义	10				
		工业机器人的组成	10				
		工业机器人的工作原理	10				
		工业机器人的发展方向	10				
三	专业技术能力 20 分	能够说出工业机器人各个参数的含义	10				
		能够根据参数选取合适的工业机器人	10				
四	拓展能力 10 分	能够举一反三、归纳分析	5				
		能够感悟发展、主动探索	5				
	合计		100				
学生签字		年　月　日	任课教师签字			年　月　日	

 习题与思考

一、选择题

1.工业机器人是由三大部分和六个子系统组成,其中三大部分是指_____。

A. 机械本体部分　　　　　　　　　B. 驱动部分

C. 传感部分　　　　　　　　　　　D. 控制部分

2. 机器人的移动部分有固定式和移动式之分,该部分必须有足够的刚度、强度和稳定性,该部分是指_____。

A. 手部　　　　　B. 腕部　　　　　C. 臂部　　　　　D. 机座

3. 工业机器人的额定负载是指在规定范围内_____所能承受的最大负载允许值。

A. 手腕机械接口处　　　　　　　　B. 手臂

C. 末端执行器　　　　　　　　　　D. 机座

4. 用来表征机器人重复定位其手部于同一目标位置的能力的参数是_____。

A. 定位精度　　　　　　　　　　　B. 速度

C. 工作范围　　　　　　　　　　　D. 重复定位精度

5. 机器人的精度主要取决于机械误差、控制算法误差与分辨率系统误差。一般说来,_____。

A. 绝对定位精度高于重复定位精度　　B. 重复定位精度高于绝对定位精度

C. 机械精度高于控制精度　　　　　　D. 控制精度高于分辨率精度

二、填空题

1. 在捷克斯洛伐克语中 robot 一词最初表示＿＿＿＿＿＿。

2. 世界工业机器人四大家族是指＿＿＿＿＿＿＿＿＿＿＿＿＿＿＿＿＿＿＿＿＿＿＿＿＿＿＿＿＿。

3. 世界上第一台工业机器人的名字是＿＿＿＿＿＿＿。

三、简答题

1. 简述工业机器人各参数的定义：自由度、重复定位精度、工作范围、工作速度、承载能力。

2. 简述 ISO 对工业机器人的定义。

3. 简述工业机器人的应用领域。

任务 2.2　ABB 机器人简介

【思维导图】

根据本任务的学习，完成思维导图的绘制（根据需求自加级数）：

【任务实施】

1. ABB 机器人的本体

ABB 工业机器人的本体类型较多,请把 ABB 工业机器人的主要机型和特点简述在下方。

_____

_____

_____

_____

2. 工业机器人控制系统基本组成

工业机器人控制系统是工业机器人的重要组成部分,用于对操作机的控制,以完成特定的工作任务,请简述机器人控制系统基本组成。

_____

_____

_____

3. IRC5C 紧凑型控制柜

IRC5C 将 IRC5 控制器的强大功能浓缩于紧凑的机柜,请将中文的释义写到下图中对应标号上。

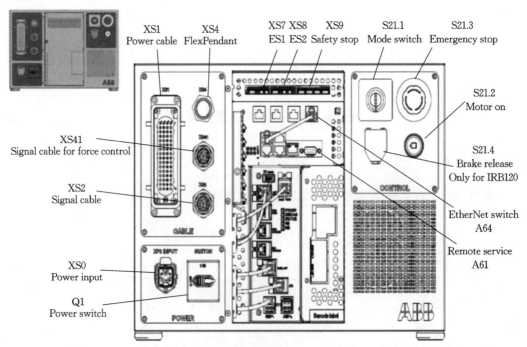

4. ABB 机器人的示教器

FlexPendant 是一种手持式操作员装置，用于执行与操作机器人系统有关的许多任务，通过示教器可以实现对工业机器人的手动操作、参数配置、编程及监控等操作，请将标号释义写到对应位置上，并填写示教器操作界面的表格。

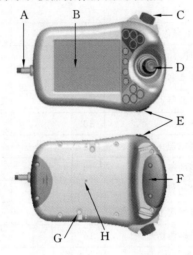

操作界面选项名称	具 体 说 明
HotEdit	
输入输出	
手动操纵	
自动生产窗口	
程序编辑器	
程序数据	
备份与恢复	
校准	
控制面板	
事件日志	
资源管理器	
系统信息	

任务 2.2　ABB 机器人简介

序号	考核要素	考核要求	配分	自评(20%)	互评(20%)	师评(60%)	得分小计
一	职业素养 20分	遵守课堂纪律,主动学习	5				
		遵守操作规范,安全操作	5				
		协同合作,具备责任心	5				
		具备公平合理的竞争意识	5				
二	知识掌握 能力50分	工业机器人的分类及特点	10				
		工业机器人的控制系统	10				
		工业机器人的控制原理	10				
		工业机器人控制柜的组成	10				
		工业机器人示教器的界面	10				
三	专业技术 能力20分	能够正确给工业机器人上使能	10				
		能够正确使用使能键两挡开关	10				
四	拓展能力 10分	能够全面把握、系统分析	5				
		能够开放性地看待问题,理性思考问题	5				
合计			100				
学生签字		年　　月　　日	任课教师签字			年　　月　　日	

习题与思考

一、填空题

1.串联机器人是一种开式运动链机器人,它是由一系列连杆通过_____关节或_____关节串联形成的。

2.ABB 机器人的本体包括通用六轴、_____、_____、_____、_____等多种类型。

3.示教器的结构包括_____、_____、_____、_____、_____、_____、_____、_____。

二、简答题

1.简述串联机器人的特点。

2. 简述并联机器人的特点。

3. 简述工业机器人控制系统的组成及各部分的功能。

4. 简述 ABB 机器人使能器按钮的功能。

任务 2.3　工业机器人安全与应用

【思维导图】

根据本任务的学习,完成思维导图的绘制(根据需求自加级数):

工业机器人
安全与应用

【任务实施】

1. 工业机器人的安全事项

仔细研读知识要点,请把 ABB 工业机器人在生产加工的过程中,需要注意的安全事项简要写在下方。

2. 工业机器人的维护保养

定期保养工业机器人可以延长工业机器人的使用寿命,根据知识的认知,请写出工业机器人维护周期。

序　号	维护内容	维护周期	备　注
1	一般维护		
2	清洗/更换滤布		
3	测量系统电池的更换		
4	计算机和伺服风扇单元的更换		
5	检查冷却器		
6	轴制动测试		
7	润滑三轴副齿轮和齿轮		
8	润滑中空手腕		
9	各齿轮箱内的润滑油		

3. 工业机器人的应用领域

工业机器人可以应用在很多领域,请简述市面上实际的应用情况。(建议使用框架式或思维导图方法)

任务 2.3　工业机器人安全与应用

序号	考核要素	考核要求	配分	自评(20%)	互评(20%)	师评(60%)	得分小计
一	职业素养 20分	遵守课堂纪律,主动学习	5				
		遵守操作规范,安全操作	5				
		协同合作,具备责任心	5				
		坚守原则,不懈努力	5				
二	知识掌握 能力50分	工业机器人的操作注意事项	10				
		工业机器人的本体维护	10				
		工业机器人的控制柜维护	10				
		工业机器人日常维护时间	10				
		工业机器人的应用领域	10				
三	专业技术 能力20分	能够安全操作工业机器人	10				
		能够正确做好日常保养	10				
四	拓展能力 10分	学会总结归纳、系统分析	5				
		能够开放性地看待问题,理性思考问题	5				
合计			100				
学生签字		年　月　日	任课教师签字			年　月　日	

习题与思考

一、选择题

1. 自动模式用于在车间生产线中运行机器人程序,那么在此模式下_____停止机制、_____停止机制和_____停止机制处于活动状态。

A. 常规模式　　　　　　　　　B. 自动模式

C. 上级　　　　　　　　　　　D.下级

2. 在进行机器人的_____之前,切记要将总电源关闭。

A. 安装　　　　　　　　　　　B. 维修

C. 保养　　　　　　　　　　　D. 测试

3. 发生火灾时,请确保全体人员安全撤离后再灭火,应首先处理受伤人员。当电气设备起火时,应该使用_____灭火。

A. 二氧化碳灭火器　　　　　　B. 泡沫灭火器

C. 水　　　　　　　　　　　　D. 干粉灭火器

4. 以下说法正确的是_____。

A. 当进入保护空间时,不用携带示教器

B. 正在旋转或运动的工具可以接近机器人

C. 注意液压、气压系统及带电部件断电，这些电路上的残余电量也很危险

D. 机器人上的夹具一般会固定锁紧，不用太在意

5. 为避免操作示教器 FlexPendant 不当引起的故障或损害，在操作时应遵循的规则是_____。

A. 在不使用示教器时，可以任意放置

B. 可以使用任何物体操作触摸屏，不会使触摸屏受损

C. 不用频繁清洁触摸屏

D. 示教器的使用和存放应避免被人踩踏电缆

二、判断题

1. 应根据环境条件按适当时间间隔（如一年）清洁控制器内部；须特别注意冷却风扇和进风口/出风口的清洁。　　　　　　　　　　　　　　　　　　　（　　）

2. SMB 电池不是一次性电池。电池需要更换时，消息日志中会出现一条信息。（　　）

3. SMB 电池仅在控制柜"断电"的情况下工作，其使用寿命约为 7000 h。　（　　）

4. 如需更换 SMB 电池，必须先手动操作，分别将机器人 1～6 轴回零位，否则会导致机器人零位丢失。　　　　　　　　　　　　　　　　　　　　　　　（　　）

5. 各齿轮箱内的润滑油，第一次使用满 1 年更换，以后每 5 年更换一次。　（　　）

三、简答题

工业机器人的本体维护保养具体都有哪些要求？

【项目总评】

项目指导教师评价表

班级：_____　　　组别：_____　　　学号：_____　　　姓名：_____　　　实训日期：_____

项目二　工业机器人基本认知

序号	内容	任务 2.1 得分	任务 2.2 得分	任务 2.3 得分	配分	平均分
1	职业素养				20	
2	知识掌握能力				50	
3	专业技能能力				20	
4	拓展能力				10	
	总评					

注：95～100 分为优秀；85～94 分为良好；60～84 分为及格；60 分以下为不及格。

【项目总结】

【项目拓展】

　　通过探索学习,同学们请说说 ABB 工业机器人的坐标系有哪些。

项目三 工业机器人编程基础工作站

总学时		姓名		日期	
实训场地		实训设备		总成绩	

【项目目标】

完成本学习任务后，你应当能：

❖ 搭建工业机器人基本操作环境；

❖ 正确配置 DSQC652 板卡和输入输出信号；

❖ 掌握程序数据的分类方式及存储类型；

❖ 正确设置工业机器人的工具坐标系和工件坐标系；

❖ 掌握 RAPID 程序的基本架构；

❖ 掌握 ABB 工业机器人常用的基本运动指令；

❖ 使用逻辑功能控制指令编写程序。

【项目导入】

与 C 语言编程、数控编程和 PLC 编程等类似，工业机器人的程序编写也需要遵循一些特定的编程结构和方法。ABB 机器人有自己的编程语言和结构，能够被计算机识别、存储和加工处理，应用编写的程序处理各种各样的数据，以数据为信息载体。通过本项目的学习，大家可以学到如何创建 ABB 工业机器人的程序数据，以及如何运用 ABB 工业机器人编程语言 RAPID。图 3-1 所示为 ABB 工业机器人的系统编程环境。

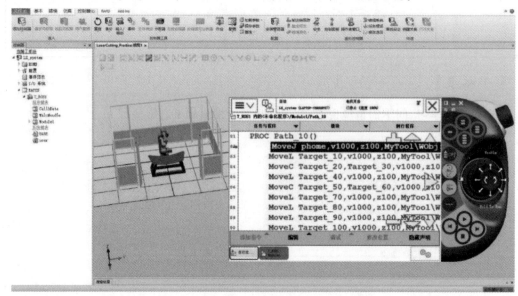

图 3-1 ABB 工业机器人的系统编程环境

【项目计划】

1. 团队人员安排

序号	工作任务	总负责人	备注
1			
2			
3			
4			
5			

2. 任务实施计划

序号	具体任务内容	责任人	时间安排	设备及工具	备注
1					
2					
3					
4					
5					

【具体任务】

任务 3.1　构建基础工作站

【思维导图】

根据本任务的学习,完成思维导图的绘制(根据需求自加级数):

构建基础工作站

【任务实施】

1. RobotStudio 软件新建类型

打开 RobotStudio 软件后,可以新建工业机器人工作站和文件。新建工作站类型包括哪些? 请简要说明。

_____

_____

_____

2. 建立工作站和机器人解决方案

通过软件实际操作,建立工业机器人工作站和机器人解决方案,并将步骤简写在下方。

_____

_____

3. ABB 工业机器人 I/O 通信种类

根据知识的认知,请填写下方 ABB 工业机器人 I/O 通信种类表格。

ABB 标准通信	总 线 通 信	数 据 通 信

4. DSQC652 标准 I/O 板的配置

以 IRB120 标配的 I/O 板为例,DSQC652 板主要提供 16 个数字输入信号和 16 个数字输出信号的处理。

(1) 如下图所示,完成接口说明:

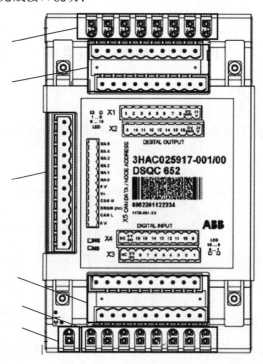

（2）定义 DSQC652 板的总线连接：

参 数 名 称	设 定 值	说 明
Name		
Network		
Address		

（3）定义数字输入信号 di1：

参 数 名 称	设 定 值	说 明
Name		
Type of Signal		
Assigned to Device		
Device Mapping		

（4）定义数字输出信号 do1：

参 数 名 称	设 定 值	说 明
Name		
Type of Signal		
Assigned to Device		
Device Mapping		

【任务评价】

任务 3.1　构建基础工作站

序号	考核要素	考核要求	配分	自评(20%)	互评(20%)	师评(60%)	得分小计
一	职业素养 20分	遵守课堂纪律,主动学习	5				
		遵守操作规范,安全操作	5				
		能够发现问题,解决问题	5				
		能够提出异议,主动思考	5				
二	知识掌握能力15分	新建工作站类型及定义	5				
		ABB与外部通信方式分类	5				
		DSQC652 信号板的组成	5				

序号	考核要素	考核要求	配分	自评(20%)	互评(20%)	师评(60%)	得分小计
三	专业技术能力55分	正确建立工作站和机器人控制器解决方案	10				
		正确显示机器人工作区域	5				
		正确布局移动工作站设备	5				
		正确设定 DSQC652 板的总线连接	15				
		正确设置输入信号	10				
		正确设置输出信号	10				
四	拓展能力10分	拓展配置模拟输入信号的添加	5				
		拓展配置模拟输出信号的添加	5				
合计			100				

学生签字		任课教师签字	
	年　月　日		年　月　日

 # 习题与思考

一、选择题

1. RobotStudio 软件新建工作站类型包括_____。

A. 空工作站解决方案　　　　　　　　B. 空工作站

C. 工作站和机器人控制器解决方案　　D. 空机器人控制系统

2. 创建一个包含工作站和机器人控制器的解决方案,初始建立时要具备_____和软件版本等信息。

A. 制定和选择解决方案名称　　　　　B. 保存位置

C. 工业机器人型号　　　　　　　　　D. 控制器名称和位置

3. 在一个 RAPID 模块文件中,打开编辑器可以创建的模块包括_____。

A. Blank Module　　　　　　　　　　B. User Module

C. System Module　　　　　　　　　　D. Main Module

4. ABB 工业机器人提供了丰富 I/O 通信接口,常见的与外部通信的方式有_____。

A. 与 PC 的数据通信　　　　　　　　B. 与 PLC 的现场总线通信

C. ABB 的标准通信　　　　　　　　　D. USB 端口通信

5. ABB 标准 I/O 板的网络地址由 X5 端子上 6～12 的跳线决定,如图所示地址可用范围为_____。

A. 0～63　　　　　　　　　　　　　　B. 1～64

C. 10～64　　　　　　　　　　　　　　D. 10～63

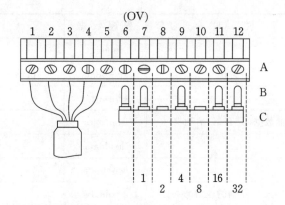

二、判断题

1. ABB 工业机器人可以选配标准 ABB 的 PLC,省去了与外部 PLC 进行通信设置的麻烦,并且在工业机器人的示教器上就能实现与 PLC 的相关操作。（　　）

2. ABB 的标准 I/O 板提供的常用信号处理只有数字量输入、数字量输出。（　　）

3. DSQC652 板主要提供 8 个数字输入信号和 8 个数字输出信号的处理。（　　）

4. ABB 标准 I/O 板都是挂在 DeviceNet 现场总线下的设备,通过 X5 端口与 DeviceNet 现场总线通信。（　　）

三、简答题

ABB 标准 I/O 板提供的常用信号处理有哪些?请列表说明。

任务 3.2　工业机器人的程序数据

【思维导图】

根据本任务的学习,完成思维导图的绘制(根据需求自加级数):

【任务实施】

1. 常用的程序数据

ABB 工业机器人程序数据共有 100 多个。请根据已学知识完善常用程序数据表格。

程 序 数 据	说　明	程 序 数 据	说　明
bool		robjoint	
string	字符串	speeddata	机器人与外轴的速度数据
byte		jointtarget	
pos	位置数据(只有 X、Y 和 Z)	zonedata	
signaldi		loaddata	
signaldo		wobjdata	
robtarget	机器人与外轴的位置数据	tooldata	

2. 程序数据的存储类型

工业机器人程序数据的存储类型包括变量、可变量和常量,请简述对应的语句含义。

1) 变量

VAR num length:=0;＿＿＿＿＿＿＿＿＿＿＿＿＿＿＿＿＿＿＿＿＿

VAR string name:="Tony";＿＿＿＿＿＿＿＿＿＿＿＿＿＿＿＿＿＿

VAR bool flag:=FALSE;＿＿＿＿＿＿＿＿＿＿＿＿＿＿＿＿＿＿＿

2) 可变量

PERS num start:=2;＿＿＿＿＿＿＿＿＿＿＿＿＿＿＿＿＿＿＿＿＿

PERS string text:= "Hi";＿＿＿＿＿＿＿＿＿＿＿＿＿＿＿＿＿＿

3) 常量

CONST num Pi:=3.14;＿＿＿＿＿＿＿＿＿＿＿＿＿＿＿＿＿＿＿＿

CONST string greatings:="Hello";＿＿＿＿＿＿＿＿＿＿＿＿＿

3. 工具数据 tooldata 的设定

在程序中,工具数据 tooldata 的具体示例如下,请根据示例将各数据值的含义填到表中。

PERS tooldata gripper:=[TRUE,[[85,0,147],[0.924,0,0.383 ,0]],[5, [0,0,65],[1,0,0,0],0,0,0]];

工具数据组件	工具数据具体值	数据值释义
robhold	TRUE	
tframe	[85,0,147]	
	[0.924,0,0.383 ,0]	
tload	5	
	[0,0,65]	
	[1,0,0,0]	
	0,0,0	

4. 工件坐标数据 wobjdata 的设定

在程序中,工件坐标数据 wobjdata 的具体示例如下,请根据示例将各数据值的含义填到表中。

PERS wobjdata wobj1:=[FALSE, TRUE,"",[[300,500,400],[1,0,0,0]],
[[0,200,60],[1,0,0,0]]];

工具数据组件	工具数据具体值	数据值释义
robhold	FALSE	
ufprog	TRUE	
ufmec	""	
uframe	[300,500,400]	
	[1,0,0,0]	
	[0,200,60]	
	[1,0,0,0]	

5. 有效载荷数据 loaddata 的设定

在程序中,载荷数据 loaddata 的具体示例如下,请根据示例将各数据值的含义填到表中。

PERS loaddata piece1:=[5,[30,0,40],[1,0,0,0],0,0,0];

工具数据组件	工具数据具体值	数据值释义
mass	5	
cog	[30,0,40]	
aom	[1,0,0,0]	
ix,iy,iz	0,0,0	

【任务评价】

任务 3.2　工业机器人的程序数据

序号	考核要素	考核要求	配分	自评(20%)	互评(20%)	师评(60%)	得分小计
一	职业素养 20分	遵守课堂纪律,主动学习	5				
		遵守操作规范,安全操作	5				
		科学分类整理程序数据	5				
		科学搜索和使用信息	5				

序号	考核要素	考核要求	配分	自评(20%)	互评(20%)	师评(60%)	得分小计
二	知识掌握能力 40 分	程序数据的定义	5				
		程序数据的分类	5				
		程序数据的存储类型	5				
		工具数据的组成	5				
		设定工具数据的原理	5				
		工件坐标数据的组成	5				
		设定工件坐标数据的原理	5				
		有效载荷数据的组成	5				
三	专业技术能力 30 分	正确设定工具数据	10				
		正确设定工件坐标数据	10				
		正确设定有效载荷数据	10				
四	拓展能力 10 分	能够将程序数据分类记忆	5				
		能够科学地组织管理计划落实	5				
合计			100				
学生签字		年　　月　　日	任课教师签字			年　　月　　日	

 习题与思考

一、选择题

1. ABB 工业机器人的程序数据共有_____个。

A. 100　　　　　　B. 10　　　　　　C. 50　　　　　　D. 1000

2. 定义程序模块、例行程序、程序数据名称时不能使用系统占用符,下列_____可以作为自定义程序模块的名称。

A. BASE　　　　　B. ABB　　　　　C. HELLO　　　　D. TEST

3. 在示教器的_____中可以查看机器人的程序数据。

A. 程序编辑器窗口　　　　　　　　B. 程序数据窗口

C. 控制面板窗口　　　　　　　　　D. 校准窗口

4. 在进行工业机器人编程之前,需要构建必要的基础编程环境,其中_____是必须设定的程序数据。

A. 工具数据　　　B. 有效载荷数据　　C. 工件坐标数据　　D. 点位数据

5. 在设定工具数据时,TCP 取点数量的不同会影响最终计算求得的 TCP 数据。_____较为精准,能够应用于焊接场合。

A. 三点法　　　　　B. 四点法　　　　　C. 五点法　　　　　D. 六点法

二、判断题

1. ABB 机器人程序数据 RobotTarget 表示的是机器人的目标点数据。　　（　　）

2. 每一个程序模块一定包含了程序数据、例行程序、中断程序和功能四种对象。

（　　）

3. 存储类型为常量的程序数据时，允许在程序中进行赋值的操作。　　（　　）

4. 程序数据都有全局使用范围，创建过程中不需要设定。　　（　　）

三、简答题

1. 请简述工件坐标数据的设定原理。

2. 请简述工具数据的设定原理。

任务 3.3　RAPID 程序的建立

【思维导图】

根据本任务的学习，完成思维导图的绘制（根据需求自加级数）：

RAPID程序的建立

【任务实施】

1. RAPID 的定义

RAPID 是一种_____语言，易学易用，灵活性强。

RAPID 应用程序是_____编写而成的。应用程序中所包含的指令具有

_____等功能。

2. RAPID 程序的基本架构

一个 RAPID 程序称为一个任务，由程序模块与系统模块组成。请根据 RAPID 程序的基本架构完成下表。

RAPID 程序（任务）			
程序模块			系统模块
程序模块 1	程序模块 2	程序模块 3	

3. 创建模块和例行程序

请通过虚拟示教器创建一个模块 module1，并创建 2 个例行程序。将创建结果书写到下方。

任务 3.3　RAPID 程序的建立

序号	考核要素	考核要求	配分	自评(20%)	互评(20%)	师评(60%)	得分小计
一	职业素养 20分	遵守课堂纪律,主动学习	5				
		遵守操作规范,安全操作	5				
		系统的、科学的分类知识	5				
		逆向思维搭建程序框架	5				
二	知识掌握能力20分	RAPID 的定义	5				
		RAPID 程序的基本架构	10				
		应用程序的定义	5				
三	专业技术能力50分	正确建立程序模块	20				
		正确建立例行程序	20				
		正确查看例行程序	10				
四	拓展能力 10分	能够通过自创程序加深理解	5				
		能够快速精准定位核心问题	5				
		合计	100				

学生签字		年　月　日	任课教师签字		年　月　日

习题与思考

一、选择题

1. 在机器人的程序存储器中(没有多任务),可以有_____个主程序 main。

A. 1　　　　　　　B. 2　　　　　　　C. 5　　　　　　　D.10

2. 在机器人_____状态下,可以编辑程序。

A. 自动　　　　　B. 手动限速　　　　C. 生产在线　　　　D. 手动全速

3. ABB 机器人中的程序以_____方式存在。

A. 程序模块　　　B. 例行程序　　　　C. 程序指令　　　　D. 程序指针

4. 在 RAPID 程序中,含有_____个子程序。

A. 3　　　　　　　B. 10　　　　　　　C. 100　　　　　　　D. 无数

5. 新建子程序的第一位字符可以是_____。

A. 拉丁字母　　　B. 阿拉伯数字　　　C. 标点符号　　　　D. 拼音字母

二、判断题

1. RAPID 程序中只能有唯一一个主程序。　　　　　　　　　　　　　　　（　　　）

2. 只能主程序调用子程序,不能子程序调用主程序。　　　　　　　　　　（　　　）

3. RAPID语言是一种基于计算机的高级编程语言,支持二次开发,支持中断、错误处理、多任务处理等高级功能。 （　　）

4. 一般地,我们只通过新建程序模块来构建机器人的程序,而系统模块多用于系统方面的控制。 （　　）

5. 每一个程序模块必须包含程序数据、例行程序、中断程序和功能四种对象。（　　）

三、简答题

请简述RAPID程序的基本架构。

任务3.4　运动控制指令编程

【思维导图】

根据本任务的学习,完成思维导图的绘制(根据需求自加级数):

运动控制指令编程

【任务实施】

1. 关节运动指令

如图所示,编写关节运动指令,并解释其语句含义:

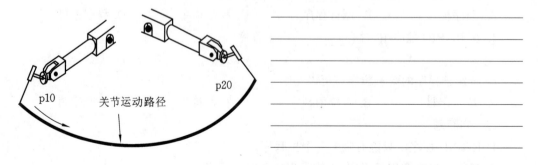

p10　　关节运动路径　　p20

2. 线性运动指令

如图所示，编写线性运动指令，并解释其语句含义：

_____

_____

_____

_____

_____

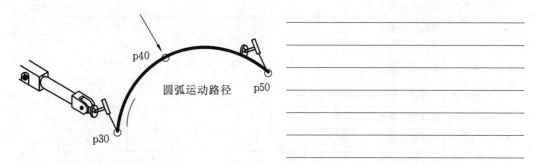

线性运动路径

p20   p30

3. 圆弧运动指令

如图所示，编写圆弧运动指令，并解释其语句含义：

p40

圆弧运动路径   p50

p30

_____

_____

_____

_____

_____

_____

_____

4. 绝对位置运动指令

绝对位置运动指令常用于使机器人六个轴都回到机械零点位置操作。

请将 MoveAbsJ * \NoEOffs,v1000,z50,Mytool\Wobj:=Mywobj;指令语句的含义书写到下方。

【任务评价】

任务3.4　运动控制指令编程

序号	考核要素	考核要求	配分	自评(20%)	互评(20%)	师评(60%)	得分小计
一	职业素养 20分	遵守课堂纪律,主动学习	5				
		遵守操作规范,安全操作	5				
		协同合作,与时俱进	5				
		独立思考,勇于探索	5				
二	知识掌握能力20分	关节运动指令	5				
		绝对位置运动指令	5				
		线性运动指令	5				
		圆弧运动指令	5				
三	专业技术能力50分	正确建立关节运动指令	5				
		正确建立绝对位置运动指令	10				
		正确建立线性运动指令	5				
		正确建立圆弧运动指令	10				
		手动调试程序	10				
		自动调试程序	10				
四	拓展能力 10分	能够横向比较,将知识内化	5				
		能够进行知识迁移,前后串联	5				
	合计		100				
学生签字		年　　月　　日	任课教师签字			年　　月　　日	

 习题与思考

一、选择题

1. 下列属于运动指令 Move 指令模板中的有_____。

A. MoveJ　　　　　B. MoveL　　　　　C.MoveC　　　　　D. MoveAbsJ

2. 在切割矩形框中需要使用_____运动指令。

A. MoveJ　　　　　B. MoveL　　　　　C. MoveC　　　　　D. MoveAbsJ

3. 在完全到达 p10 后,置位输出信号 DO1,则运动指令的转角半径应设为_____。

A. fine　　　　　B. Z0　　　　　C. 0　　　　　D. V0

4. 使机器人以最快捷的方式运动至目标点的运动指令是_____。

A. MoveJ　　　　　B. MoveL　　　　　C. MoveC　　　　　D. MoveAbsJ

5. 下列运动指令中存在奇点的有_____。

A. MoveJ   B. MoveL   C. MoveC   D. MoveAbsJ

二、判断题

1. 在 RobotStudio 中一条运动指令 MoveL 至少需要两个目标点才能实现。（   ）

2. MoveC 运动指令所执行的是标准的正圆运动。（   ）

3. 线性运动指令是使机器人的 TCP 从起点到终点之间的路径始终为直线的运动指令。

（   ）

4. 绝对位置运动指令是使机器人的运动用六个轴和外轴的角度值来定义目标位置数据的运动指令。（   ）

5. 在添加机器人运动指令时应该先确认机器人的工具坐标和工件坐标。（   ）

三、简答题

1. 在完成了机器人的程序编辑后，需要对程序进行运行调试。在程序调试的过程中，我们需要关注哪两个问题？

2. 简述检查程序中的逻辑控制是否合理和完善的方法。

任务 3.5 逻辑功能控制指令编程

【思维导图】

根据本任务的学习，完成思维导图的绘制（根据需求自加级数）：

逻辑功能控制指令

1. 常量赋值指令

编写常量赋值指令使得 reg 的初始值为 1,mixbox 的初始值为 5:

_____

_____

_____

2. 带数学表达式的赋值指令

编写赋值指令使得 mes1 的初始值为 1,然后进行自加 1 任务:

_____

_____

_____

3. 紧凑型条件判断指令 Compact IF

新建全局变量 flag1 和输出信号 signaldo1,如果 flag1 的值为 1,则使得 signaldo1 输出信号置位:

_____

_____

_____

4. 重复执行判断指令 FOR

通过 FOR 指令重复执行 2 次赋值语句 num1: = num1 * (num1+1)。

5. 条件判断指令 IF

要求:如果 n1 为 2,则 signaldo1 会置位;如果 n2 为 3,则 signaldo1 会复位。

6. 条件判断指令 WHILE

要求:在 num1＜num2 的条件满足的情况下,就一直执行 num1:＝num1＋1 的操作。

【任务评价】

任务 3.5 逻辑功能控制指令编程

序号	考核要素	考核要求	配分	自评(20％)	互评(20％)	师评(60％)	得分小计
一	职业素养 20 分	遵守课堂纪律,主动学习	5				
		遵守操作规范,安全操作	5				
		缜密的逻辑思维能力	5				
		灵活把握知识,融会贯通	5				
二	知识掌握能力 10 分	机器人编程中常用的逻辑功能指令	10				
三	专业技术能力 60 分	正确添加常量赋值指令	10				
		正确添加带数学表达式的赋值指令	10				
		正确添加紧凑型条件判断指令	10				
		正确添加条件判断指令 IF	10				
		正确添加重复执行判断指令 FOR	10				
		正确添加条件判断指令 WHILE	10				
四	拓展能力 10 分	能够理解程序指令的逻辑关系,并能更好地适应实践	5				
		能够进行工程程序的缜密设计	5				
	合计		100				

学生签字	年　月　日	任课教师签字	年　月　日

习题与思考

一、选择题

1. 赋值语句所实现的功能是用表达式定义的值去替代＿＿＿＿、＿＿＿＿或＿＿＿＿的当前值。

A. 变量 　　　　　　　　　　B. 永久数据对象

C. 参数(赋值目标) 　　　　　D. 空位

2. 常量赋值是指用固定的常量值进行赋值,其中常量不可以是_____。

A. 数字量   B. 字符串

C. 布尔量   D. 数学表达式

3. WHILE 程序循环指令中的判断条件的数据类型是_____。

A. 布尔量   B. 整数数据

C. 数值数据   D. 计时数据

二、判断题

1. 计数指令可以用赋值指令代替。 （ ）

2. 存储类型为常量的程序数据时,允许在程序中进行赋值的操作。 （ ）

3. 在程序中执行变量型数据程序数据的赋值,那么指针复位后该数据值将恢复为初始值。 （ ）

4. num 表示字符型数据类型,定义后可以用于进行字符串的赋值操作。 （ ）

5. 调用赋值指令,可对任意数据类型的数据进行赋值操作。 （ ）

6. 信号 DO 可以直接作为 IF 指令中的判断条件。 （ ）

7. TRUE 作为 WHILE 循环中的条件,则一定会构成无限循环。 （ ）

8. Compact IF 指令在不满足条件时也能执行指令。 （ ）

9. FOR 指令是直到满足给定条件时才会终止循环的指令。 （ ）

10. IF 条件判断指令可以根据需要对 ELSE IF 进行添加和删减。 （ ）

三、编程题

在虚拟示教器中,编写程序使机器人从机械原点出发,每遇到奇数步左移 30 mm,每遇到偶数步右移 30 mm,然后循环 3 次结束。

【项目总评】

项目指导教师评价表

班级:_____   组别:_____   学号:_____   姓名:_____   实训日期:_____

项目三　工业机器人编程基础工作站

序号	内容	任务 3.1 得分	任务 3.2 得分	任务 3.3 得分	任务 3.4 得分	任务 3.5 得分	配分	平均分
1	职业素养						20	
2	知识掌握能力						50	
3	专业技能能力						20	
4	拓展能力						10	
	总评							

注:95～100 分为优秀;85～94 分为良好;60～84 分为及格;60 分以下为不及格。

【项目总结】

【项目拓展】

通过探索学习,请同学们使用 ABB 机器人的 Mathematics 类别指令完成清零、自加和自减任务。

项目四 工业机器人仿真加工工作站

总学时		姓名		日期	
实训场地		实训设备		总成绩	

【项目目标】

完成本学习任务后,你应当能:

❖ 掌握工业机器人工作站的基本布局方法;

❖ 掌握手动关节、线性、重定位的运动方法;

❖ 建立工业机器人工件坐标;

❖ 创建工业机器人运动轨迹程序;

❖ 学会 RobotStutio 工业机器人仿真设定;

❖ 将机器人的仿真录制成视频。

【项目导入】

在 RobotStudio 软件中虚拟仿真现实工业机器人工作站,将 ABB 工业机器人模型、工件模型以及外围设备导入工作站,可将工作站进行合理的布局,最后导入匹配的工业机器人系统,这样就建立了一个工业机器人基本工作站,可进行手动操纵和程序编写。通过本项目的学习,大家可以学会如何运用 ABB 离线编程软件进行仿真加工工作,从创建工作站到加载设备,手动运行机器人,并编制程序。如图 4-1 所示为工业机器人仿真工作站环境。

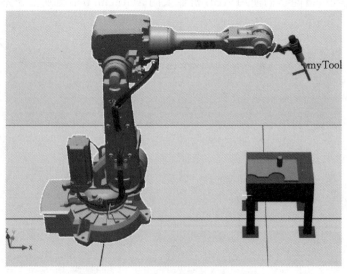

图 4-1　工业机器人仿真工作站环境

1. 团队人员安排

序号	工作任务	总负责人	备注
1			
2			
3			
4			
5			

2. 任务实施计划

序号	具体任务内容	责任人	时间安排	设备及工具	备注
1					
2					
3					
4					
5					

【具体任务】

任务 4.1　创建仿真工作站

【思维导图】

根据本任务的学习,完成思维导图的绘制(根据需求自加级数):

创建仿真工作站

【任务实施】

1. 导入模型及工具

打开 RobotStudio 软件后,可以新建工业机器人仿真工作站,加载工业机器人模型和

工具,请实操后将步骤简写在下方:

_____

_____

_____

2. 搭建仿真模型场景

在基本仿真工作站中,加载被加工工件和工作台并放置到工业机器人可达到的工作范围内,请实操后将步骤简写在下方:

_____

_____

_____

3. 创建机器人系统的基本方法

简述创建机器人系统的三种主要方法:

_____

_____

_____

【任务评价】

任务 4.1　创建仿真工作站

序号	考核要素	考核要求	配分	自评(20%)	互评(20%)	师评(60%)	得分小计
一	职业素养 20 分	遵守课堂纪律,主动学习	5				
		遵守操作规范,安全操作	5				
		任务执行的仔细认真踏实	5				
		积极主动,乐学善学	5				
二	知识掌握 能力10分	创建工业机器人系统的基本方法	5				
		ABB 工业机器人类型	5				
三	专业技术 能力60分	正确新建工业机器人工作站	10				
		正确加载工业机器人模型	10				
		正确加载工业机器人工具	10				
		正确加载工作台并布局	10				
		正确加载工件并布局	10				
		正确建立工业机器人系统	10				
四	拓展能力 10分	能够开拓思路,自创新站	5				
		能够进行归纳总结,消化吸收	5				
	合计		100				
学生签字		年　月　日	任课教师签字			年　月　日	

习题与思考

一、选择题

1. 导入模型到 RobotStudio 中时，浏览几何体的快捷操作模式是_____。

A. Ctrl+L B. Ctrl+G

C. Ctrl+H D. Ctrl+空格

2. 在 RobotStudio 软件中，导入第三方模型可通过_____按钮。

A. 导入模型库 B. 框架

C. ABB 模型库 D. 导入几何体

3. 在 RobotStudio 软件中，导入组件 Fence_2500 时，应在"基本"功能选项卡中单击"_____"，在设备中的其他类型里面选择"Fence_2500"。

A. 导入模型库 B. 框架

C. ABB 模型库 D. 导入几何体

4. 将工件 A 导入工作站后，在布局菜单中选中工件 A，单击鼠标右键，选择设定位置，保持位置不变，将 X 的方向改为 90°，则应使其_____旋转 90°。

A. 沿 X 轴顺时针 B. 沿 Y 轴顺时针

C. 沿 X 轴逆时针 D. 沿 Y 轴逆时针

5. 向 RobotStudio 离线编程软件中导入机器人模型时，在机器人参数设置对话框中，可以设置_____。

A. 安装位置 B. 到达距离参数

C. 原始姿态 D. 机器人承重能力

二、判断题

1. 在 RobotStudio 工作站中导入的工具会自动安装在机器人法兰盘上。（ ）

2. 构建工业机器人工作站时需要导入不同软件生成的 3D 模型，有时候还需要对模型进行必要的测量。（ ）

3. 已经导入 RobotStudio 中的模型既可以导出也可以保存为库文件。（ ）

4. 建立机器人系统之前，"基本"功能选项卡"Freehand"中的移动、旋转、手动关节三种模式只能对导入非机器人模型进行手动操作。（ ）

5. 设定导入模型的本地原点时，先右键单击模型，在弹出的下拉菜单中选择"修改"，然后选择"设定本地原点"，捕捉所要的中心作为本地原点的位置，方向根据需要设定。

（ ）

三、简答题

机器人系统建立方法主要有哪些？

任务 4.2 手动操作工业机器人

【思维导图】

根据本任务的学习,完成思维导图的绘制(根据需求自加级数):

手动操作工业机器人

【任务实施】

1. Freehand 手动机器人

在手动关节运动模式下,可以_____。

线性运动的定义是_____。

机器人第六轴法兰盘上的 TCP 在空间中绕着_____运动,称为重定位运动。

2. 机械装置手动关节运动

根据机械装置手动关节运动的每个关节轴的运动范围,完善表格。

手动关节运动轴数	手动关节运动范围
1轴	
2轴	
3轴	
4轴	
5轴	
6轴	

3. 虚拟示教器手动运动

在增量模式下,操纵杆每移一次,机器人就移动一步。如果操纵杆持续移动一秒或数秒钟,机器人就会持续移动(速率为 10 步/s)。请完善表格。

增　　量	移动距离/mm	弧度/rad
小		
中		
大		
用户	自定义	自定义

【任务评价】

任务 4.2　手动操作工业机器人

序号	考核要素	考核要求	配分	自评(20%)	互评(20%)	师评(60%)	得分小计
一	职业素养 20分	遵守课堂纪律,主动学习	5				
		遵守操作规范,安全操作	5				
		参与工作实施,手头勤快	5				
		任务完成守时守规	5				
二	知识掌握能力 15分	手动关节定义	5				
		手动线性定义	5				
		手动重定位定义	5				
三	专业技术能力 55分	正确完成 Freehand 手动关节运动	10				
		正确完成 Freehand 手动线性运动	5				
		正确完成 Freehand 手动重定位运动	5				
		正确完成机械装置手动关节运动	5				
		正确完成机械装置手动线性运动	5				
		正确完成机械装置手动重定位运动	5				
		正确完成虚拟示教器手动关节运动	5				
		正确完成虚拟示教器手动线性运动	5				
		正确完成虚拟示教器手动重定位运动	10				
四	拓展能力 10分	能够准确完成机器人操作,运行精准	5				
		能够前后串联,总结归纳,找出差异	5				
合计			100				
学生签字		年　月　日	任课教师签字			年　月　日	

 习题与思考

一、选择题

1. 机器人在完成手动线性运动后,位置会发生改变,下列哪种操作方式可以使机器人回到原始位置:_____。

　A. 修改机械装置　　　　　　　　B. 机械装置手动关节运动

　C. 回到机械原点　　　　　　　　D. 设定位置

2. 为了确保安全,用示教编程器手动运行机器人时,机器人的最高速度限制为_____。

　A. 800 mm/s　　　　　　　　　　B. 1600 mm/s

　C. 250 mm/s　　　　　　　　　　D. 50 mm/s

3. 一般而言,ABB 机器人使用手动方式操纵,让机器人 1~6 轴回原点刻度的顺序是_____。

A. 1—3—5—2—4—6   B. 2—4—6—1—3—5

C. 4—5—6—1—2—3   D. 1—2—3—4—5—6

4. 虚拟示教器上,可以通过_____按键控制机器人电机在手动状态下上电。

A. 启动   B. Start

C. Enable   D. Hold To Run

5. 在_____窗口可以改变手动操作工业机器人时的工具。

A. 程序编辑器   B. 手动操纵

C. 控制面板   D. 程序数据

二、判断题

1. 状态钥匙无论切换到哪种状态,都可以进行手动操纵。(   )

2. 程序语法正确且手动调试后不存在运动问题,才可以将机器人系统投入自动运行状态。(   )

3. 维修人员必须保管好机器人钥匙,严禁非授权人员在手动模式下进入机器人软件系统,随意翻阅或修改程序及参数。(   )

4. RobotStudio6.01 中"Freehand"手动操作中的移动功能可以实现部件沿 X、Y、Z 轴三个方向的移动。(   )

5. 不管示教器显示什么窗口,都可以手动操作机器人。但在程序执行时,不能手动操作机器人。(   )

三、简答题

ABB 机器人手动操纵有几种常用模式?

任务 4.3   编写轨迹程序

【思维导图】

根据本任务的学习,完成思维导图的绘制(根据需求自加级数):

编写轨迹程序

【任务实施】

1. 创建工件坐标系

与真实的工业机器人一样,对于虚拟工业机器人,也需要在 RobotStudio 软件中对其工件对象建立工件坐标系。具体操作步骤如下：

_____

_____

_____

2. 创建轨迹程序

如图，按照工件(curve thing)的区域路径编写程序，将创建结果书写到下方。

【任务评价】

任务 4.3   编写轨迹程序

序号	考核要素	考核要求	配分	自评(20%)	互评(20%)	师评(60%)	得分小计
一	职业素养 20分	遵守课堂纪律，主动学习	5				
		遵守操作规范，安全操作	5				
		集思广益，多方面、多角度看待问题，解决问题	5				
		严谨求实，一丝不苟	5				
二	知识掌握 能力10分	掌握建立工件坐标系的方法	5				
		合理规划运动轨迹	5				
三	专业技术 能力60分	正确创建工件坐标系	10				
		正确创建空路径	10				
		正确创建关节运动轨迹	10				
		正确创建线性运动轨迹	10				
		正确创建圆弧运动轨迹	10				
		合理创建安全位置	10				
四	拓展能力 10分	能够将已知知识串联，创新设计程序	5				
		能够总结、归纳技能点并熟练掌握技能	5				
	合计		100				
学生签字		年　月　日	任课教师签字			年　月　日	

习题与思考

一、选择题

1. 在工件的所在平面上只需要定义_____个点就可以建立工件坐标。

A. 2   B. 3   C. 4   D. 5

2. 工件坐标系中的用户框架是相对_____创建的。

A. 大地坐标系   B. 工具坐标系   C. 工件坐标系   D. 基坐标系

3. 作业路径通常用_____相对于工件坐标系的运动来描述。

A. 大地坐标系   B. 工具坐标系   C. 工件坐标系   D. 基坐标系

4. 重新定位工作站中的工件时,只需更改_____的位置,所有路径将即刻随之更新。允许操作以外轴或传送导轨移动的工件,因为整个工件可连同其路径一起移动。

A. 大地坐标系   B. 工具坐标系   C. 工件坐标系   D. 基坐标系

5. 要完成300°的圆弧,需要_____条 Move C 指令。

A. 1   B. 2   C. 3   D. 4

二、判断题

1. 在"MoveC p1,p2,v500,z30,tool2;"这条 ABB 机器人的程序语句中,圆弧的目标点是 p1,中间点是 p2。 （　　）

2. 当机器人从一点以圆弧运动轨迹到达另一点时,采用的最佳指令是 MoveJ,以最大限度地避免机械奇点。 （　　）

3. ABB 提供全方位的工件定位,不论是编程期间还是机器人运行期间,都确保各轴均与机器人完全协调一致。 （　　）

4. 机器人只可以拥有一个工件坐标系和一个工具坐标系。 （　　）

5. 如果工件关联了程序,此时改变工件名称,则必须改变工件的所有内容。 （　　）

三、编程题

在 RobotStudio 软件中,编写汉字"成"的加工轨迹程序,使用机器人及工具笔完成单笔画字体书写。

任务 4.4　调试仿真工作站

【思维导图】

根据本任务的学习,完成思维导图的绘制(根据需求自加级数):

【任务实施】

1. 创建机器人轨迹指令程序

在创建机器人轨迹指令程序时,要注意以下事情:

_____

_____

2. 将工作站同步至 RAPID 的情况

要使工作站与虚拟控制器同步,可通过工作站内的最新更改来更新虚拟控制器的 RAPID 程序,具体情况请书写在下方:

_____

_____

_____

3. 将 RAPID 同步至工作站的情况

使虚拟控制器与工作站同步时,可在虚拟控制器上运行的系统中创建与 RAPID 程序对应的路径、目标点和指令。具体情况请书写在下方:

_____

_____

_____

4. 仿真视频录制

仿真视频录制方法有哪些？请书写到下方,并说明其区别。

【任务评价】

任务4.4 调试仿真工作站

序号	考核要素	考核要求	配分	自评(20%)	互评(20%)	师评(60%)	得分小计
一	职业素养 20分	遵守课堂纪律,主动学习	5				
		遵守操作规范,安全操作	5				
		敢于试错,求真务实	5				
		精益求精,具备创新意识	5				
二	知识掌握 能力10分	掌握工作站与虚拟示教器的数据同步方法	10				
三	专业技术 能力60分	正确在路径上完成自动配置	10				
		正确完成自动路径运动	10				
		完成工作站与虚拟示教器的数据同步	10				
		仿真运行轨迹	10				
		正确设置屏幕录像机的存储位置	10				
		将工作站制成可执行文件	10				
四	拓展能力 10分	能够大胆尝试,稳定调试结果	5				
		能够总结、归纳仿真效果	5				
	合计		100				

学生签字		任课教师签字	
	年 月 日		年 月 日

 习题与思考

一、选择题

1.将虚拟控制器与工作站同步时,可在虚拟控制器上运行的系统中创建与 RAPID 对应的_____。

A. 程序　　　　　　B. 目标点　　　　　　C. 指令　　　　　　D. 系统

2. 在 RobotStudio 离线编程软件中,"_____"功能选项卡包含创建、控制、监控和记录仿真所需的控件。

A. 仿真　　　　　　B. 基本　　　　　　C. 建模　　　　　　D. 控制器

3. 通常对机器人进行示教编程时,要求轨迹设定的最初程序点与最终程序点应为_____,可以提高工作效率。

A. 同一点　　　　　　B. 不同点　　　　　　C. 远离点　　　　　　D. 相近点

4. RobotStudio6.01 的仿真录像文件的后缀通常有_____、_____两种格式。

A. MVP　　　　　　B. AVI　　　　　　C. MWV　　　　　　D. MP4

二、填空题

1. 仿真设定完成后,在"仿真"菜单中,单击_____,这时机器人就按添加路径的顺序运动。

2. 在 RobotStudio 软件中"仿真"的功能有_____、_____。

3. I/O 信号的监控操作是指对 I/O 信号的_____或_____进行仿真和强制的操作,以便在机器人调试和检修时使用。

4. 如果 gi1 占用地址 1～5,那么对 gi1 进行仿真操作时,输入的最小值是_____,最大值是 _____。

三、简答题

在 RobotStudio 软件中,如何进行工作站与虚拟示教器的数据同步?

【项目总评】

项目指导教师评价表

班级:_____   组别:_____   学号:_____   姓名:_____   实训日期:_____

项目四   工业机器人仿真加工工作站

序号	内容	任务 4.1 得分	任务 4.2 得分	任务 4.3 得分	任务 4.4 得分	配分	平均分
1	职业素养					20	
2	知识掌握能力					50	
3	专业技能能力					20	
4	拓展能力					10	
	总评						

注:95～100 分为优秀;85～94 分为良好;60～84 分为及格;60 分以下为不及格。

【项目总结】

【项目拓展】

通过探索学习,请同学们使用 ABB 机器人虚拟示教器中的快捷手动功能完成手动机器人动作,并简述其方法。

项目五 工业机器人装配工作站

总学时		姓 名		日 期	
实训场地		实训设备		总成绩	

【项目目标】

完成本学习任务后,你应当能:

❖ 搭建工业机器人基本操作环境;

❖ 正确配置 DSQC652 板卡和输入输出信号;

❖ 掌握程序数据的分类方式及存储类型;

❖ 正确设置工业机器人的工具坐标系和工件坐标系;

❖ 掌握 RAPID 程序的基本架构;

❖ 掌握 ABB 工业机器人常用的基本运动指令;

❖ 使用逻辑功能控制指令编写程序。

【项目导入】

用工业机器人替代人工操作,不仅可保障人身安全,改善劳动环境,减轻劳动强度,提高劳动生产率,而且还能够起到提高产品质量、节约原材料及降低生产成本等多方面作用,因而,工业机器人在工业生产各领域的应用也越来越广泛。根据工业机器人的功能与用途,其主要产品大致可分为加工、装配、搬运、包装四大类。其中,装配机器人(ass robot)是将不同的零件或材料组合成组件或成品的工业机器人,常用的有组装和涂装两大类。本项目介绍由工业机器人来完成电机与底座的装配的过程,见图 5-1。

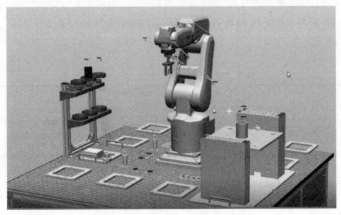

图 5-1 机器人装配工作站

1. 团队人员安排

序号	工作任务	总负责人	备注
1			
2			
3			
4			
5			

2. 任务实施计划

序号	具体任务内容	责任人	时间安排	设备及工具	备注
1					
2					
3					
4					
5					

【具体任务】

任务 5.1　创建工作站的装配工件

【思维导图】

根据本任务的学习,完成思维导图的绘制(根据需求自加级数):

创建工作站的装配工件

【任务实施】

1. 创建一个固体

根据表中所示的固体图形完善表格内容(请解释在"建模"功能选项卡下,建立固体图形时,这些数据对应代表什么)。

固 体 图 形	数 据 解 释
	A： B： C： D：
	A： B： C：
	A： B： C：
	A： B： C：
	A： B：

2. CAD 操作

根据表中所示的 CAD 操作完善表格内容。

CAD 操作	数 据 解 释
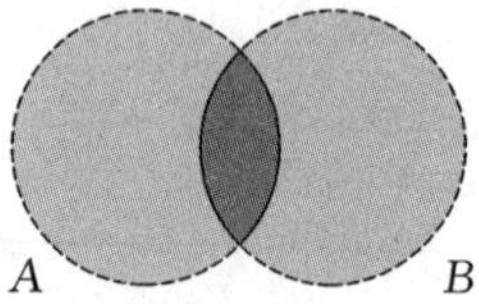	
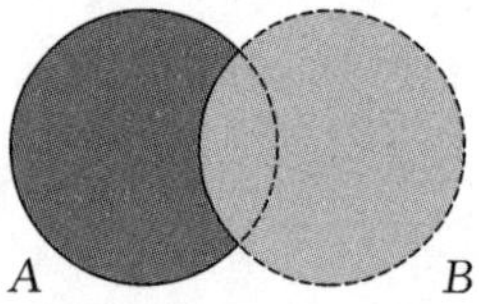	
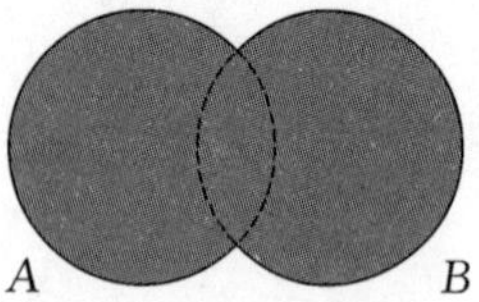	

3. 测量功能

根据表中所示的测量名称完善表格内容。

测 量 名 称	测量的数据及其含义
点到点	
角度	
直径	
最短距离	

4. 建立装配工件模型

在装配工作站中,工业机器人要完成的任务是将电机装配在底座中,如图所示,图中左侧是是简化后的电机模型,右侧是简化后的底座模型。请实操后将创建电机和底座的模型步骤简写在下方。

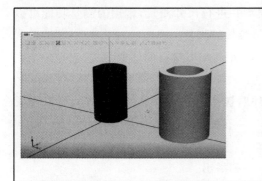

【任务评价】

任务5.1　创建工作站的装配工件

序号	考核要素	考核要求	配分	自评(20%)	互评(20%)	师评(60%)	得分小计
一	职业素养 20分	遵守课堂纪律,主动学习	5				
		遵守操作规范,安全操作	5				
		善于动脑,能够主动思考问题	5				
		具备锐意进取、不畏困难的勇气	5				
二	知识掌握 能力60分	在RobotStudio软件中完成建模	10				
		在RobotStudio软件中完成测量	10				
		对模型进行CAD操作	10				
		熟练运用、切换捕捉方式	10				
		完成电机模型创建	10				
		完成底座模型创建	10				
三	专业技术 能力10分	能够熟练创建其他简单模型	5				
		能够修改模型属性,并将模型导出	5				
四	拓展能力 10分	能够触类旁通,创建其他模型	5				
		能够对已有模型进行尺寸测量	5				
合计			100				
学生签字		年　月　日	任课教师签字			年　月　日	

 习题与思考

一、填空题

1. 在RobotStudio软件中可以创建_____、_____、_____、_____、_____、
_____六种不同的基本固体。

2. RobotStudio 软件中对模型的 CAD 操作主要有_____、_____、_____。

3. RobotStuidio 软件中,可以建立简单的模型并进行尺寸测量,常用的测量功能可以实现_____、_____、_____、_____等参数的测量。

4. RobotStudio 软件中测量物体间的_____距离与测量点的位置无关,它是一个固定的数据。

5. 在"建模"功能选项卡中,单击"选择部件",选中部件并单击鼠标右键,可以设置_____、_____、_____、_____、_____五种放置方式。

二、简答题

在本装配工作站中,添加了哪些设备?请一一列举出。

任务 5.2　创建机器人用工具

【思维导图】

根据本任务的学习,完成思维导图的绘制(根据需求自加级数):

创建机器人用工具

【任务实施】

1. 建立夹爪模型

工业机器人装配工作站中所使用的夹爪主要由三部分组成:手掌、左手指和右手指。请利用建模功能创建夹爪的模型,实操之后将步骤简要写在方框中。

2. 建立夹爪的机械装置

要求：工具的 TCP 位于两个手指中间位置，且两个手指要能实现开、合的动作，开合的行程均为 5 mm，开合的时间为 3 s。实操之后将步骤简要写在方框中。

【任务评价】

任务 5.2 创建机器人用工具

序号	考核要素	考核要求	配分	自评(20%)	互评(20%)	师评(60%)	得分小计
一	职业素养 20 分	遵守课堂纪律，主动学习	5				
		遵守操作规范，安全操作	5				
		求真务实，具有责任意识	5				
		具备总结反思的学习策略	5				
二	知识掌握能力 60 分	建立夹爪模型	10				
		对夹爪手掌部分进行结合	10				
		创建夹爪机械装置	10				
		用 Freehand 验证手指的运动	10				
		理解工具坐标系的含义	10				
		将夹爪工具导出	10				
三	专业技术能力 10 分	能够熟练创建夹爪等模型	5				
		能够修改模型属性，并将模型导出	5				
四	拓展能力 10 分	能够举一反三，创建其他类型机械装置	5				
		能够修改编辑已有机械装置	5				
	合计		100				
学生签字		年　月　日	任课教师签字			年　月　日	

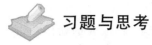 习题与思考

一、填空题

1. 工业机器人装配工作站中创建的夹爪工具,由 _____ 、_____ 、_____ 三部分组成。

2. 在 RobotStudio 软件的"建模"功能选项卡中,自行创建机械装置时,可以选择 _____ 、_____ 、_____ 、_____ 等 4 种不同的类型。

3. 在创建机械装置的过程中,设置机械装置的链接参数时,必须至少为其创建 _____ 个链接。

4. 在创建机械装置的过程中,设置机械装置的接点参数时,关节的类型有 _____ 、_____ 、_____ 三种。

5. 在创建机械装置的过程中,设置机械装置的接点参数时,一个关节必须有 _____ 和 _____ 两个链接。

6. 在创建夹爪机械装置时,设置了 _____ 个链接、_____ 个接点。

7. 在创建夹爪机械装置时,两个接点均为 _____ 关节类型。

8. 成功创建夹爪机械装置后,我们可以点击 Freehand 下的 _____ ,来验证机械装置的运动情况。

9. 在创建机械装置时我们需要对机械装置的 _____ 、_____ 、_____ 、校准、依赖性等参数进行必要的设置。

10. 在 RobotStudio 软件中,要设置创建的机械装置的运动姿态,_____ 位置可以设置为原点位置。

二、判断题

1. 在创建机械装置的过程中,设置机械装置的链接参数时,只能有一个链接设置为 BaseLink。 ( )

2. 在 RobotStudio 软件中,使用建模功能,可以创建任意复杂的模型来满足工作站的布局要求,无须从其他专业三维软件中导入模型。 ( )

任务 5.3 配置工具事件管理器

【思维导图】

根据本任务的学习,完成思维导图的绘制(根据需求自加级数):

配置工具事件管理器

【任务实施】

1. 建立系统 I/O 信号

在机器人系统生成之后,可以在控制器选项卡中通过配置 I/O system 来添加信号,如表所示,完成信号的设置。

信 号 类 型	新建信号名称
digital output	
digital input	

2. 配置工具的事件管理器

我们需要通过事件管理器将信号和动作联系到一起,在实操之后请根据实际情况完善表格。

信 号 名 称	触发器条件	设置动作类型	创建新事件
DOJZ	1		
	0		
DOTool	1		
	0		

请根据配置事件管理器的过程,将工具之间的关系使用思维导图画到方框中。

【任务评价】

任务 5.3　配置工具事件管理器

序号	考核要素	考核要求	配分	自评(20%)	互评(20%)	师评(60%)	得分小计
一	职业素养 20分	遵守课堂纪律,主动学习	5				
		遵守操作规范,安全操作	5				
		具备主动思考问题的能力	5				
		崇尚科学,具有探索求真精神	5				
二	知识掌握 能力60分	对装配工作站进行合理布局	10				
		创建两个系统 I/O 信号	10				
		在 I/O 仿真器中验证两个信号	10				
		将 DOJZ 与夹爪的开合动作关联,创建两个新事件	15				
		将 DOTool 与夹爪的抓放动作关联,创建两个新事件	15				
三	专业技术 能力10分	能够熟练创建系统 I/O 信号	5				
		能够熟练创建夹爪的事件管理器	5				
四	拓展能力 10分	能够建立系统 I/O 信号并验证	5				
		能够做到知识迁移,创建其他新事件	5				
合计			100				

学生签字		年　月　日	任课教师签字		年　月　日

 习题与思考

一、填空题

1. 在工业机器人装配工作站中,创建了 2 个系统 I/O 信号,分别是_____和_____,其中_____信号控制夹爪的开合,_____信号控制夹爪夹取和放置电机。

2. 在工业机器人装配工作站中,创建了 4 个事件,分别为:信号 DOJZ 为 True 时,触发_____动作;信号 DOJZ 为 False 时,触发_____动作;信号 DOTool 为 True 时,触发_____动作;信号 DOTool 为 False 时,触发_____动作。

二、简答题

在 RobotStudio 软件中,如何理解事件管理器?

任务 5.4　装配工作站的编程与仿真运行

【思维导图】

根据本任务的学习,完成思维导图的绘制(根据需求自加级数):

装配工作站的编程
与仿真运行

【任务实施】

1. 常用信号控制指令

请根据描述写出对应的指令程序。

将数字输出信号 do1 置位为"1":_____

将数字输出信号 do1 置位为"0":_____

等待数字输入信号 di2 的值为"1":_____

等待数字输出信号 do2 的值为"1":_____

如果满足条件 flag＝1,程序继续往下执行,否则就一直等待:_____

2. 线性运动指令

如图,根据装配电机的轨迹规划编制装配工作站的程序,并解释其语句含义。

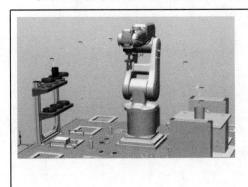

任务5.4 装配工作站的编程与仿真运行

序号	考核要素	考核要求	配分	自评(20%)	互评(20%)	师评(60%)	得分小计
一	职业素养 20分	遵守课堂纪律,主动学习	5				
		遵守操作规范,安全操作	5				
		具备编程的逻辑思维	5				
		具备精益求精的工匠精神	5				
二	知识掌握 能力60分	熟练在系统中示教各目标点	20				
		将目标点添加到路径并生成相应的指令	10				
		对指令进行修改和完善,得到完整的机器人程序	10				
		将系统中的程序同步到RAPID	10				
		对装配工作站进行仿真运行	10				
三	专业技术 能力10分	能够熟练地在软件中编制程序	5				
		能够仿真运行程序	5				
四	拓展能力 10分	能够对已有程序进行编辑修改	5				
		能够在仿真运行时进行视频录制	5				
合计			100				
学生签字		年 月 日		任课教师签字		年 月 日	

习题与思考

一、填空题

1. ABB机器人设置输出信号值的指令有_____、_____。

2. 用于数字输入信号判断的指令为_____;用于数字输出信号判断的指令为_____。

3. 信号判断的指令_____可用于布尔量、数字量和I/O信号值的判断。

二、选择题

1. jointtarget类型的位置数据,以机器人各个关节值来记录机器人位置,常用于使机器人运动至特定的关节角,用于_____指令中。

  A. MoveJ   B. MoveL   C. MoveC   D. MoveAbsJ

2. 如果在Set、Reset指令前有运动指令,则运动指令中转弯数据必须使用_____,才可以使机器人准确到达目标点后,输出I/O信号状态的变化。

  A. z5   B. z10   C. fine   D. z0

任务 5.5　创建自定义的机器人工具

【思维导图】

根据本任务的学习,完成思维导图的绘制(根据需求自加级数):

创建自定义的
机器人工具

【任务实施】

1. 设定工具的本地原点

当外部建立的工具导入 RobotStudio 软件中时,如果想让工具能够自动安装到机器人末端执行器上,必须将工具的法兰盘中心和大地中心相重合。具体实操之后,请简述步骤。

2. 创建工具坐标系框架

工具 UserTool 的本地坐标系创建完成之后,需要在工具末端创建工具坐标系。请实操之后简述步骤。

3. 创建外部工具

创建外部工具时需要根据实际情况设置工具信息和 TCP 信息。请实操后完善表格。

工　具　信　息		TCP 信息	
TOOl 名称	1	TCP 名称	
选择组件	0	框架	
重量	1	位置和方向	

【任务评价】

任务 5.5　创建自定义的机器人工具

序号	考核要素	考核要求	配分	自评(20%)	互评(20%)	师评(60%)	得分小计
一	职业素养 20分	遵守课堂纪律,主动学习	5				
		遵守操作规范,安全操作	5				
		具备三维空间的立体思维	5				
		具备与时俱进的工匠品质	5				
二	知识掌握 能力60分	熟练为工具模型设置本地坐标系	20				
		在工具模型末端设置工具坐标系,并修改其方向	10				
		正确创建工具,使模型成为机器人工具	10				
		利用导入的机器人验证机器人工具	10				
		理解 RobotStudio 软件中机器人工具的属性	10				
三	专业技术 能力10分	能够理解 RobotStudio 模型库中工具的特性	5				
		能够熟练将外部工具模型创建为机器人工具	5				
四	拓展能力 10分	比较机械装置创建的工具和外部模型创建的工具	5				
		理解 RobotStudio 软件中模型本地原点的作用	5				
	合计		100				

学生签字		任课教师签字	
	年　月　日		年　月　日

 习题与思考

一、填空题

1. RobotStudio 软件中的工具模型要真正成为机器人工具,需要满足以下特点:安装时能够自动安装到机器人_____,并保证坐标系方向_____,并且能够在工具末端自动生成_____,从而避免工具方面的误差。

2. RobotStudio 软件中机器人工具安装的原理:工具模型的_____与机器人法兰盘坐标系_____重合,工具末端自动生成_____。

二、判断题

外部模型导入 RobotStudio 软件后,其属性为"部件",并不具备机器人工具的特性,因此我们需要将该"部件"创建为机器人的工具。 (   )

三、简答题

创建用户自定义的机器人工具大致有哪几个步骤?

【项目总评】

项目指导教师评价表

班级:_____   组别:_____   学号:_____   姓名:_____   实训日期:_____

项目五 工业机器人装配工作站

序号	内容	任务 5.1 得分	任务 5.2 得分	任务 5.3 得分	任务 5.4 得分	任务 5.5 得分	配分	平均分
1	职业素养						20	
2	知识掌握能力						50	
3	专业技能能力						20	
4	拓展能力						10	
	总评							

注:95~100 分为优秀;85~94 分为良好;60~84 分为及格;60 分以下为不及格。

【项目拓展】

通过探索学习,请同学们设计一款带有旋转动作的工具夹爪,通过以轴为中心的旋转运动实现夹爪的开合夹取动作。请简要介绍你设计的夹爪。

项目六 工业机器人激光雕刻工作站

总学时		姓名		日期	
实训场地		实训设备		总成绩	

【项目目标】

完成本学习任务后,你应当能:

❖ 掌握 RobotStudio 软件中生成自动路径的方法;
❖ 熟练地在 RobotStudio 软件中进行目标点调整与轴参数配置;
❖ 综合分析工作站的离线程序,并对其进行修改完善;
❖ 熟练地在 RobotStudio 软件中进行碰撞检测的设置和仿真运行验证;
❖ 掌握 RobotStudio 与机器人连接并获取权限的方法;
❖ 掌握在线编辑 RAPID 程序的方法。

【项目导入】

在工业机器人工作站加工过程中,如激光雕刻、切割、焊接、涂胶、喷涂等场合,经常会遇到各种曲线,尤其是复杂的不规则曲线。而对于外部三维软件建立的 3D 模型,在 RobotStudio 软件中可以直接使用其模型的曲线特征,捕捉轨迹曲线,自动生成路径,这样生成的轨迹稍加修正即可满足轨迹和工艺精度要求,大大提高了工作效率。本项目将根据曲线工件三维模型,通过自动获取路径的方法,形成机器人的离线轨迹"专"字曲线及路径(见图 6-1),从而让机器人完成激光雕刻轨迹离线仿真加工,并在线调试运行工作站,在实景中验证程序。

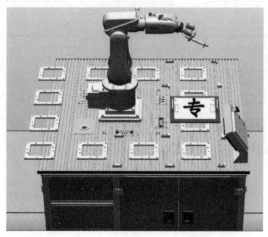

图 6-1 工业机器人工作站

【项目计划】

1. 团队人员安排

序号	工作任务	总负责人	备注
1			
2			
3			
4			
5			

2. 任务实施计划

序号	具体任务内容	责任人	时间安排	设备及工具	备注
1					
2					
3					
4					
5					

【具体任务】

任务 6.1　创建工作站的离线轨迹

【思维导图】

根据本任务的学习,完成思维导图的绘制(根据需求自加级数):

创建工作站的离线轨迹

【任务实施】

1. 创建机器人激光雕刻曲线

在 RobotStudio 软件中提取激光雕刻曲线轨迹的方法有很多种,请实操后比较各方法的优缺点,将其书写在下方。

_____

_____

_____

_____

2. 生成激光雕刻离线路径

根据由三维模型"专"字提取的曲线，自动生成机器人的运行轨迹。请实操后将生成的程序写在方框中。

【任务评价】

任务 6.1　创建工作站的离线轨迹

序号	考核要素	考核要求	配分	自评(20%)	互评(20%)	师评(60%)	得分小计
一	职业素养 20 分	遵守课堂纪律，主动学习	5				
		遵守操作规范，安全操作	5				
		具备分析问题、解决问题的能力	5				
		具备专心致志的工匠精神	5				
二	知识掌握 能力 60 分	对激光雕刻工作站进行正确布局	15				
		创建工件的待加工曲线	15				
		生成激光雕刻的离线路径	15				
		理解自动路径中各参数的含义	15				
三	专业技术 能力 10 分	能够熟练地创建离线曲线	5				
		能够熟练地创建自动路径	5				
四	拓展能力 10 分	能够对不规则曲线进行轨迹提取	5				
		能通过自动获取路径得到基本程序	5				
		合计	100				

学生签字		年　月　日	任课教师签字		年　月　日

习题与思考

一、选择题

1. 在 RobotStudio 软件中为机器人创建路径的基本方法有_____和_____两种。在该激光雕刻工作站中，完成雕刻路径的方法是_____。

2. 在 RobotStudio 软件中为机器人创建自动路径时，近似值参数有_____、_____和_____三种参数可以选择。

3. 在创建自动路径的设置中，"近似值参数说明"一项若选择"线性"，则意味着为每个目标生成_____指令，曲线上的圆弧做分段_____处理；如果选择"圆弧运动"，则意味着在曲线的圆弧特征处生成_____指令，在线性特征处生成_____指令。

4. 激光雕刻工作站的雕刻任务是，机器人用工具 PenTool 完成一个汉字_____的绘制。

二、判断题

1. "自动路径"选项中的"反转"就是将运行轨迹方向置反，默认方向为逆时针运行，反转后则为顺时针运行。　　　　　　　　　　　　　　　　　　　（　　）

2. "自动路径"选项中的"参照面"就是与运行轨迹的目标点 Z 轴方向垂直的表面。
　　　　　　　　　　　　　　　　　　　　　　　　　　　　　　（　　）

3. "自动路径"选项中"近似值参数"中的"常量"即在轨迹上生成具有恒定间隔距离的点。　　　　　　　　　　　　　　　　　　　　　　　　　　　　（　　）

4. 根据工件边缘曲线自动生成机器人运行轨迹 Path_10 后，机器人可直接按照此轨迹运动。　　　　　　　　　　　　　　　　　　　　　　　　　　　（　　）

三、简答题

工业机器人激光雕刻工作站布局时都有哪些设备？

任务 6.2　调整工作站的离线程序

【思维导图】

根据本任务的学习,完成思维导图的绘制(根据需求自加级数):

调整工作站的离线程序

【任务实施】

1. 自动创建路径

自动路径功能可以根据曲线或者沿着某个表面的边缘创建路径。选择"Curve"(曲线),沿着曲线创建路径,实操后完善表格。

选择或输入数值	用　途
最小距离	设置两生成点之间的最小距离,即距离小于该最小距离的点将被过滤掉
公差	
最大半径	
线性	
环形	
常量	
最终偏移	设置距离最后一个目标的指定偏移量
起始偏移	设置距离第一个目标的指定偏移量

2. 调整目标点

调整姿态的原则是:_____。

调整目标点的方法是:_____。

3. 配置轴参数

在多数情况下,如果创建目标点使用的方法不是手动控制,则无法获得这些目标点的默认配置。即便路径中的所有目标都有可达配置,但如果机器人无法在设定的配置之间移动,那么在运行该路径时机器人仍可能会遇到问题。为此,常用的解决方案有:

(1)_____。

(2)_____。

(3)_____。

4. 完善离线程序

在实际应用中,为确保安全生产和工作质量,往往还需要对机器人轨迹路径进行优化。请实操之后,将完善的程序写在方框中。

【任务评价】

任务 6.2　调整工作站的离线程序

序号	考核要素	考核要求	配分	自评(20%)	互评(20%)	师评(60%)	得分小计
一	职业素养 20分	遵守课堂纪律,主动学习	5				
		遵守操作规范,安全操作	5				
		具有科技改变世界的认知	5				
		具备恪守职业道德规范的态度	5				
二	知识掌握能力60分	调整各个目标点处工具姿态	10				
		对机器人轴进行参数配置	10				
		在路径中添加空闲等待点 Home	10				
		在路径中添加安全进入点和安全退出点	10				
		对程序进行修改和完善	10				
		仿真运行激光雕刻工作站	10				
三	专业技术能力10分	能够熟练地调整目标点和轴参数	5				
		能够修改和完善机器人程序	5				
四	拓展能力 10分	能够根据需要调整目标点姿态	5				
		理解目标点处轴参数的不同配置	5				
	合计		100				

学生签字		年　月　日	任课教师签字		年　月　日

 **习题与思考**

一、填空题

1. 为机器人目标点进行轴参数配置主要有_____和_____两种方法。

2. 选择要查看的某一目标点处的工具姿态时,选中该点,单击鼠标右键,选择"_____",勾选工具"PenTool",即可以查看该点处工具姿态。

3. 处理目标点时可以批量进行,_____＋鼠标左键选中剩余的所有目标点,然后再统一调整。

4. 进行轴参数配置时,若要详细设定机器人达到该目标点时各关节轴的偏转度数,可勾选_____。

5. 机器人路径创建完成后,为保证路径正确,还必须对路径的_____进行验证。

6. 机器人路径创建完成后,为保证路径正确,可以先选中路径,然后单击鼠标右键,选择_____进行验证。

7. 通过自动获取路径的方法得到程序后,往往还需要对机器人路径进行优化,加入_____、_____以及_____三个关键点。

8. 一般情况下机器人安全位置点可以选择其_____。在"布局"功能选项卡中,选中机器人,单击鼠标右键,选择_____,设置相应的"工件坐标",然后单击_____,并将新的目标点命名为 Home。

9. 机器人路径优化完成后,还需在"基本"功能选项卡中,单击_____,选择_____,完成相应的同步工作。

二、判断题

1. 机器人要想到达目标点,可能需要多个关节轴配合运动。因此,需要为多个关节轴配置参数,也就是说要为自动生成的目标点调整轴配置参数。　　　　　　（　　）

2. 在路径属性中,可以为所有目标点自动调整轴配置参数,选中路径,单击鼠标右键,选择"配置参数"中的"自动配置"即可。　　　　　　　　　　　　　　（　　）

3. 选择相应的目标点,单击鼠标左键,选择"查看目标处工具",就可以查看该处工具的姿态。　　　　　　　　　　　　　　　　　　　　　　　　　　　　（　　）

4. 机器人要想到达某个目标点,需要多个关节轴配合运动,且各个关节轴的配置参数是唯一的。　　　　　　　　　　　　　　　　　　　　　　　　　　　（　　）

5. RobotStudio 6.01 中目标点可以单个调整,也可以批量调整,但批量调整时必须有参考目标点。　　　　　　　　　　　　　　　　　　　　　　　　　　　（　　）

6. 当机器人难以到达目标点时,有必要适当调整目标点处工具姿态,使机器人能够顺利达到该处。　　　　　　　　　　　　　　　　　　　　　　　　　　　（　　）

7. 机器人路径创建完毕后,还要根据实际需求进行 Speed、Zone、Tool 等参数的设置,这些参数可以通过单个指令设置也可以批量设置。　　　　　　　　　　　（　　）

三、简答题

为什么要进行目标点的调整和轴参数的配置？

任务 6.3　验证机器人轨迹

【思维导图】

根据本任务的学习，完成思维导图的绘制（根据需求自加级数）：

验证机器人轨迹

【任务实施】

1. 机器人碰撞监控功能

在 RobotStudio 软件的"仿真"功能选项卡中有专门用于检测碰撞的功能，即碰撞监控。对工业机器人激光雕刻工作站进行碰撞监控，请简述操作步骤。

_____

_____

_____

2. 创建轨迹程序

RobotStudio 软件中的 TCP 跟踪功能用于在仿真时通过画一条跟踪 TCP 的彩线而目测机器人的关键运动，请简述操作步骤。

_____

_____

_____

【任务评价】

任务 6.3 验证机器人轨迹

序号	考核要素	考核要求	配分	自评(20%)	互评(20%)	师评(60%)	得分小计
一	职业素养 20分	遵守课堂纪律,主动学习	5				
		遵守操作规范,安全操作	5				
		具备安全生产、安全第一的工作意识	5				
		爱岗敬业,具有严谨的科学态度	5				
二	知识掌握能力 60分	创建碰撞检测集	10				
		设置修改碰撞检测属性	10				
		手动进行碰撞检测	10				
		将 TCP 移至实体尖端之外,并合理设置接近丢失的值	10				
		仿真运行时进行碰撞检测	10				
		仿真运行时进行 TCP 跟踪	10				
三	专业技术能力 10分	能够熟练地运用碰撞检测功能	5				
		能够熟练运用 TCP 跟踪功能	5				
四	拓展能力 10分	能够利用仿真软件解决实践中的碰撞问题	5				
		能够利用仿真软件分析 TCP 运行轨迹	5				
合计			100				
学生签字		年 月 日		任课教师签字		年 月 日	

 习题与思考

一、填空题

1. 在激光雕刻工作站中,为了验证机器人轨迹是否安全可行,需要进行碰撞监测。将需要监测的对象放入碰撞集 ObjectsA 和 ObjectsB 中。其中 ObjectsA 中放入_____,而 ObjectsB 中放入待加工工件"专"、机器人工作桌台、激光雕刻板。

2. 为确保工具末端与所加工工件的表面保持一段距离,在创建工具坐标系时,一般要沿_____正方向偏移坐标系。

3. 接近丢失值的含义是:当选择的两组对象之间的距离_____该数值时,提示设置颜色。

二、判断题

1. 使用"碰撞监控"功能时，一个工作站可以设置多个碰撞集，每一个碰撞集可以包含多组对象。 （ ）

2. "修改碰撞设置"中"碰撞颜色"参数的含义：选择的两组对象之间发生了碰撞，则提示设置的颜色。 （ ）

3. RobotStudio 软件仿真的一个重要任务就是验证轨迹可行性，即验证机器人在运行过程中是否会与周边设备发生碰撞。 （ ）

4. 在实际应用中，如焊接、激光切割等过程中，由于加工过程中工具尖端不能直接接触工件，因此机器人的工具 TCP 通常不与实体尖端重合，而是偏离尖端一段距离。 （ ）

5. 在实际应用中，如焊接、激光切割等过程中，机器人工具实体尖端与工件表面的距离应处在合理的范围内，既不能与工件发生碰撞也不能距离工件太远，从而保证满足工艺要求。 （ ）

6. TCP 追踪参数设置完成后，在"基本"功能选项卡中，单击"播放"，开始记录机器人运行轨迹并监控机器人运行速度是否超出限值。 （ ）

任务 6.4　在线调试运行工作站

【思维导图】

根据本任务的学习，完成思维导图的绘制（根据需求自加级数）：

【任务实施】

1. RobotStudio 与机器人连接

通过 RobotStudio 与机器人的连接，可用 RobotStudio 的在线功能对机器人进行_____、_____、_____与管理。

2. RobotStudio 获取在线控制权限

为了保证较高的安全性，在对机器人控制器数据进行写操作之前，要首先在示教器中进行请求写权限的操作。首先将机器人的状态钥匙开关切换到"_____"状态，打开"控制器"选项卡，选中机器人控制器，然后单击"_____"，同时在示教器上单击"_____"进行确认，即完成了授权操作。

3. 在线修改程序指令

展开机器人"控制器"下的"RAPID"，双击程序模块，进入对应的例行程序，找到要修改的指令进行修改,修改完以后,单击"RAPID"下的"_____"才能实现修改。

4. 在线传送文件

建立 RobotStudio 与机器人的连接并且获取写权限以后,可以通过 RobotStudio 进行快捷的文件传送操作。请将在线传送文件的操作步骤书写到方框中。

【任务评价】

任务6.4 在线调试运行工作站

序号	考核要素	考核要求	配分	自评(20%)	互评(20%)	师评(60%)	得分小计
一	职业素养 20分	遵守课堂纪律,主动学习	5				
		遵守操作规范,安全操作	5				
		具备理论联系实践的意识	5				
		具备终身学习、学无止境的思维	5				
二	知识掌握 能力50分	RobotStudio 与机器人连接并获取权限	15				
		在线编辑 RAPID 程序	15				
		在线监控机器人和示教器状态	10				
		在线传送文件	10				
三	专业技术 能力20分	能够在线调试运行工作站	10				
		能够在线传送文件	10				
四	拓展能力 10分	能够在 RobotStudio 中在线编辑I/O 信号	5				
		能够在 RobotStudio 中进行备份与恢复	5				
	合计		100				
学生签字		年 月 日	任课教师签字			年 月 日	

习题与思考

一、填空题

1. 通过 RobotStudio 与机器人的连接,可利用 RobotStudio 的在线功能对机器人进行_____、_____、_____与_____。方法是将网线一端连接到计算机的网络端口,并设置为_____,另一端与机器人的专用网线端口进行连接。

2. 除了能通过 RobotStudio 在线对机器人进行监控与查看以外,还可以通过 RobotStudio 在线对机器人进行程序的_____、参数的_____与_____等操作。

3. 为了保证较高的安全性,在对机器人控制器数据进行写操作之前,要首先在示教器中进行_____的操作,以防止在 RobotStudio 中错误修改数据,造成不必要的损失。

4. 建立 RobotStudio 与机器人的连接并且获取写权限以后,可以通过 RobotStudio 进行快捷的文件传送操作。在对机器人硬盘中的文件进行传送操作前,一定要清楚被传送的文件的作用,否则可能会造成_____。

5. 为了限制机器人的最高速度,需要在一个程序中移动指令的开始位置之前添加一条速度设定指令"_____"。

6. 通过 RobotStudio 的在线功能可以对_____和_____状态进行监控。

二、操作题

利用自动获取路径的方法,使机器人完成绘图模块上"片"字的激光雕刻,如图所示。试完成离线轨迹编程并在软件中仿真运行。

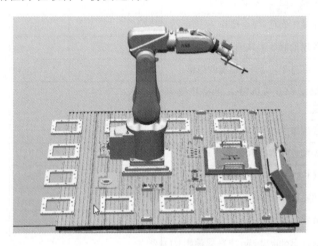

【项目总评】

项目指导教师评价表

班级:＿＿＿＿＿＿ 组别:＿＿＿＿＿＿ 学号:＿＿＿＿＿＿ 姓名:＿＿＿＿＿＿ 实训日期:＿＿＿＿＿＿

项目六 工业机器人激光雕刻工作站

序号	内容	任务 6.1 得分	任务 6.2 得分	任务 6.3 得分	任务 6.4 得分	配分	平均分
1	职业素养					20	
2	知识掌握能力					50	
3	专业技能能力					20	
4	拓展能力					10	
	总评						

注:95～100 分为优秀;85～94 分为良好;60～84 分为及格;60 分以下为不及格。

【项目总结】

【项目拓展】

通过探索学习,请同学们讨论在运动控制常用指令中速度相关指令如何使用,并写在下方。

项目七　工业机器人搬运码垛工作站

总学时		姓名		日期	
实训场地		实训设备		总成绩	

【项目目标】

完成本学习任务后，你应当能：

❖ 掌握码垛机器人的特点及优势；

❖ 搭建搬运码垛机器人基本工作环境；

❖ 正确使用中断程序编程；

❖ 掌握 Smart 组件的输送链动态效果创建流程；

❖ 掌握 Smart 组件的夹具动态效果创建流程；

❖ 掌握搬运码垛工作站程序的编写和调试。

【项目导入】

工业机器人在搬运码垛领域有着广泛的应用，可以代替人力完成大量重复性工作。搬运码垛机器人不仅可改善劳动环境，而且对减轻劳动强度、保证人身安全、降低能耗、减少辅助设备资源以及提高劳动生产率等都具有重要意义，在食品、化工和家电等行业有着广泛应用。通过本项目的学习，大家可以学会如何运用 RobotStudio 软件进行搬运码垛工作，学习内容包括产品输送链的创建、工具吸盘的创建、搬运码垛程序的编制、工作站的逻辑设定等。图 7-1 所示为工业机器人搬运码垛工作站的典型工作环境。

图 7-1　工业机器人搬运码垛工作站的典型工作环境

1. 团队人员安排

序号	工作任务	总负责人	备注
1			
2			
3			
4			
5			

2. 任务实施计划

序号	具体任务内容	责任人	时间安排	设备及工具	备注
1					
2					
3					
4					
5					

【具体任务】

任务 7.1 搬运码垛系统应用知识

【思维导图】

根据本任务的学习,完成思维导图的绘制(根据需求自加级数):

搬运码垛系统应用知识

【任务实施】

1. 搬运码垛机器人的特点

码垛机器人是一种对箱装、袋装、罐装、瓶装的各种形状成品进行包装、搬运及整齐有序摆放的工业机器人,其用途十分广泛。请将码垛机器人的优势简写在下方:

_____

_____

_____

_____

2. 工业机器人搬运码垛工作站组成

请将工业机器人搬运码垛工作站组成简写在下方：

_____

_____

_____

3. 中断程序的应用

请根据具体的中断程序将程序解释书写在对应地方。

```
VAR intnum intno1;
IDelete intno1;
CONNECT intno1 WITH tTrap;
ISignalDI di1,1,intno1;
TRAP tTrap
reg1:=reg1+1;
ENDTRAP
```

4. 复杂程序数据的赋值应用

多数类型的程序数据均是组合型数据，即数据中包含了多项数值或字符串。我们可以对其中的任何一项参数进行赋值。请将以下程序的执行结果写出来：

PERS robtarget p10:=[[0,0,0],[1,0,0,0],[0,0,0,0],[9E9,9E9,9E9,9E9,9E9,9E9]];

PERS robtarget p20:=[[100,0,0],[0,0,1,0],[1,0,1,0],[9E9,9E9,9E9,9E9,9E9,9E9]];

P 10.trans.x:=p20.trans.x+50;

p 10.trans.y:-p20.trans.y-80;

p 10.trans.z:=p20.trans.z+200;

p 10.rot:=p20.rot;

p 10.robconf:=p20.robconf;

任务 7.1　搬运码垛系统应用知识

序号	考核要素	考核要求	配分	自评(20%)	互评(20%)	师评(60%)	得分小计
一	职业素养 20分	遵守课堂纪律,主动学习	5				
		遵守操作规范,安全操作	5				
		协同合作,具备责任心	5				
		主动思考,积极探索	5				
二	知识掌握能力15分	搬运码垛机器人作用	5				
		搬运码垛机器人特点	5				
		搬运码垛机器人工作站的组成	5				
三	专业技术能力55分	正确加载"IRB460"型号机器人本体并布局	5				
		正确加载工具"tGrigger"并布局	5				
		正确加载底座"RobotFoot"并布局	5				
		正确加载"Guide"型号输送链并布局	5				
		正确加载"Product_Source"物料并布局	5				
		正确加载"Pallet_L"和"Pallet_R"垛板并布局	5				
		创建加载安全附属装置"Aroundings"并布局	5				
		创建"SC_Practise"机器人系统	10				
		创建工具数据	10				
四	拓展能力 10分	能够总结归纳,提炼知识	5				
		能够进行知识迁移,前后串联	5				
	合计		100				

学生签字		年　　月　　日	任课教师签字		年　　月　　日

习题与思考

一、选择题

1. 搬运码垛机器人是一种对_____的各种形状成品进行包装、搬运及整齐有序摆放的工业机器人。

　　A. 箱装　　　　　　B. 袋装　　　　　　C. 罐装　　　　　　D. 瓶装

2. 在工业现场中，搬运码垛机器人的优势有_____。

A. 结构简单、零部件少　　　　　　　　B. 占地面积小

C. 适用性强　　　　　　　　　　　　　D. 能耗低

3. 搬运码垛机器人需要与相应的辅助设备组成一个_____，才能进行码垛作业。

A. 柔性化系统　　　　　　　　　　　　B. 码垛系统

C. 搬运系统　　　　　　　　　　　　　D. 操作系统

4. 以下哪种夹具不属于ABB最新推出的搬运码垛夹具？_____。

A. 海绵吸盘式夹具　　　　　　　　　　B. 夹爪式夹具

C. 电磁铁式夹具　　　　　　　　　　　D. 夹板式夹具

5. 对于轻型产品的码垛，应选择_____夹板式夹具。

A. 双驱式　　　　　B. 单驱式　　　　　C. 混合式　　　　　D. 双动式

二、判断题

1. 机器人码垛主要应用于生产作业后段包装和物流产业，码垛的意义在于依据集成单元化的思想，将成堆的物品通过一定的模式码成垛，使得物品能够容易地搬运、码垛拆垛以及存储。　　　　　　　　　　　　　　　　　　　　　　　　　　（　　）

2. 搬运码垛机器人结构比较复杂，以六自由度的为主。　　　　　　　（　　）

3. 关节式码垛机器人本体与搬运机器人本体在任何情况下都可以互换。　（　　）

4. 在RAPID程序执行过程中，如果出现需要紧急处理的情况，机器人会摆脱程序指针的限制，中断当前正在执行的程序，马上跳转到专门的程序中，对紧急的情况进行相应的处理。　　　　　　　　　　　　　　　　　　　　　　　　　　　（　　）

5. 中断分离指令IDelete用于建立中断程序和中断识别号的联系。　　（　　）

三、简答题

1. 搬运码垛机器人用途十分广泛，适用于食品、化肥、五金、电子、钢材及其他行业，其优势有哪些？

2. 中断程序是什么？请简述其含义。

任务 7.2　创建动态输送链

【思维导图】

根据本任务的学习,完成思维导图的绘制(根据需求自加级数):

【任务实施】

Smart 组件输送链动态效果包含输送链前端自动生成产品、产品随着输送链向前运动、产品到达输送链末端后停止运动、产品被移走后输送链前端再次生成产品,依次循环。请实操后,设计逻辑结构图将各所需组件定义、连接,以达到仿真的目的。

【任务评价】

序号	考核要素	考核要求	配分	自评(20%)	互评(20%)	师评(60%)	得分小计	得分小计
一	职业素养 20分	遵守课堂纪律,主动学习	5					
		遵守操作规范,安全操作	5					
		协同合作,分清任务主次	5					
		抵抗挫折,积极乐观	5					
二	知识掌握能力10分	输送链组件的动态效果流程	5					
		输送链组件的事件触发过程	5					
三	专业技术能力60分	正确设定输送链的产品源	10					
		正确设定输送链的线性移动	10					
		正确设定输送链的面传感器	10					
		正确创建一个非门逻辑运算	5					
		创建输送链的"属性与连结"	5					
		创建输送链的"信号和连接"	10					
		仿真运行,实现夹具组件的动态效果	10					
四	拓展能力 10分	能够创新,增添新元素	5					
		能够进行团队协作,总结归纳	5					
合计			100					

任务7.2 创建动态输送链

学生签字	年　月　日	任课教师签字	年　月　日

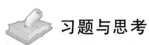 习题与思考

一、选择题

1. 在输送链基础设定中,主要用到的 Smart 组件包括_____组件。

A. Source

B. LinearMover

C. PlaneSensor

D. LogicGate

2. 子组件 LinearMover 的作用是_____。

A. 创建线性运动

B. 创建圆弧运动

C. 创建循环运动

D. 创建曲线运动

3. 子组件 LogicGate 的功能包含_____。

A. OR(或)运算

B. XOR(异或)运算

C. NOT(取反)运算

D. AND(与)运算

4. 虚拟传感器一次只能检测_____物体。

A. 四个   B. 三个

C. 两个   D. 一个

5. 子组件 LinearMover 设定运动的属性包含＿＿＿＿＿＿＿。

A. 运动物体   B. 运动方向

C. 运动速度   D. 参考坐标系

6. 在创建输送链组件 6 个 I/O 连接的过程中，关于整个事件触发过程的叙述错误的是＿＿＿＿＿＿＿。

A. 利用启动信号 diStart 触发一次 Source，使其产生一个复制品

B. 子组件 Source 产生的复制品自动加入队列 Queue 中，跟 LinearMover 一起沿着输送链运动

C. 限位传感器的输出信号触发输送链的一个产品到位信号，将产品到位的输出信号 doBoxInPos 置 1

D. 将限位传感器的输出信号与非门连接，实现限位传感器的输出信号的转换，得到一个信号由 0 变为 1 的过程

二、判断题

1. 操作虚拟传感器时，需要保证所创建的传感器不能与周边设备接触，否则传感器无法检测运动到输送链末端的产品。 （   ）

2. LinearMover 会按 Speed 属性指定的速度，沿 Direction 属性指定的方向，移动 Object 属性中参考的对象。 （   ）

3. 在 Smart 组件应用中只有信号发生从 1 到 0 的变化时，才可以触发事件。 （   ）

4. Source 的 Copy 指的是源的复制品，Queue 的 Back 指的是下一个将要加入队列的物体。 （   ）

5. 在设置 Source 属性时，在 Transient 属性前面打勾，表示产生临时性复制品。当仿真结束后，所生成的复制品会自动消失。 （   ）

三、简答题

1. 简述用 Smart 组件创建动态输送链 SC_Infeeder 的工作任务。

2. 输送链限位传感器的作用是什么？

任务 7.3 创建动态夹具

【思维导图】

根据本任务的学习,完成思维导图的绘制(根据需求自加级数):

【任务实施】

Smart 组件夹具动态效果包含在输送链末端拾取产品、在放置位置释放产品、自动置位/复位真空反馈信号。请实操后,设计逻辑结构图将各所需组件定义、连接,以达到仿真的目的。

【任务评价】

任务 7.3　创建动态夹具

序号	考核要素	考核要求	配分	自评(20%)	互评(20%)	师评(60%)	得分小计
一	职业素养 20 分	遵守课堂纪律,主动学习	5				
		遵守操作规范,安全操作	5				
		协同合作,具备责任心	5				
		自我约束,自我管理	5				
二	知识掌握能力 10 分	夹具组件的动态效果流程	5				
		夹具组件的事件触发过程	5				
三	专业技术能力 60 分	正确设定夹具"SC_Gripper"的属性	10				
		正确设定夹具的检测传感器	5				
		正确设定夹具的拾取动作	5				
		正确设定夹具的放置动作	5				
		正确创建一个非门逻辑运算	5				
		正确创建一个信号置位/复位子组件	5				
		创建夹具的"属性与连结"	5				
		创建夹具的"信号和连接"	10				
		仿真运行,实现夹具组件的动态效果	10				
四	拓展能力 10 分	能够同向对比,提高准确率	5				
		将两个任务横向对比,找到主干核心	5				
合计			100				
学生签字		年　月　日	任课教师签字			年　月　日	

 思考与练习

一、选择题

1. 在夹具基础设定中,主要用到的 Smart 组件包括_____组件。

A. LogicSRLatch　　　　　　　　　B. LineSensor

C. Attacher　　　　　　　　　　　　D. Detacher

2. 子组件 Detacher 的作用是_____。

A. 拆除一个已安装的对象　　　　　B. 提取对象

C. 附带对象　　　　　　　　　　　　D. 删除对象

3. 子组件 LogicSRLatch 的功能包含_____。

A. 置位　　　　　B. 复位信号　　　　　C. 自带锁定　　　　　D. 逻辑运算

4. 在设置夹具组件 7 个 I/O 连接的过程中,关于整个事件触发过程,下列叙述错误的是＿＿＿＿。

A. 机器人夹具运动到拾取位置,打开真空以后,线传感器开始检测

B. 如果检测到产品 A 与夹具发生接触,则夹具执行拾取动作,拾取产品 A

C. 机器人夹具运动到放置位置,关闭真空反馈信号,将输出信号与非门连接,实现输出信号的转换,得到一个信号由 0 变为 1 的过程

D. 非门与释放动作连接,当关闭真空反馈信号时,非门输出信号由 1 变为 0,夹具执行释放动作,放下产品 A

二、判断题

1. LineSensor 的属性 SensedPart 指的是线传感器所检测到的与其发生接触的物体。

（　　）

2. 设置传感器后,仍然需要将工具设为"不可由传感器检测",以免传感器与工具发生干涉。

（　　）

3. 创建夹具的 Smart 组件中,Attacher 用于将 Child 安装到 Parent 上。　　（　　）

4. 在输送链末端的"Product _Teach"是专门用于演示的产品,需要勾选"可见"和"可由传感器检测"后才能正常使用。

（　　）

5. 如果接触部分完全覆盖了整个传感器,则传感器不能检测到与之接触的物体。

（　　）

6. 在夹具组件仿真运行过程中,需要通过"手动线性"功能将夹具移到产品拾取位置。

（　　）

三、简答题

将 Smart 工具 SC_Gripper 当作机器人工具时为什么要将其设为 Role？

任务 7.4　码垛工作站的程序编制和调试

【思维导图】

根据本任务的学习,完成思维导图的绘制(根据需求自加级数):

【任务实施】

请实操后,将整体码垛程序书写在方框中。

【任务评价】

任务 7.4　码垛工作站的程序编制和调试

序号	考核要素	考核要求	配分	自评(20%)	互评(20%)	师评(60%)	得分小计
一	职业素养 20 分	遵守课堂纪律,主动学习	5				
		遵守操作规范,安全操作	5				
		协同合作,具备责任心	5				
		反复尝试,坚持不懈	5				
二	知识掌握 能力 10 分	码垛工作站程序的流程	5				
		主程序和六个子程序	5				
三	专业技术 能力 60 分	正确定义 DSQC652 信号板	10				
		正确在 Signal 界面添加三个信号	10				
		正确建立 MainMoudle 程序模块	5				
		正确编写七个例行程序	15				
		正确建立工作站逻辑	5				
		仿真运行,实现两层码垛任务	15				
四	拓展能力 10 分	能够总结归纳,将知识结构化	5				
		能够进行自我创新,不断提升技能	5				
	合计		100				
学生签字		年　月　日	任课教师签字			年　月　日	

 思考与练习

一、选择题

1. 在虚拟示教器中,通过"控制面板"的"配置"可以进入板卡设置界面,在 I/O 主题界面中选择"_____"便可建立 BOARD10。

A. DeviceNet Device　　　　　　B. Route

C. Singnal　　　　　　　　　　　D. Bus

2. PERS bool bPalletFull:=TRUE;此段程序用于逻辑控制,作为_____标记。

A. 满载　　　　　　　　　　　　B. 空载

C. 码垛开始　　　　　　　　　　D. 码垛结束

3. 在码垛工作站中,需要添加 Signal 信号来完成整体联调和组件连接,其中不包括_____。

A. 产品到位信号　　　　　　　　B. 真空反馈信号

C. 控制真空吸盘动作信号　　　　D. 产品到位反馈信号

4. 在码垛工作站中,需要添加的工作站逻辑关系不包括_____相关联。

A. 机器人端的控制真空吸盘动作的信号与 Smart 夹具的动作信号

B. Smart 输送链的产品到位信号与机器人的产品到位信号

C. Smart 夹具的真空反馈信号与机器人的真空反馈信号

D. Smart 夹具的动作信号与机器人的产品到位信号

二、填空题

1. 码垛机器人可按照要求的编组方式和层数,完成对_____、_____、_____等各种产品的码垛。

2. 在码垛机器人搬运过程,线性指令 MovL offs(p10,0,0,10)中 10 的意义是_____。

3. 在码垛机器人搬运过程,线性指令 MoveL RelTool(p10,0,0,10)中 10 的意义是_____。

4. 码垛机器人结构比较复杂,以_____为主。

三、编程题

在 RobotStudio 软件的 RAPID 选项卡中,编写双垛型的程序,完成左垛盘 2 层、右垛盘 2 层的工作站任务。

【项目总评】

项目指导教师评价表

班级：_____ 组别：_____ 学号：_____ 姓名：_____ 实训日期：_____

项目七　工业机器人搬运码垛工作站

序号	内容	任务 7.1 得分	任务 7.2 得分	任务 7.3 得分	任务 7.4 得分	配分	平均分
1	职业素养					20	
2	知识掌握能力					50	
3	专业技能能力					20	
4	拓展能力					10	
	总评						

注：95～100 分为优秀；85～94 分为良好；60～84 分为及格；60 分以下为不及格。

【项目总结】

【项目拓展】

通过探索学习，请同学们使用数组程序简化多层码垛工作站的程序，并写出完整程序。